きちんと知りたい！
バイクメカニズムの基礎知識

小川直紀 [著]
Ogawa Naoki

208点の図とイラストでバイクのしくみの「なぜ？」がわかる！

日刊工業新聞社

はじめに

　1980年代後半にピークを迎えたバイクブームですが、ユーザー不在ともいえる高性能化と高価格化、事故の増加による取り締まりや各種規制の強化によって、その後は縮小の一途をたどりました。バイクの販売台数も一時は最盛期の1/3程度にまで減少し、それまで数多く販売されていた魅力的なバイクが次々と生産中止となり、さらにバイク離れが進むという悪循環に陥りました。
　しかし、免許制度や道交法の改正、バイクメーカーをはじめ関係者がさまざまなバイクの楽しみ方を発信し続けた結果、新たにバイクを楽しむ人やリターンライダーが徐々に増え、バイクの販売台数も徐々に増加しています。
　バイクメーカーはそんな動きに合わせるように、比較的低価格で高品質な250ccクラスのバイクや、手軽にライディングできる大型スクーター、MotoGPレーサーに匹敵するような性能をもつスーパースポーツなど、魅力的なバイクを次々と販売しています。
　また以前のような動力性能の向上だけでなく、ABSやトラクションコントロールを装備するなど、安全性や環境性能の向上にも力が注がれており、200kWを超える出力のスーパースポーツであっても、さほど経験のないライダーがスムーズにライディングすることが可能になるなど、バイクをさらに魅力的なものにしています。

　これらの動力性能や安全性、環境性能の飛躍的な向上は、高度な電子制御技術によって実現しています。電子制御では、それまで機械的な動作やライダーの感覚によって行われていた各種の操作を、エンジンや車体の各部に取り付けられたセンサーから情報を得て、コンピューター（ECU＝エンジンコントロールユニット）がそれらの情報をもとにバイクの状態を的確に判断しながら行っています。情報をもたらすセンサーには、エンジン回転数、アクセル開度、ブレーキの操作具合、吸入空気量、ギヤ段数、排気ガス中の酸素濃度、前後ホイールの回転数などがあります。
　ECUは、車体の状態に合わせて燃料の噴射量や点火タイミング、アクセルやブレーキ、サスペンションの動作などが最適になるように制御し、よりスム

ーズでパワフルなエンジンの出力特性や排気ガス中の有害成分の減少、タイヤのロックやホイールスピンの抑制、ブレーキング時の車体の姿勢変化の抑制など、より適切で精密な操作を行います。電子制御技術は今後もより高度化・精密化していき、各種機能の高性能化、自動化が進むと思われます。

エンジン本体、クラッチ、ミッション、サスペンションなど動力発生部や駆動系については、基本構造や作動原理などは昔と大きく変わりませんが、電子制御技術の利用はもちろん、材質や工作精度の向上、構造や動作の改良などにより、その機能や性能は大幅に進化しています。

このように、現在のバイクは高度な電子制御技術をはじめ各種の技術の向上により、安全でスムーズなライディングを高いレベルでサポートしています。

しかし、ライダーの不注意や技量不足による転倒、接触事故などのアクシデントを100％防ぐことはできません。高度化や精密化が進むほど、その機能を維持し、より有効に活用するには、ライダーはただ走るだけでなく、メカニズムの基本構造や原理を理解する必要があります。またメカニズムを理解することで、正しい操作の方法や日常的なメンテナンス法を身につけることができ、無用なトラブルやアクシデントを回避することにもなります。

バイクのライディングは奥が深く、単なる移動手段だけではない楽しみがありますが、バイクの各パーツの機能や構造を知ることで、より安全で楽しいバイクライフを送ることができます。

本書は、初心者の方でもわかりやすいように、メカニズムに関してふだん疑問に感じているであろう項目について、質問に回答する形で構成しています。解説は、各部の基本的な原理や働きを理解しやすいようできる限り平易にし、図・イラストにも工夫を凝らしています。

本書を通じて一人でも多くのライダーがバイクのメカニズムに興味をもち、より楽しいバイクライフを送られることを願っています。

2014年10月吉日　小川直紀

きちんと知りたい！バイクメカニズムの基礎知識
CONTENTS

はじめに……001

第1章
バイクはどうなっているのか【導入編】

1. バイクメカニズムの基本中の基本

- **1-1** バイクメカニズムの全体像……010
- **1-2** ロードタイプの種類と特徴……012
- **1-3** オフロードタイプの種類と特徴……014
- **1-4** その他のバイクの種類と特徴……016

COLUMN 1　悪い状況を想定して先を読む……018

第2章
動力を生み出す【エンジン本体編】

1. バイクのエンジンの主流・4サイクルエンジン

- **1-1** バイクのエンジンの種類と特徴……020
- **1-2** ピストンとコンロッド、クランクシャフト……022
- **1-3** レシプロエンジンの分類……024
- **1-4** エンジン性能を知るための用語……026

1-5	4サイクルエンジンの動作と特徴	028
1-6	4サイクルエンジンのシリンダーとシリンダーヘッド	030
1-7	バルブシステムの役割と構造	032
1-8	カムシャフトとバルブタイミング	034
1-9	バルブシステムの種類と特徴	036
1-10	可変バルブタイミング機構	038

2. 軽量・ハイパワーな2サイクルエンジン

2-1	2サイクルエンジンの動作	040
2-2	2サイクルエンジンの種類と特徴	042
2-3	2サイクルエンジンのシリンダーとシリンダーヘッド	044
2-4	ポートタイミングとポート形状	046
2-5	2サイクルエンジンのマフラーの工夫	048
2-6	2サイクルエンジンが減った理由	050

COLUMN 2　安全確認をしっかりする　052

第3章
動力源をサポートする【エンジン補機類編】

1. 動力を発生させる燃料供給システム

1-1	燃料を供給する吸気系統（システム）	054
1-2	燃料供給装置の概要	056
1-3	キャブレターの種類と構造	058
1-4	キャブレターの動作	060
1-5	電子制御燃料噴射装置（フューエルインジェクション）の概要	062

1-6	フューエルインジェクションの構造と動作	064
1-7	フューエルインジェクションの最新技術	066
1-8	可変吸気システム	068
1-9	ラムエアシステムとラム圧システム	070

2. スムーズな排気と排気ガス浄化システム

2-1	マフラーの役割と種類	072
2-2	4サイクルエンジンのマフラー	074
2-3	排気デバイスの役割と動作	076
2-4	排気ガス浄化システム	078

3. 動力源を陰で支える潤滑・冷却システム

3-1	潤滑装置の役割と種類	080
3-2	4サイクルエンジンの潤滑方法	082
3-3	2サイクルエンジンの潤滑方法	084
3-4	オイルの種類と規格	086
3-5	冷却装置の役割と種類	088
3-6	水冷エンジンの構造	090

COLUMN 3　視界の変化と死角を意識する ……… 092

第4章
動力発生の生命線【エンジン電装系編】

1. 絶対不可欠なエンジン電装システム

| 1-1 | エンジン電装系の概要 | 094 |

1-2	発電システムの役割と構造	096
1-3	充電システムの役割と構造	098
1-4	始動システムの役割と構造	100
1-5	点火システムの役割と点火方式	102
1-6	無接点点火方式の種類	104
1-7	点火時期と進角	106
1-8	イグニッションコイルの役割と構造	108
1-9	点火プラグの役割と構造	110

2. 電子制御によるバイクのコントロール

2-1	電子制御システムの概要	112
2-2	トラクションコントロール	114

COLUMN 4　的確な状況判断を心がける ………… 116

第5章
動力を伝える【動力伝達機構編】5

1. 動力をタイヤに伝える動力伝達機構

1-1	動力伝達の流れと各システムの役割	118
1-2	減速作用の効果	120
1-3	１次減速機構の種類と構造	122
1-4	クラッチの種類と多板クラッチの構造	124
1-5	多板クラッチの動作	126
1-6	遠心式クラッチの構造と動作	128
1-7	バックトルクを制御するスリッパークラッチ	130

1-8	トランスミッションの役割と構造	132
1-9	マニュアルトランスミッションの構造と動作	134
1-10	遠心式無段変速機の構造と動作	136
1-11	2次減速機構の種類	138

2. 進化するトランスミッション

2-1	デュアルクラッチトランスミッション	140
2-2	油圧機械式無段変速機(HFT)	142

COLUMN 5　悪天候時の注意点① ……………………………………… 144

第6章
バイクの走りを支える【フレームと足回り編】

1. バイクを支えるフレーム

1-1	フレームの役割と種類(1)	146
1-2	フレームの役割と種類(2)	148

2.「曲がる」をつかさどるステアリング機構

2-1	バイクの旋回とステアリングの役割	150
2-2	ホイールアライメント	152
2-3	ステアリング機構の種類	154
2-4	ステアリング関連部品の構造と役割	156

3. 走りを支えるサスペンション

- **3-1** サスペンションの役割と構造 158
- **3-2** ダンパーの基本構造 160
- **3-3** サスペンションの調整機能 162
- **3-4** フロントサスペンションの種類と構造 164
- **3-5** テレスコピック式フロントサスペンションの種類 166
- **3-6** チェリアーニ式フロントサスペンションの進化 168
- **3-7** リヤサスペンションの構造と種類 170
- **3-8** リヤサスペンションの取り付け方式 172
- **3-9** リンク式モノサスの特徴 174
- **3-10** タイヤとホイール 176

4. 安全に走るためのブレーキ

- **4-1** ブレーキの役割と種類 178
- **4-2** ディスクブレーキの構造と種類 180
- **4-3** ドラムブレーキの構造と特徴 182
- **4-4** 最新のブレーキシステム 184
- **4-5** ABS（アンチロックブレーキシステム） 186
- **4-6** 前後輪連動ブレーキシステム 188

COLUMN **6** 悪天候時の注意点② 190

索　引 191
参考文献 199

第1章
バイクはどうなっているのか
【導入編】

The chapter of introduction

1. バイクメカニズムの基本中の基本

1-1 バイクメカニズムの全体像

バイクは、「走る」「曲がる」「止まる」といった基本的な機能を備えていなければなりませんが、これらはどのような部品や構造によってもたらされているのですか？

　バイクは走るための動力を発生する「**エンジン部**」（上図）と、バイクを操縦するためのステアリング機構、速度を落としたり止まったりするためのブレーキ装置など、さまざまな部品を支える「**車体部**」（下図）に大きく分けることができます。

■エネルギーを生み出すエンジン部

　バイクのエンジンは、**シリンダー**と呼ばれる筒の中で**ピストン**が往復して燃料を吸入・燃焼させ、その燃焼（爆発）力で**クランクシャフト**を回転させて動力を生み出す**レシプロエンジン**が主に使用されています。

　エンジン部は、動力を発生するシリンダーやピストンを中心に、吸入や排気をコントロールする**動弁機構**、ピストンの往復運動を回転運動に変換する**コンロッド**やクランクシャフト、動力を変速・伝達する**トランスミッション**のほか、燃料を供給する**燃料供給装置**、排気ガスの有害成分を除去する**浄化装置**、**発電機**や**点火装置**など各種の**電装系**で構成されています。

■さまざまな機能を支える車体部

　車体部は、バイクの骨格となる**フレーム**と、バイクの進行方向をコントロールする**ステアリング機構**、衝撃を吸収する**サスペンション**や**スイングアーム**、減速するための**ブレーキ装置**、動力を路面に伝える前後の**タイヤ&ホイール**などで構成されています。

　フレームは、材質や形状（構造）によって分類されます。材質は鋼管が主流ですが、一部の競技用やハイグリップタイヤを履いてスポーツ走行などでの使用を前提としたスーパースポーツには、軽量なアルミ製が主に使用されています。また形状はパイプを組み合わせたものや鋼板やアルミ板をプレス加工して溶接したもの、アルミの押し出し材を利用したものなどがあります。

　ステアリング機構はハンドルの動きをフロントタイヤに伝える操舵機能と、衝撃を吸収するサスペンション機能を一体化したタイプが主流です。

　リヤサスペンションはフレームとリヤタイヤを上下に可動するスイングアームでつなぎ、その間にダンパーとスプリングを取り付けています。また、ブレーキ装置は前後のホイール部に取り付けられています。

第1章 バイクはどうなっているのか【導入編】

エンジンの全体図

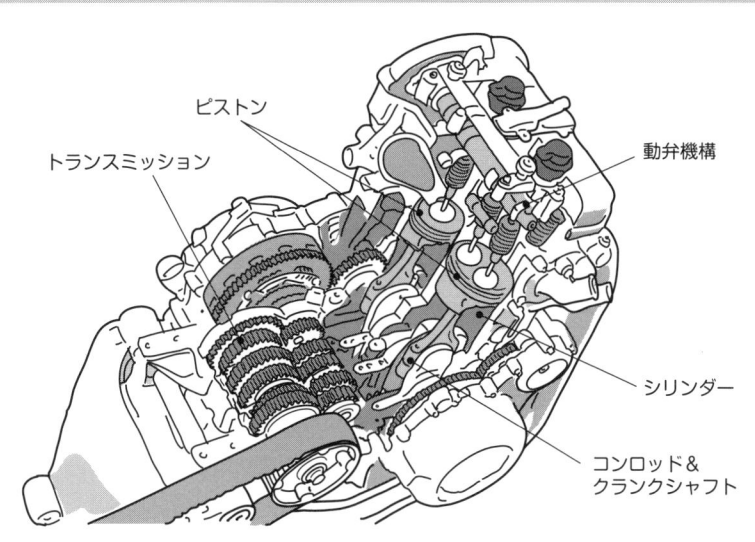

- ピストン
- トランスミッション
- 動弁機構
- シリンダー
- コンロッド&クランクシャフト

バイクの全体図

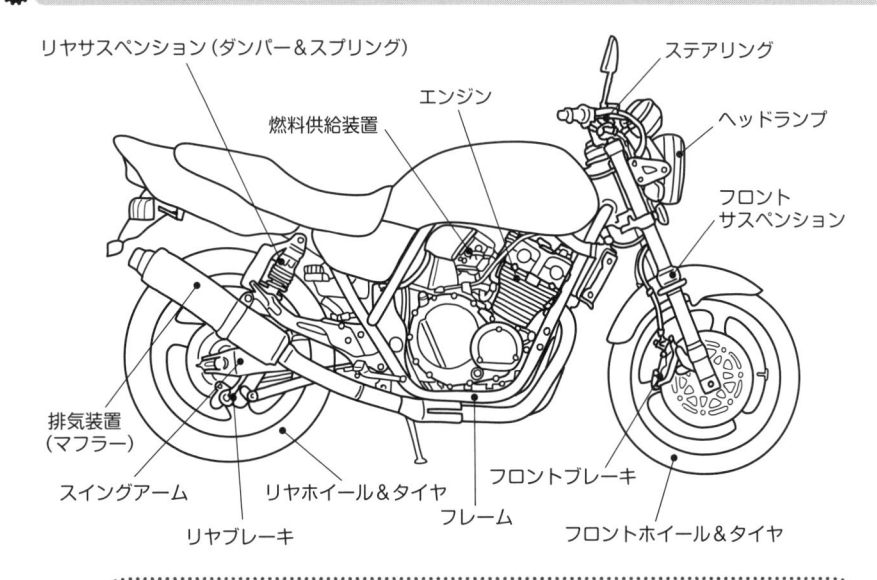

- リヤサスペンション（ダンパー&スプリング）
- 燃料供給装置
- エンジン
- ステアリング
- ヘッドランプ
- フロントサスペンション
- 排気装置（マフラー）
- スイングアーム
- リヤホイール&タイヤ
- リヤブレーキ
- フレーム
- フロントブレーキ
- フロントホイール&タイヤ

> **POINT**
> ◎エンジン部は動力を生み出し、伝える役割、ステアリングは進行方向をコントロールする役割、サスペンションは衝撃を吸収する役割、ブレーキは減速する役割、タイヤ&ホイールは動力を路面に伝える役割を担っている

1-2 ロードタイプの種類と特徴

バイクには、用途や目的に応じてさまざまなタイプがありますが、主に舗装路での使用を前提とするロードタイプにはどのような種類や特徴があるのですか？

スポーツバイクは、主に舗装路での走行を想定した**ロードタイプ**と、不整地などでの走行を想定した**オフロードタイプ**に分けられます。ロードタイプは、舗装路での走行性を重視してエンジンや車体が設計されています。またタイヤやホイール、サスペンションも舗装路で高い性能を発揮するように設定されています（図①〜⑥）。

■ロードタイプの種類と特徴

ロードタイプは、さらにサーキットでのスポーツ走行やレースでの使用を前提としたレーサーレプリカやスーパースポーツ、市街地での走行性能を重視したネイキッド、長距離移動を目的としたツアラー、ハーレーダビッドソンに代表されるアメリカン（クルーザーとも呼ばれる）などがあります。

スーパースポーツは、サーキットなどでのスポーツ走行に適した高出力のエンジンとハイグリップタイヤ、タイヤの性能を発揮しやすいワイドなホイール、より大きな制動力を発揮するブレーキ、コーナリング時やブレーキング時などに車体に加わる大きな応力に対応できる高剛性なフレームなどを備えています。

また空気抵抗を減らして最高速度を高めるために低いハンドルと車体全体を覆うカウル、コーナリング時に路面と接触しないように高い位置のステップなどが装備されています。その反面、低速時の取り扱いや耐久性、燃費といった部分や、乗り心地やライディングポジション、荷物の積載性などは犠牲になります。

ネイキッドは、比較的高いハンドル位置に厚めのシートクッションや前寄りのステップなど、市街地での操縦性を重視しています。またエンジンの出力特性やサスペンションの設定も、低・中速時に扱いやすいものとなっています。

ツアラーは、高速走行時の風圧を低減するカウルに大型のトランクなどを装備し、長時間の高速走行に対応できる大排気量エンジンを搭載しています。

アメリカン（クルーザー）は、中速で長い直線を安定して走行できるように、前後のタイヤ間の距離を長めにするなど、旋回性よりも直進性を優先した操縦性をもち、幅が狭く車高も低めとなっています。

また最近ではオフロード車にロードタイヤを履かせた**モタード**や、スーパースポーツのカウルを取り外した**ストリートファイター**と呼ばれるタイプもあります。

第1章 バイクはどうなっているのか【導入編】

ロードタイプのバイクの種類

①スーパースポーツ

②ネイキッド

③ツアラー

④アメリカン(クルーザー)

⑤モタード

⑥ストリートファイター

POINT
◎バイクの種類の細分化は嗜好の多様化がもたらしたものと言えるが、使用範囲が限定され使用状況が特化されると、より高い性能を発揮することができるようになる

1-3 オフロードタイプの種類と特徴

ロードタイプのバイクにどのようなものがあるのかはわかりましたが、不整地での使用を前提としたオフロードタイプには、どのような種類や特徴があるのですか？

　オフロードタイプは、足場の悪い不整地などダートでの走行を主な目的としているため、①衝撃吸収性能の高いサスペンションを装備、②車体は走行時の衝撃に耐える強度を保ちながら、できるだけ軽くスリムになるように設計、③エンジンは出力よりも軽さやコンパクトさを重視、④タイヤやホイールは不整地での走破性を良くするため、フロントタイヤの外径が大きく、ダート路面でのグリップ力が高いブロックパターンのタイヤ（独立したブロック＝塊で構成された接地面の模様をもつ。ブロックが軟らかく溝の面積も大きい）を使用、などの特徴があります（図①〜④）。

■オフロードタイプの種類と特徴

　オフロードタイプは、本格的なオフロード走行に対応したトレールバイクや、林道や山道のツーリングでの使用を前提としたトレッキングバイク、大きな岩や崖、段差を越えることを想定したトライアルバイクなどに分けられます。

　トレールバイクには、一般公道用の車両としての使用感や耐久性などを考慮して販売されているもの以外に、レース用車両のモトクロッサーや長距離オフロードレースでの使用を前提としたエンデューロレーサーに保安部品や装備類を取り付け、オフロードでの走行性能のみに特化したレーサーレプリカがあります。

　トレッキングバイクは、不整地の中でも林道など比較的整備されたオフロードを低・中速で走行することを前提にしています。このため、トレールバイクよりもマイルドなエンジン出力、走破性よりも足つき性を重視したサスペンションなど、扱いやすさを重視しています。

　トライアルバイクは、垂直に近いような岩場や崖を登ったり、丸太などの障害物を乗り越えたりする競技用トライアル車をイメージしています。そのため、トレッキングバイクより小さい燃料タンクと極端に幅が狭く足つき性の良い車体、軽量コンパクトで搭載位置が高いエンジン、切れ角の大きなステアリング、チューブレススポークホイールなどの特徴があります。

　また、**ダート（フラット）トラッカー**と呼ばれるバイクもあります。硬く固められたダートコースを周回するレース用車両をもとにしたもので、モタードとは反対にロード用バイクに近い車体にオフロード用タイヤを取り付けたバイクです。

第1章 バイクはどうなっているのか【導入編】

オフロードタイプのバイクの種類

①トレールバイク

②トレッキングバイク

③トライアルバイク

④ダート（フラット）トラッカー

POINT
◎ロードタイプのバイクと同じように、オフロードタイプもその種類が細分化されているが、モトクロス、エンデューロ、トライアルなど、競技の影響をより強く受けている

1-4 その他のバイクの種類と特徴

バイクには、これまで見てきたロードタイプやオフロードタイプといったスポーツバイク以外に、どのような種類があり、どんな使われ方をしているのでしょうか？

　バイクにはスポーツバイク以外に各種配達などに使われるビジネスバイク、コミューター（通勤用）として使用されるスクーター、変わったところでは、自衛隊の偵察車両や白バイなどの警察車両があります（図①〜⑥）。

■その他のバイクの種類と特徴

　業務で使用される車両はその業務に特化された仕様になっていて、**ビジネスバイク**であれば、荷物の積載性が良く、タイヤやフレームなどは積載時の荷重に耐えうる強度や構造になっています。耐久性や省燃費、整備性なども考慮されています。

　スクーターは、コミューターとして手軽に使用できることを考慮して、扱いやすさやデザイン性などが重視されます。以前は原付（原動機付自転車）免許で運転できる50ccや、保険費用などの負担が比較的少ない80ccなどの小型車が主流でしたが、最近はAT車の限定免許の新設もあり、最高速度、高速道路走行の制限の少ない250〜400ccの中型車クラスが主流になっています。また、ビジネスバイクの頑丈さや省燃費性を生かしながら、スクーターのような手軽さやデザイン性をもつ中間的なバイクが増えているほか、環境面から電動スクーターも発売されています。

　自衛隊や警察用車両は、既存の市販バイクをベースに特別な装備や仕様が施されています。**自衛隊用車両**は、専用のバンパー（車体ガード）やアンダーガード、各種備品などを搭載するためのキャリヤなどが装備されています。また専用のランプ類や消音機能を強化したマフラーなども装備されています。

　警察用車両には、業務に応じてさまざまなタイプがあり、主に交通取締まりに使用されるタイプは、速度計測装置や赤色回転灯、スピーカー、無線機などが装備されています。

　その他、一部の宅配業者などに使用される三輪（トライク）のバイクもあります。**トライク**は排気量が50cc以下の場合、出力や車体寸法、形状などが道路運送車両法や道交法で定められた規定に合致していれば、通常の原付と同じ扱いになります。50ccを超える場合は、道路運送車両法上では250cc以下は側車付軽二輪、250ccを超えるものは二輪の小型自動車となります。また道交法上では、車体構造によって普通自動車または特定二輪車となります。

第1章 バイクはどうなっているのか【導入編】

その他のバイクの種類

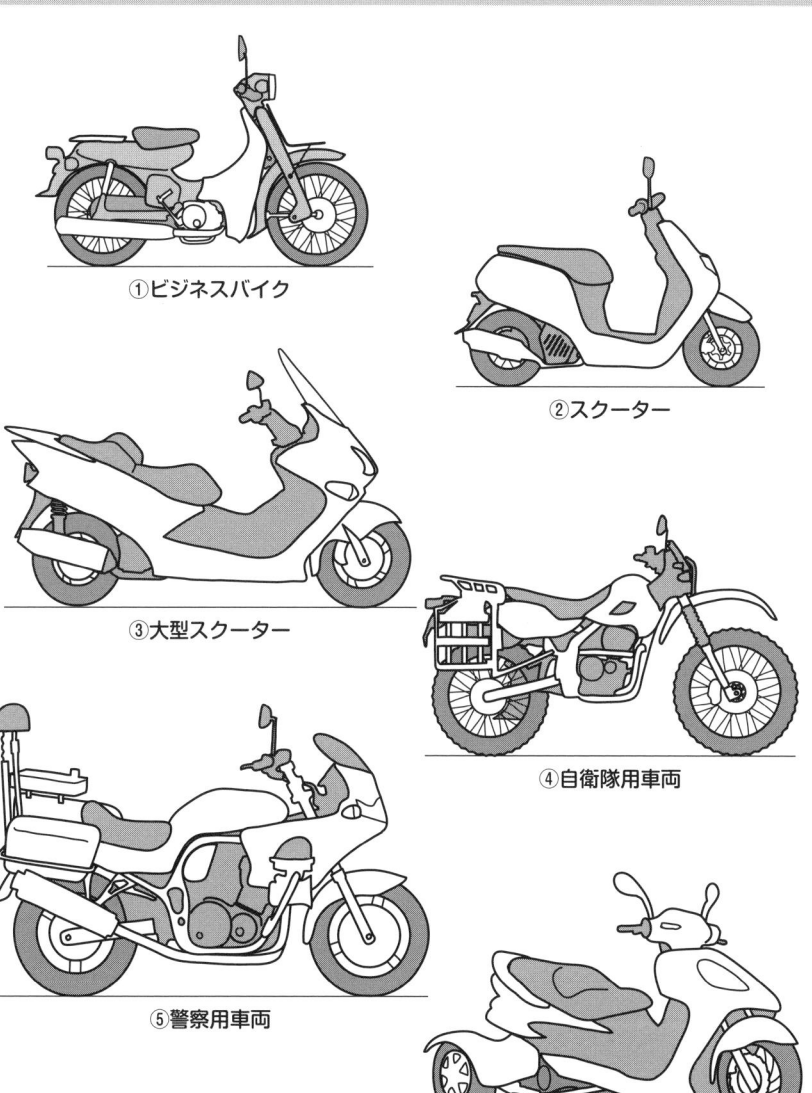

①ビジネスバイク

②スクーター

③大型スクーター

④自衛隊用車両

⑤警察用車両

⑥トライク

POINT
◎ビジネスバイクは、その使用目的に特化した独自の進化を続けており、隠れたベストセラーとなっている。また、スクーターも免許制度改定などの後押しもあり、新たなジャンルとして認知されている

017

COLUMN 1

安全なライディングのために《その1》
悪い状況を想定して先を読む

　安全運転の一番のポイントは「先を読む」ということです。冷静に先を読むことができれば、突然の出来事にも余裕をもって対処することができます。

　「先を読む」といっても、初めて走る道や見えないコーナーの出口がどうなっているかを予想することはできません。ただ、最悪の状況を予測しながら走ることは可能です。

　例えば、山道などで出口の見えないコーナーに進入する場合、何も考えずに飛び込むのと、「もしかしたらかなり回り込んだ深いコーナーかもしれない」と予想しながら走るのでは、実際にそうであったとき大きな差となって現われてきます。何も考えずに高速コーナーのつもりで進入した場合、大きな事故に結びつく可能性は高くなります。

　これは、市街地を走るときも同様です。路肩に駐車しているクルマの横を通過する場合、そのクルマが急に発進するかもしれませんし、クルマの陰から人が飛び出してくるかもしれません。このとき、最悪の事態を想定して走っていれば、実際にクルマが動き出したり、人が飛び出したりしても対応することができるはずです。

　交差点の事故でよく見られるのが、右折しようとしているクルマと直進するバイクの接触事故です。この場合、原因として、①クルマに比べて直進するバイクの距離感がつかみにくい、②ドライバーの多くがバイクの加速性能を理解していない、③お互いに「大丈夫だろう」と思い込んでいる、ということが考えられます。このケースでも「対向車が急に交差点に進入してくるかもしれない」と最悪の場合を想定していれば、突然その状況になったとしても事故になることはないでしょう。

　みなさんも、いま述べたような場面に出会って実際にヒヤッとしたことがあるかもしれませんが、今後はそのようなことのないように、先を読んだ走りを心がけてください。

第2章

動力を生み出す
【エンジン本体編】

The chapter of engine

1. バイクのエンジンの主流・4サイクルエンジン

1-1 バイクのエンジンの種類と特徴

バイクを動かす「原動力」となるのはエンジンですが、現在バイクに搭載されているエンジンにはどのような種類があり、どんな特徴をもっているのですか？

現在バイクのエンジンは、注射器の外筒のようなシリンダーと、その内部で上下に動くピストンで構成される「**レシプロエンジン**」が主流になっています。レシプロエンジンはピストンエンジンとも呼ばれ、**ピストン**と**シリンダー**がつくる空間に**混合気**（ガソリン＋空気）を注入して、ピストンがシリンダー内部を往復しながら吸入（吸気）→圧縮→燃焼（爆発）→排気（排出）という流れを繰り返します。

この**往復運動**によって得られる力は、ピストンにつながっている**コンロッド**と**クランクシャフト**によって**回転運動**に変換されて動力として取り出されます（上図）。

■4つの行程を繰り返す4サイクルエンジン

レシプロエンジンは、その作動方式によって4サイクルと2サイクルに分けられます。4サイクルエンジンは、①**吸入**：ピストンが下降する際に吸気バルブが開き混合気を吸い込む、②**圧縮**：吸排気バルブを閉めて燃焼室を密閉し、混合気を圧縮する、③**燃焼**：圧縮した混合気に点火し、爆発力でピストンを押し下げる、④**排気**：ピストンが上昇することで開いた排気バルブから排気ガスを押し出す、の4行程を行うため4サイクル（行程、周期）と呼ばれています（中図）。

4サイクルエンジンは、タイミングよく開閉する**吸排気バルブ**（バルブ**機構**）をもつため、各行程を正確に実行でき、燃焼時に多くのエネルギーを生み出します。ただ、構造が複雑で摩擦抵抗によるロスが多くなるとともに重量も増加します。

■バルブ機構をもたない2サイクルエンジン

2サイクルエンジンは、吸入から排気までの各行程のうち、吸入と圧縮、燃焼と排気を同時に行い、ピストンの上下動2回で終わらせるため「2サイクル」と呼ばれています。4サイクルエンジンでは吸入から排気までをピストン2往復で行いますが、2サイクルエンジンでは1往復で行うため、理論上同じエンジン回転数では4サイクルエンジンの2倍燃焼し、より大きな出力を得ることができます（下図）。

また、4サイクルエンジンのようなバルブ機構をもたないため、回転抵抗も少なく小型軽量にできます。ただし、吸入と圧縮、燃焼と排気の各行程が重複しているため混合気の吸入量が少なくなるなど、1回あたりの燃焼で発生するエネルギーの量は4サイクルエンジンより劣ります。

第2章 動力を生み出す【エンジン本体編】

レシプロエンジン

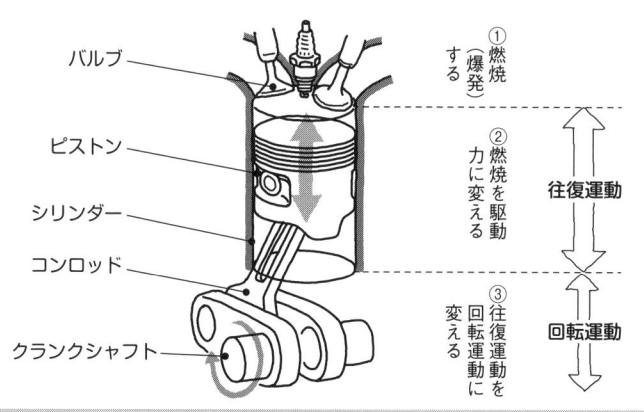

バルブ
ピストン
シリンダー
コンロッド
クランクシャフト

① 燃焼（爆発）する
② 燃焼を駆動力に変える — 往復運動
③ 往復運動を回転運動に変える — 回転運動

4サイクルエンジンの行程

吸気バルブ　排気バルブ　点火プラグ　燃焼室
混合気　ピストン
シリンダー　クランクシャフト
プラグで着火
排気ガス

①吸入　②圧縮　③燃焼　④排気

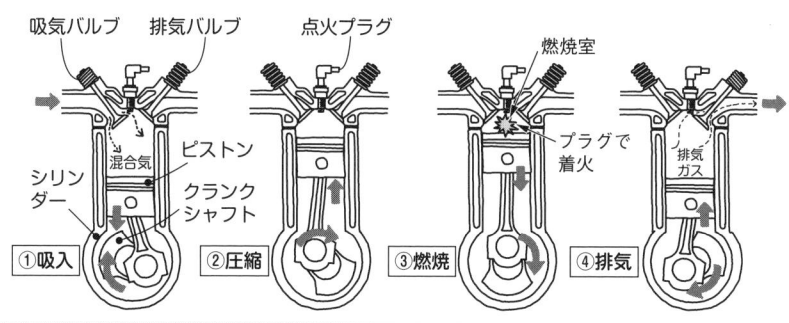

2サイクルエンジンの行程

①吸入・圧縮
燃焼室
混合気を圧縮
掃気ポート
排気ポート
吸気ポート
1次圧縮負圧
混合気を吸入
クランクケース
リードバルブ開

②燃焼・排気
混合気を吸入（クランクケースで圧縮された混合気が燃焼室へ）
燃焼ガス排出
1次圧縮加圧
リードバルブ閉

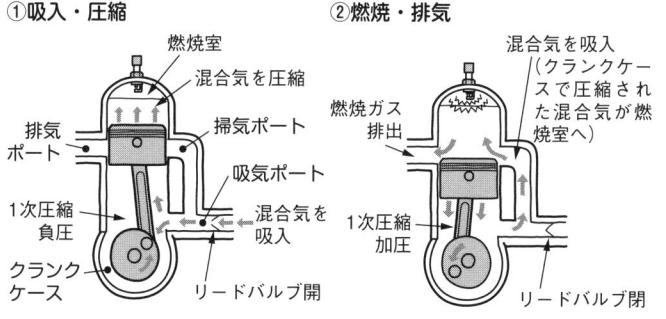

①吸入・圧縮：ピストンが上昇するとクランクケース内が負圧になり、リードバルブが開いて混合気を吸入
②燃焼・排気：ピストンが下降すると燃焼ガスが排気ポートから排出され、クランクケース内も加圧されて混合気を吸入

> **POINT**
> ◎レシプロエンジンはシリンダーの中をピストンが往復運動する
> ◎4サイクルエンジンは吸入、圧縮、燃焼、排気の4行程をピストン2往復で行い、2サイクルエンジンは1往復で行う

1-2 ピストンとコンロッド、クランクシャフト

レシプロエンジンの概要についてはわかりましたが、シリンダー内で行われる往復運動を回転運動に変換するのに関わるピストン、コンロッド、クランクシャフトの関係はどうなっているのですか？

◤ピストンに施された工夫

ピストンは、軽くて強度があり耐熱性にもすぐれたアルミ合金製ですが、最近は高回転化のために軽量化が求められており、全高の低減や鍛造（金属を打撃・加圧して目的の形状をつくること）化が図られています。ピストンは**ピストンピン**によってコンロッドと連結しています（上図）。ピストン外径はシリンダー内径よりも小さくつくられており、そのままではシリンダー内壁とピストンのすき間から燃焼時の高圧ガスが吹き抜けてしまうため、ピストン外周部に溝を設けてガスの吹き抜けを防ぐ**コンプレッション（圧縮）リング**が取り付けられています。さらに4サイクルエンジンでは、シリンダー内壁に付着するオイル量を適切に調整する**オイルリング**が取り付けられています（中左図）。

◤コンロッドとクランクシャフトの役割

コンロッドはピストンとクランクシャフトを連結する役割をします（上図）。コンロッドには、非常に大きな応力が加わり高い強度が求められるため、クロームモリブデン鋼や炭素鋼などの高強度部材が使用されています。また、エンジンの高回転化による軽量化も求められており、スーパースポーツなどではチタン合金や炭素繊維を使用したタイプもあります。また形状もI型断面やH型断面があり、生産性や強度などをもとに選択されています。

クランクシャフトはコンロッドとともにピストンの往復運動を回転運動に変換する役割をします。クランクシャフトは、中心軸となるクランクジャーナル部とコンロッドを取り付けるクランクピン部、回転時にピストンやコンロッドとの重量差による振動を低減する**バランスウェイト**で構成されています（中右図）。クランクシャフトはコンロッドと同様にクロームモリブデン鋼や炭素鋼が使用されています。

◤往復運動を回転運動に変換

前項で、ピストンの**往復運動**によって得られる力はコンロッドとクランクシャフトによって**回転運動**に変換されると述べましたが、それは自転車をこぐ脚とペダルの関係に似ています（下図）。ひざ＝ピストン、すね＝コンロッド、ペダルとクランク＝クランクシャフトと考えればわかりやすいでしょう。

第2章 動力を生み出す【エンジン本体編】

ピストン、コンロッド、クランクシャフトの関係

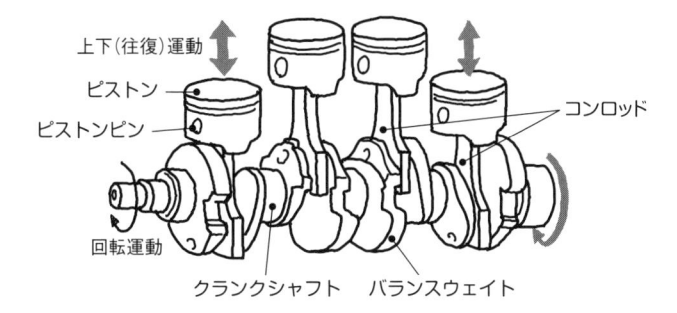

上下(往復)運動
ピストン
ピストンピン
コンロッド
回転運動
クランクシャフト
バランスウェイト

ピストンの構造

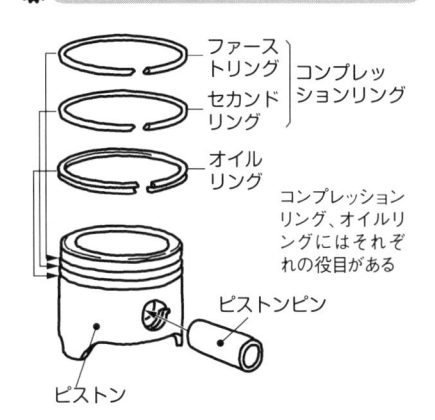

ファーストリング
セカンドリング
オイルリング
コンプレッションリング
コンプレッションリング、オイルリングにはそれぞれの役目がある
ピストンピン
ピストン

コンロッドとクランクシャフト

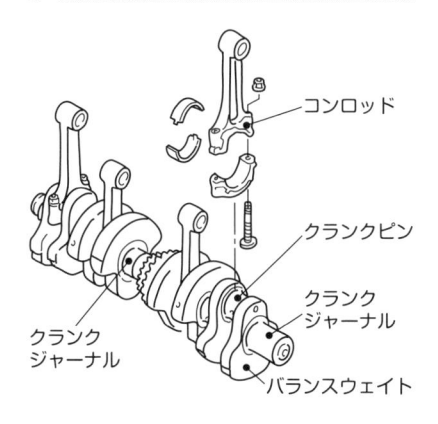

コンロッド
クランクピン
クランクジャーナル
クランクジャーナル
バランスウェイト

往復運動→回転運動のしくみ

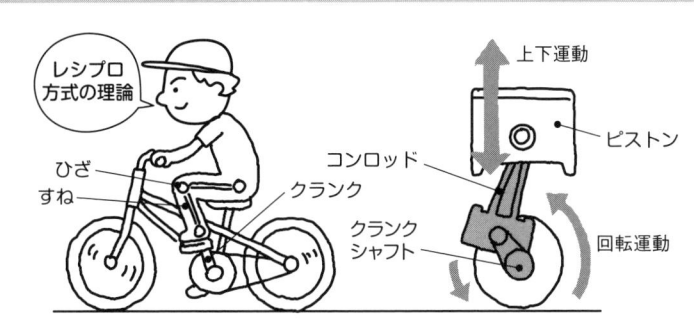

レシプロ方式の理論
ひざ
すね
クランク
コンロッド
クランクシャフト
上下運動
ピストン
回転運動

POINT
- ◎ピストン、コンロッド、クランクシャフトは軽量化と高強度化が図られている
- ◎クランクシャフトはすべてのピストン、コンロッドとつながっている
- ◎ピストンの往復運動はコンロッド&クランクシャフトにより回転運動に変わる

1-3 レシプロエンジンの分類

日本では、50ccの原付から1800cc超の大型のものまで、さまざまなバイクが市販されていますが、このように多種多様なエンジンにはどのような種類のものがあるのですか?

レシプロエンジンは、搭載されるバイクの特徴に合わせてたくさんの種類があります。ここでは「排気量」「気筒数」「シリンダー配列」について見てみます。

■排気量を決める要素

レシプロエンジンは、シリンダー内で燃料(混合気)を燃焼させることで動力を発生させているため、その吸入量によって発生する動力もある程度限定されます。

排気量とはエンジンの大きさを表す用語で、シリンダー内の**内径(ボア)**とピストンの**ストローク量**によって決まります。排気量が大きければ1回の燃焼でより多くの燃焼ガスが発生し、出力も大きくなります(上図)。

以下で述べるように、2気筒や4気筒など複数のシリンダーがある場合は、シリンダー単体の排気量×シリンダー数(**気筒数**)が排気量となり、**総排気量**と記載されることもあります。なお、ボアとストロークの関係から、ボア>ストロークのものを**ショートストローク型**といい、高回転重視のエンジンになります。逆にボア<ストロークのものを**ロングストローク型**といい、低回転時のトルク重視のエンジンになります。ボアとストロークの値が同じものを**スクエア型**といいます。

■気筒数とシリンダー配列

レシプロエンジンでは、シリンダーの数や配置などによってさまざまな種類があります。シリンダーが1つしかない単気筒や2つある2気筒、4つある4気筒エンジンなどがあり、基本的にはシリンダーの数が増えるほどクランクシャフト1回転あたりの燃焼回数が増え、エンジンがスムーズに回転します。

シリンダー配列は、直列(並列)やV型、水平対向などがあります(下図)。**直列**はシリンダーが直線上に配置され、車体の進行方向に対して横向きに配置されるときは**並列**と表記される場合もあります。**V型**はシリンダーがV字型に配置されており、その角度によって90°V型や45°V型などがあります。V型はエンジン幅をコンパクトにできますが、構造が複雑になり重量も増加します。**水平対向**は左右のピストンがお互いの振動を打ち消し合うため、振動が少なくなりますがエンジン幅は広くなります。このほかに、前後にシリンダーが並んでいるタンデムツインや、それを4気筒化したスクエア4と呼ばれる形式もあります。

第2章 動力を生み出す【エンジン本体編】

排気量とエンジンの性格

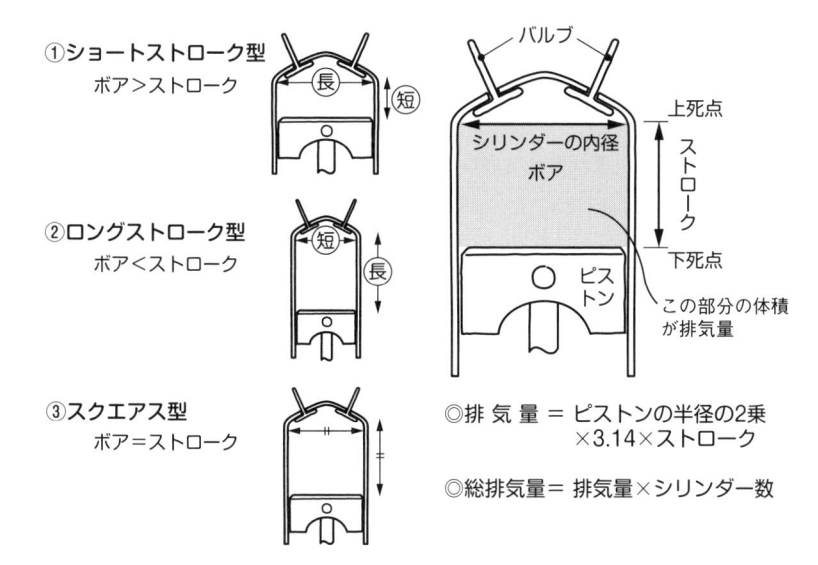

①ショートストローク型
ボア＞ストローク

②ロングストローク型
ボア＜ストローク

③スクエアス型
ボア＝ストローク

バルブ
シリンダーの内径 ボア
上死点
ストローク
下死点
ピストン
この部分の体積が排気量

◎排気量 ＝ ピストンの半径の2乗 ×3.14×ストローク

◎総排気量＝ 排気量×シリンダー数

気筒数とシリンダー配列

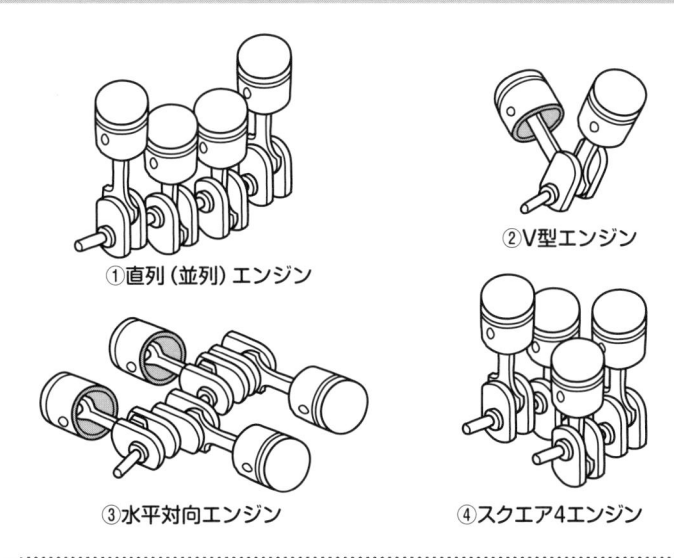

①直列（並列）エンジン

②V型エンジン

③水平対向エンジン

④スクエア4エンジン

POINT
◎エンジンは排気量、気筒数、シリンダー配列によって分類することができ、同じ排気量でも、気筒数やシリンダー配列が異なると違った性格や特徴をもつようになる

1-4 エンジンの性能を知るための用語

カタログを見ると、エンジンの性能を表す用語として「圧縮比」「トルク」「出力」などが用いられていますが、これらはエンジンが生み出す力のどの部分を指しているのですか？

■圧縮比が高いほど大きなエネルギーを生む

圧縮比とは、シリンダー内に吸入された混合気（燃料）が、ピストンがもっとも上昇したところ（**上死点**）でどのくらい圧縮されたかを表します。上図のように、**燃焼室**（圧縮された混合気が燃焼する場所で、ピストン上部とシリンダーヘッドによって形成される）の容積に**行程容積**を足した数値を**燃焼室容積**で割って求めます（31頁上図参照）。

レシプロエンジンでは、圧縮比が高くなればより大きな燃焼エネルギーを発生させることができます。このため、高出力エンジンほど圧縮比が高くなります。

ただし、圧縮比が高くなると吸入した混合気が高温になり、その熱によって燃料の自己着火（**ノッキング**：きんきんという異常音を発する）や異常燃焼（**デトネーション**）が発生し、エンジンが破壊されることもあります。このため、着火温度の高い（自然着火しにくい）**ハイオクタン**（**ハイオク**）**燃料**を使用することで、より高圧縮化しているエンジンもあります。

■トルクと出力の関係

レシプロエンジンは、燃料を燃焼させて動力を取り出しますが、この燃焼力（エネルギー）はエンジン内部のピストンやコンロッド、クランクシャフトによって回転力に置き換えられます。この回転力を**トルク**といい、動力の源になります。トルクは回転軸の中心から力（F）を加える力点までの距離（L）が長いほど大きくなります（下図）。このため、同じ燃焼エネルギー（F）であっても、ピストンの往復量（ストローク量：L×2）が大きいエンジンほど、発生するトルクは大きくなります。

カタログなどに記載されているエンジン出力は、燃料が燃焼してクランクシャフトを回転させる力（トルク）とそのときのエンジン回転数で算出されます。

　　トルク（力）×回転数＝出力

このため、トルクが同じでもエンジンが高回転になれば出力も大きくなります。ただし、高トルク型になる**ロングストロークエンジン**では、クランクシャフトが1回転するときのピストンの往復距離が長くなるため高回転化しにくく、**ショートストロークエンジン**は、トルクは小さくなりますが高回転化しやすくなります。

第2章 動力を生み出す【エンジン本体編】

圧縮比とは

- 点火プラグ
- バルブ
- 燃焼室容積
- 上死点
- A 行程容積（排気量）
- 下死点

燃焼室容積 + 行程容積（排気量）

圧縮比 =

燃焼室容積

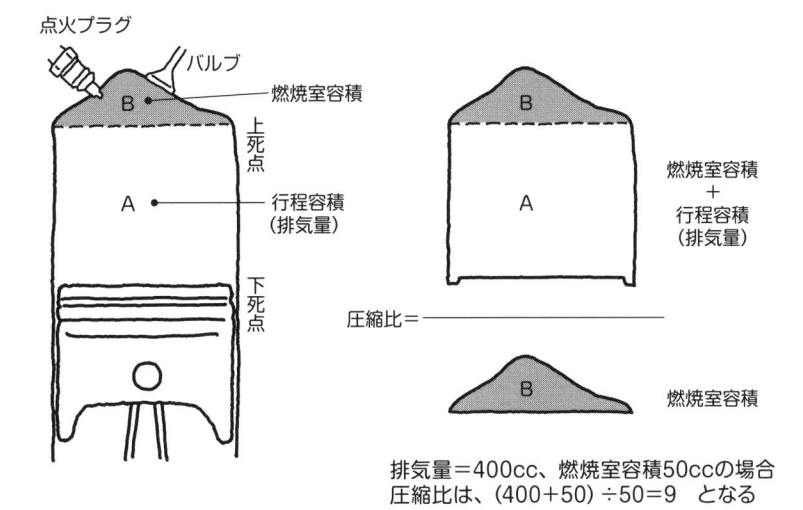

排気量＝400cc、燃焼室容積50ccの場合
圧縮比は、(400＋50)÷50＝9　となる

トルクとは

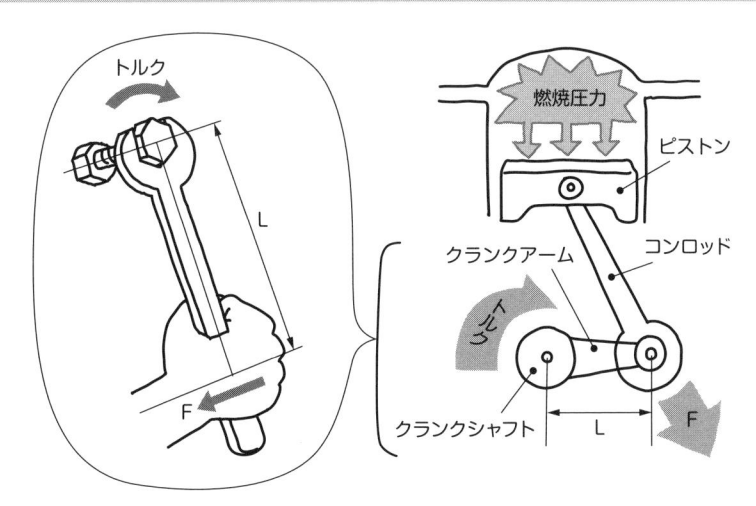

- トルク
- L
- F
- 燃焼圧力
- ピストン
- クランクアーム
- コンロッド
- トルク
- クランクシャフト
- L
- F

POINT
◎高出力エンジンほど圧縮比が高くなる
◎トルクを大きくするには、燃焼エネルギーを高めるかクランクアームを長くする。出力を高めるには、エンジンを高回転にする

027

1-5 4サイクルエンジンの動作と特徴

20頁で4サイクルエンジンについて簡単に触れましたが、4つの行程である①吸入→②圧縮→③燃焼→④排気の詳しい流れはどうなっているのでしょうか？

4サイクルエンジンは4ストロークエンジンとも呼ばれ、ピストンが**上死点**（往復運動のもっとも上の位置）から**下死点**（同じくもっとも下の位置）までの間を4回移動（ストローク）することで、吸入、圧縮、燃焼、排気の4行程を行います（上図）。

■4つの行程とピストンの動き

①吸入行程：ピストンが上死点から下死点まで移動して、シリンダー内部に負圧が発生します。このとき**吸気バルブ**が開くことで燃料（空気と混合され気化したガソリン＝**混合気**）がシリンダー内に吸入されます。

②圧縮行程：ピストンは下死点まで到達すると、上死点に向かって移動し始めます。このとき吸気バルブは閉じられるため、シリンダー内の混合気はピストンの上昇に伴って圧縮されます。

③燃焼行程：ピストンが上死点に達し、圧縮された混合気に**点火プラグ**で着火させ燃焼させます。このとき発生する高圧の**燃焼ガス**によって、ピストンは下死点まで押し戻されます。

④排気行程：下死点に到達したピストンは、その勢いによってまた上死点に向かって移動します。このとき**排気バルブ**が開き、シリンダー内の燃焼ガスがピストンによって排気ガスとしてエンジン外部に排出されます。

■4サイクルエンジンの特徴＝吸排気バルブ

4サイクルエンジンの特徴でもある**吸排気バルブ**は、**カムシャフト**と呼ばれる部品によってその開閉タイミングをコントロールしています（中図）。カムシャフトと**クランクシャフト**はギヤやチェーンによって連結されており、ピストンが移動しクランクシャフトが回転すれば、カムシャフトも回転してバルブを開閉します（下図）。

4サイクルエンジンの場合、吸入から排気までをピストンが4回移動して行いますが、このときクランクシャフトは2回転します。吸入から排気までの行程の中で吸排気バルブはそれぞれ1回開閉するため、クランクシャフトの回転数を半分にしてカムシャフトに伝えれば、ピストンの移動（クランクシャフトの回転）に合わせて吸排気バルブを正確に開閉することができます。

第2章 動力を生み出す【エンジン本体編】

4サイクルエンジンの4行程

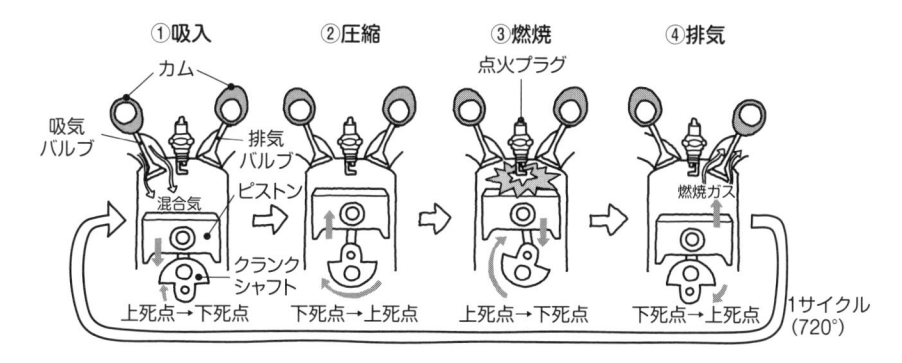

①吸入 / ②圧縮 / ③燃焼 / ④排気

カム、吸気バルブ、排気バルブ、点火プラグ、混合気、ピストン、燃焼ガス、クランクシャフト

上死点→下死点 / 下死点→上死点 / 上死点→下死点 / 下死点→上死点

1サイクル（720°）

4サイクルエンジンの特徴となる吸排気バルブ

- カムシャフト：カムを回すための回転軸
- カム：バルブを押すために一部を膨らませた部品
- 排気バルブ：回転するカムに押されて燃焼ガスを排出する
- 吸気バルブ：回転するカムに押されて混合気を燃焼室に招き入れる
- 排気：燃焼したガスが排出される
- 吸気：ガソリンと空気の混合気が入ってくる

カムシャフトとクランクシャフトの連結

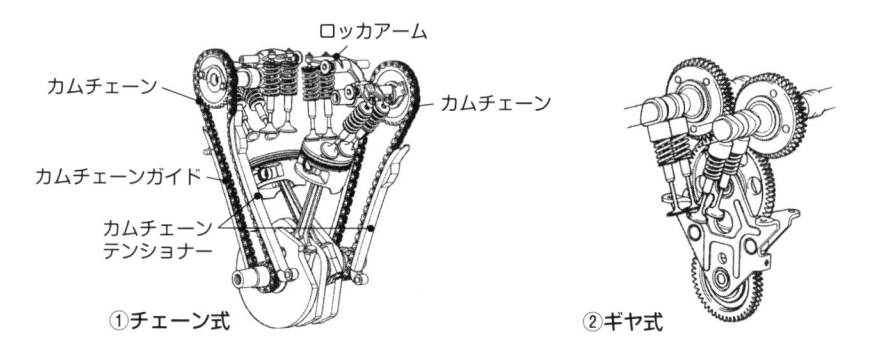

ロッカアーム、カムチェーン、カムチェーンガイド、カムチェーンテンショナー

①チェーン式　②ギヤ式

POINT
◎4サイクルエンジンは、シリンダー内を往復するピストンと、タイミングに応じて開閉する吸排気バルブの動きによって、4つの行程を確実に実行する。そのため、効率よく燃焼エネルギーを生み出すことができる

029

1-6 4サイクルエンジンのシリンダーとシリンダーヘッド

混合気を燃焼させるシリンダーや、混合気の吸入・燃焼ガスの排出を行うバルブが取り付けられているシリンダーヘッドはどのような構造をしているのですか？

▍シリンダーヘッドと燃焼室

　シリンダーがいくつか並べられている**シリンダーブロック**の上部には**シリンダーヘッド**が取り付けられています。シリンダーヘッドには、吸入した混合気を燃焼させる**燃焼室**と、混合気の吸入や排出を行う**吸排気ポート**が設けられており、さらに**吸排気バルブ**、**点火プラグ**などが取り付けられています。

　燃焼室はその形状から半球型、多球型、ペントルーフ型などがあります。混合気を効率よく燃焼させるには半球型が適していますが、4サイクルエンジンは吸排気バルブが設けられているため、ほとんどがペントルーフ型になります（上図）。

▍シリンダーの工夫＝スリーブの役割

　ピストンが往復するシリンダー本体は鋳鉄またはアルミ合金製ですが、現在はほとんどが軽量で冷却性が良く生産性にもすぐれるアルミ合金製になっています。

　シリンダー内側には**スリーブ**と呼ばれる筒をはめ込み、加工性や強度、耐摩耗性を確保しています。スリーブにも鋳鉄製やアルミ合金製があります。鋳鉄製は耐摩耗性にすぐれコストも抑えられますが、アルミ合金製より重くシリンダー本体とは異なる材質のため、高温時の膨張率の違いによる歪みが発生しやすくなります（中図）。アルミ合金製は、軽量で放熱性が良くシリンダー本体やピストンと同じ材質のため、熱による歪みへの対応も比較的容易にできます。ただし、鋳鉄製に比べて耐摩耗性などが劣るため、ピストンリングと接するスリーブ内壁に特殊なメッキなどを施して耐摩耗性や耐焼き付き性を向上させています。

▍シリンダーの冷却方式

　内部で混合気が燃焼するエンジンは非常に高温になるため、冷却する必要があります。冷却の方法には走行風による**空冷式**と冷却水による**水冷式**があります。

　空冷式は走行時にシリンダーに当たる風によって冷却するため、表面積を大きくするように**冷却フィン**を設けています。水冷式はシリンダー内部に**ウォータージャケット**と呼ばれる冷却経路を設け、内部に冷却水を循環させて冷却します。水冷式のシリンダーには、冷却水が直接スリーブを冷却する**ウェットライナー式**とシリンダー内壁越しにスリーブを冷却する**ドライライナー式**があります（下図）。

第2章 動力を生み出す【エンジン本体編】

シリンダーヘッドと燃焼室

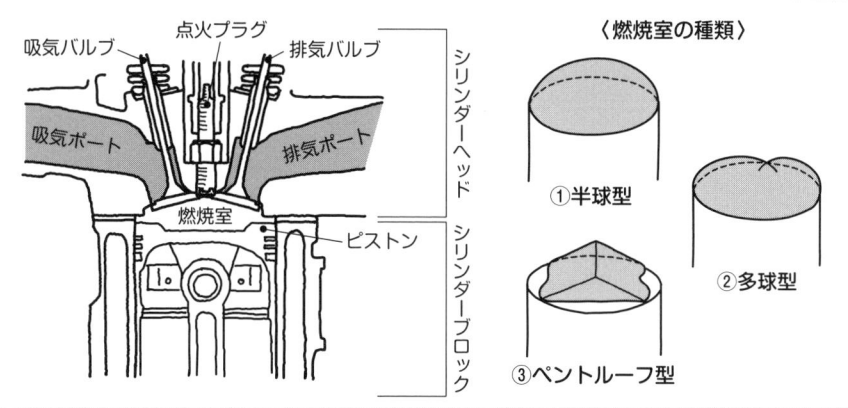

吸気バルブ　点火プラグ　排気バルブ
吸気ポート　　　　　　　排気ポート
燃焼室　　ピストン
シリンダーヘッド
シリンダーブロック

〈燃焼室の種類〉

①半球型

②多球型

③ペントルーフ型

シリンダーの構造

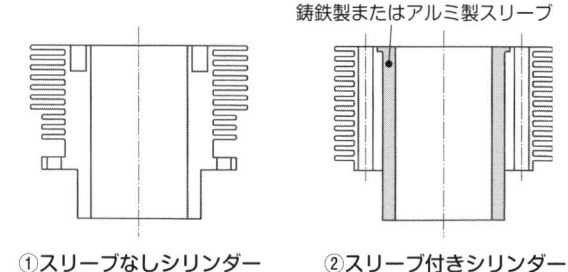

①スリーブなしシリンダー

鋳鉄製またはアルミ製スリーブ

②スリーブ付きシリンダー

耐久性や耐摩耗性の問題からスリーブ付きが採用されているが、最新のスーパースポーツではメッキや溶射技術の向上、スリーブをなくすことによるエンジン幅のコンパクト化により、スリーブなしのタイプが増加している。

シリンダーの冷却方式

ウェットライナー式は冷却水が直接スリーブに触れるため冷却効率が高く、比較的高性能なエンジンに使用されている。

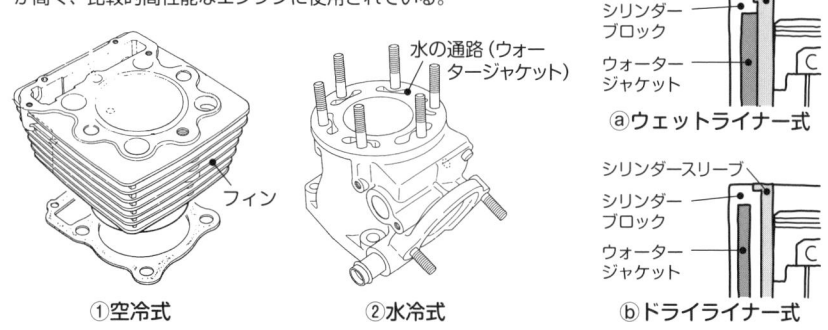

フィン

水の通路(ウォータージャケット)

①空冷式

②水冷式

シリンダースリーブ
シリンダーブロック
ウォータージャケット

ⓐウェットライナー式

シリンダースリーブ
シリンダーブロック
ウォータージャケット

ⓑドライライナー式

POINT
◎シリンダーとシリンダーヘッドはエンジンの心臓部であるため、「軽量」かつ「高い強度」「耐久性」「耐摩耗性」などが求められる。そのため、非常に高度な技術によって設計・製造されている

031

1-7 バルブシステムの役割と構造

28頁で見たように、バルブはピストンの動きに合わせて正確に開閉して、混合気の吸入や燃焼ガスの排出をコントロールしていますが、どのような構造をしているのですか？

4サイクルエンジンには、**吸排気ポート**を開閉する**吸気バルブ**と**排気バルブ**が取り付けられています（31頁上図参照）。

■吸排気ポート面積を増すマルチバルブ化

最高回転数が毎分10000回転を超えるバイク用エンジンでは、短時間でより多くの混合気を吸入して燃焼ガスを排出する必要があります。このためバルブ径を大型化したり、吸排気バルブの数を**マルチバルブ（複数）**化して各ポートの面積を増やしています（上図）。また、バルブには一般的に特殊鋼が使用されますが、一部のスポーツモデルでは高回転時のバルブ開閉タイミングの精度を高めるために軽量でより強度の高いチタン合金を使用しています。

■バルブの構造と開閉のしくみ

吸排気バルブは、中図のようにポペット型と呼ばれるきのこを逆さにしたような形状をしており、傘の縁の部分と**バルブシート**が密着して燃焼室を密閉します。バルブシートは燃焼室の気密を保つとともに、バルブの熱をシリンダーヘッドに逃がす働きをします。材質は耐熱性や耐摩耗性にすぐれた焼結合金が主に使用されています。各ポートにはバルブを支えるバルブガイドを圧入しています。バルブガイドは内部をバルブステムが高速で往復するため、耐摩耗性と切削加工性が求められ、主にリン青銅や高力黄銅などの銅系の合金で製造されています。

金属性のスプリングには固有振動数があり、特定の条件が重なると異常振動が発生して（**バルブサージング**）、バルブとピストンの接触やスプリングの折損などのトラブルを招きます。これを防ぐために固有振動数の異なるスプリングを組み合わせたり（**デュアルスプリング**）、**不等ピッチスプリング**を使用したりしています（中図①②）。また、カムとロッカーアームを使ってバルブを閉める**デスモドロミック機構**と呼ばれるものもあります（下左図）。一部のレース用エンジンでは、金属スプリングの代わりに高圧エアを利用するニューマチックバルブもあります。

吸排気バルブの開閉は、断面がたまご型をした**カム**が直径の大きな山の部分になると**バルブスプリング**を押し縮めながらバルブを開き、山の部分を越えるとスプリングの反力によってバルブが閉じるしくみになっています（下右図）。

マルチバルブ化の効果

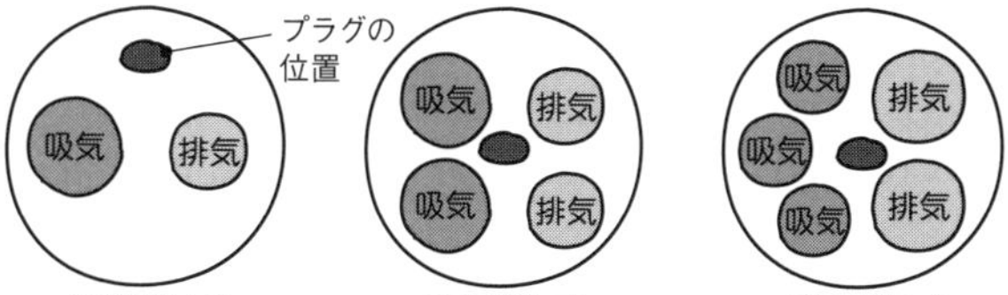
プラグの位置
吸気
排気
吸気
排気
吸気
排気
吸気
排気
吸気
吸気
排気

①2バルブ　②4バルブ　③5バルブ

バルブ数を増やして吸排気ポート面積を増大する。短時間でより多くの混合気を吸入するため、吸気バルブのほうが径が大きい(5バルブは吸気が3つなので排気バルブのほうが大きい)。

バルブの構造といろいろなスプリング

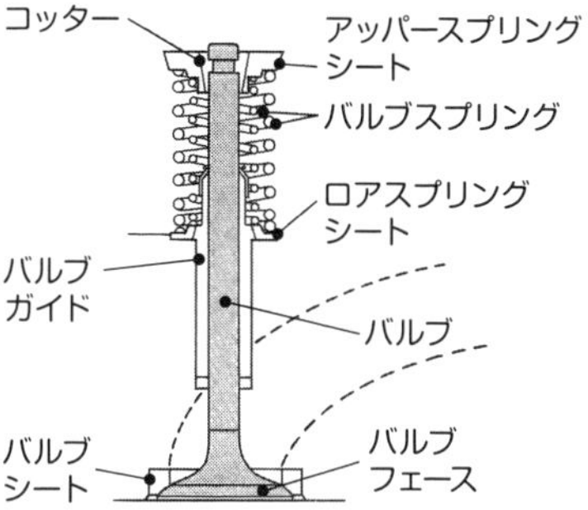
コッター
アッパースプリングシート
バルブスプリング
ロアスプリングシート
バルブガイド
バルブ
バルブシート
バルブフェース

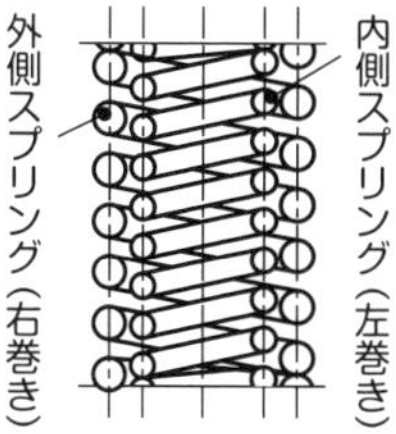
外側スプリング(右巻き)
内側スプリング(左巻き)

①デュアルスプリング

ピッチ(幅)が広い
ピッチが狭い

②不等ピッチスプリング

デスモドロミック機構

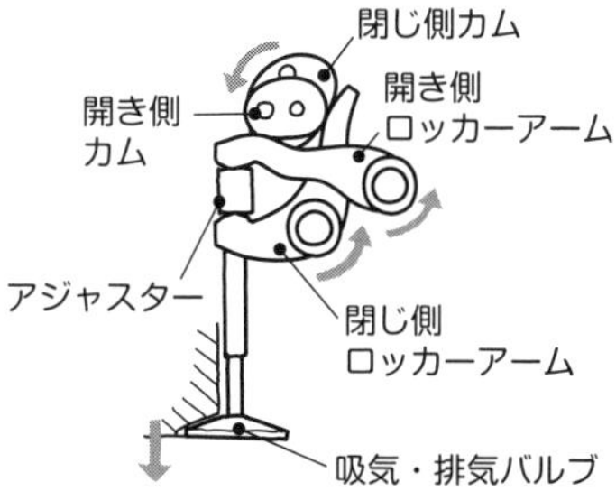
閉じ側カム
開き側カム
開き側ロッカーアーム
アジャスター
閉じ側ロッカーアーム
吸気・排気バルブ

一般的なバルブシステムはバルブをカムで開いてスプリングで閉じるが、この機構ではロッカーアームを介して開き側カムで開いて閉じ側カムで閉じる。バルブ開閉のタイミングを厳密に管理できるほか、バルブサージングの心配がなく、スプリングがない分コンパクトにできる。一方、スプリング式に比べて構造が複雑でコストがかかる。

バルブ開閉のしくみ

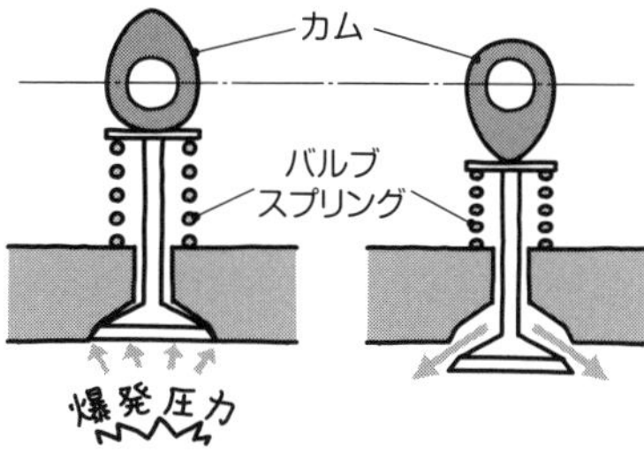
カム
バルブスプリング
爆発圧力

閉時には爆発圧力でさらに密閉が強くなる　バルブを上から押すと通路が開く

POINT

◎スムーズな吸排気のため、バルブの大径化やマルチバルブ化が進んでいる
◎バルブサージングによるトラブル防止のため、さまざまな工夫がされている
◎バルブの開閉は、バルブスプリングの伸び縮みによって行われる

1-8 カムシャフトとバルブタイミング

吸排気バルブはカムによって開閉されるということですが、そのしくみはどうなっているのですか？ また、カムの形状とバルブの開閉にはどのような関係があるのでしょうか？

■カムプロフィールとエンジンの特性

　吸排気バルブを開閉する**カム**は、**カムシャフト**上に並んでいます。カムシャフトが回転するとカム山の高さに沿って吸排気バルブが開閉します。つまり、バルブの開閉タイミングや開く量はカム山の断面形状によって決まるわけです。これを**カムプロフィール**といい、出力特性に大きく影響します（上図）。

　カム山の断面が台形に近いほどバルブの全開時間が長くなり、山の頂点が鋭角になれば全開時間が短くなります。またカム山の長径と短径の差が大きいほどバルブのリフト量が大きくなりスムーズに吸排気ができます（上図①②）。しかし高圧縮比のエンジンではピストンが上死点付近にあるときに吸排気バルブが全開になると、バルブとピストンヘッド部が接触しバルブの曲がりや破損などが発生することもあり、全開時間やリフト量には限度があります。

■バルブオーバーラップの効果

　吸排気バルブは各行程に合わせて開閉しますが（28頁参照）、高速で回転するエンジンでは、各行程の開始や終了と同時にバルブが開閉するのでなく、例えばピストンが上死点に達して排気行程が終了し吸入行程に移る場合、吸排気バルブがともに開いている状態になります。これを**バルブオーバーラップ**といいます。

　排気行程時から**吸気バルブ**を開け始めると、吸入行程に移ったときにバルブが大きく開いていることになり、より多くの混合気をシリンダー内に吸入できます。また多くの混合気を吸入することで、シリンダー内の燃焼ガスを排気ポートから押し出す掃気効果もあります。

　排気バルブも燃焼行程でピストンが下死点に達する前から開き始めます。レシプロエンジンは、燃焼ガスが爆発してピストンを押し下げることで動力が発生するため、ピストンが下死点に到達するまではバルブを閉めたほうが燃焼ガスの圧力をより有効に使えます。しかし実際には燃焼ガスの膨張力を全て使い切ることができないため、排気バルブが早く開いて素早く燃焼ガスを排出したほうが、より多くの混合気を吸入でき、結果的により高い出力が得られます。エンジンの状態とバルブの開閉状態を示した図を**バルブタイミングダイヤグラム**といいます（下図）。

第2章 動力を生み出す【エンジン本体編】

カムプロフィールの違いとバルブ開閉タイミングの変化

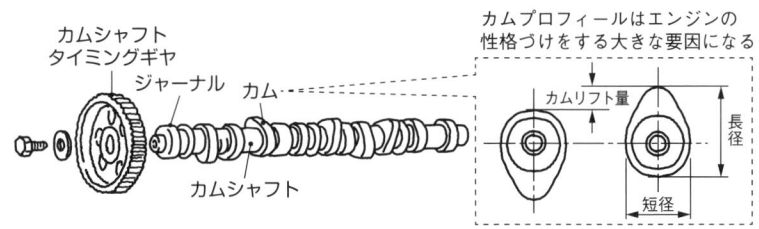

カムシャフトタイミングギヤ／ジャーナル／カム／カムシャフト

カムプロフィールはエンジンの性格づけをする大きな要因になる

カムリフト量／長径／短径

①同じリフト量で作動角の違う場合

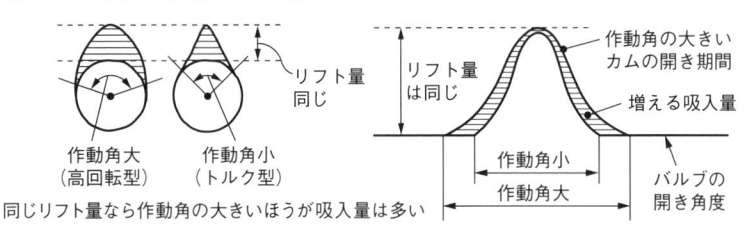

リフト量同じ／作動角大（高回転型）／作動角小（トルク型）

同じリフト量なら作動角の大きいほうが吸入量は多い

リフト量は同じ／作動角の大きいカムの開き期間／増える吸入量／作動角小／作動角大／バルブの開き角度

②同じ作動角でリフト量が違う場合

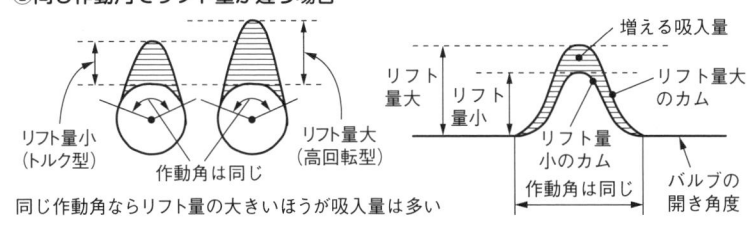

リフト量小（トルク型）／リフト量大（高回転型）／作動角は同じ

同じ作動角ならリフト量の大きいほうが吸入量は多い

増える吸入量／リフト量大のカム／リフト量大／リフト量小／リフト量小のカム／作動角は同じ／バルブの開き角度

バルブオーバーラップを図形化したバルブタイミングダイヤグラム

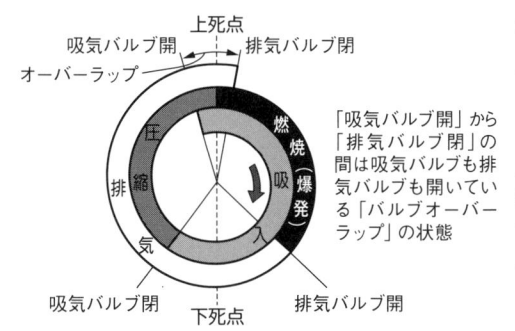

上死点／吸気バルブ開／排気バルブ閉／オーバーラップ／圧縮／燃焼（爆発）／排気／吸入／吸気バルブ閉／下死点／排気バルブ開

「吸気バルブ開」から「排気バルブ閉」の間は吸気バルブも排気バルブも開いている「バルブオーバーラップ」の状態

最適なオーバーラップ角度は、エンジン回転数によって変化する。一般的には、オーバーラップが大きいと低回転時は吸入した混合気が排気ポートから吹き抜けてアイドリングが不安定になるが、中回転域では混合気による燃焼ガスの掃気効果が大きくなる。また高回転域では、吸気バルブを閉じるタイミングが遅ければ混合気に働く慣性力により充填効率が高まる。

POINT
◎吸排気バルブの最適な開閉タイミングは、エンジン回転数や走行状態で変化するため、カムプロフィールはバイクの使用目的を考慮したうえで決定する
◎吸気・排気の両バルブが開いている状態をバルブオーバーラップという

1-9 バルブシステムの種類と特徴

吸排気バルブを正確なタイミングで開閉するための機構をバルブシステムといいますが、これにはどんな種類があり、それぞれどのような特徴があるのでしょうか?

　バルブシステムとは、**クランクシャフト**の回転を**カムシャフト**に伝える**駆動機構**と、カムの回転をバルブに伝える**動弁機構**で構成されています。22頁でピストンの往復運動はクランクシャフトによって回転運動に変換すると述べましたが、このクランクシャフトとつながっているカムシャフトは、ピストンの往復運動ともリンクすることになります（上図）。駆動機構は、チェーン式とギヤ式の2種類に分類されますが（28頁参照）、現在はほとんどのエンジンでチェーン式が採用されています。

▰ バルブシステムの種類

　動弁機構はカムシャフトの位置と本数によって次の3種類に分けられます（下図）。

(1) OHV（オーバーヘッドバルブ）

　OHVはバルブを開閉するカムシャフトがクランクシャフトの横にあり、カムの動きをバルブリフター、プッシュロッド、**ロッカーアーム**を介してバルブに伝えます。
　シリンダーヘッド部の構造は簡単ですが、プッシュロッドを介してバルブを駆動するため高回転化が難しく、バルブタイミングも狂いやすいデメリットがあります。

(2) OHC（オーバーヘッドカムシャフト）

　OHVの欠点を改善したのが**OHC**です。OHCは名前の通りカムシャフトがシリンダーヘッドにあり、カムが直接ロッカーアームを動かすので高回転でも安定したバルブの開閉が行えます。しかしクランクシャフトからカムシャフトを駆動するチェーンなどが必要になります。次のDOHCと分別するため、**SOHC**（シングルオーバーヘッドカムシャフト）と表記することもあります。

(3) DOHC（ダブルオーバーヘッドカムシャフト）

　高性能エンジンのほとんどに採用されているのが**DOHC**です。OHCが**吸排気バルブ**をカムシャフト1本で開閉するのに対し、DOHCは吸排気バルブを各1本ずつのカムシャフトで駆動します。DOHCは、カムが直接バルブを押すのでロッカーアームが不要になり、高回転時でもより正確にバルブの開閉ができます。また、燃焼室形状の設定の自由度も大きく、高出力が可能になります。
　最近はDOHCでもロッカーアームを採用することがありますが、これはロッカーアームを使うことでバルブのリフト量をカムのリフト量より大きくできるからです。

第2章 動力を生み出す【エンジン本体編】

バルブシステムの構成

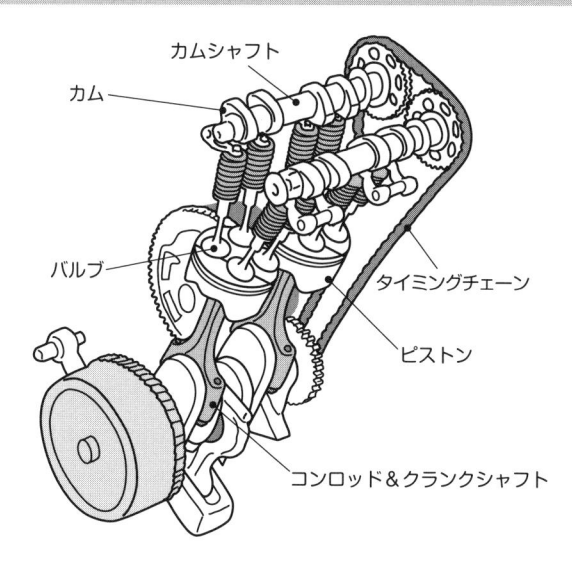

- カムシャフト
- カム
- バルブ
- タイミングチェーン
- ピストン
- コンロッド&クランクシャフト

バルブシステムの種類

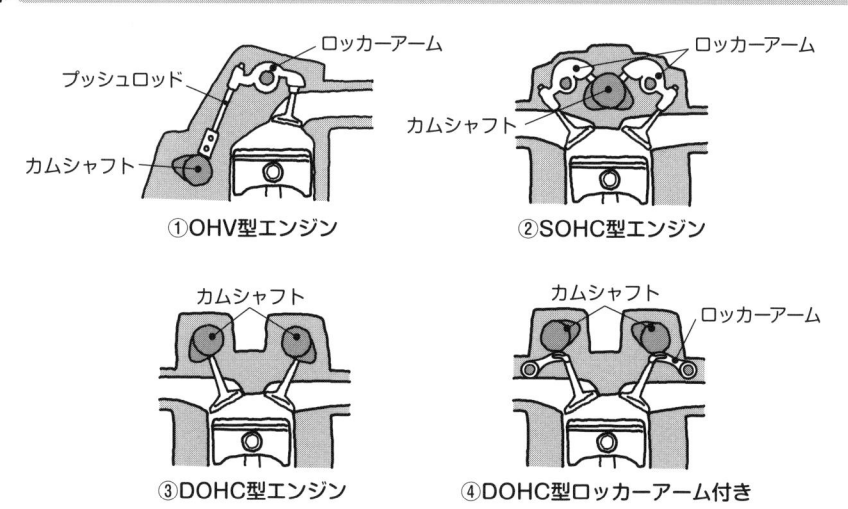

①OHV型エンジン
- プッシュロッド
- ロッカーアーム
- カムシャフト

②SOHC型エンジン
- ロッカーアーム
- カムシャフト

③DOHC型エンジン
- カムシャフト

④DOHC型ロッカーアーム付き
- カムシャフト
- ロッカーアーム

POINT
◎バルブシステムはエンジン性能や使用用途に応じて選択されるが、それぞれメリットとデメリットがあり、高出力エンジンでもあえてOHCを選択する場合もある

可変バルブタイミング機構

1-10 吸排気バルブの開閉タイミングは走行状態によって変わってくると思いますが、つねに最適なタイミングでバルブを開閉することができるシステムはあるのですか？

　吸排気バルブの最適な開閉タイミングはエンジン回転数によって変化するため、もっとも重視するエンジン回転数で最適な**バルブタイミング**になるように、**カムプロフィール**を設定します。しかし、特定の回転数でバルブタイミングを最適化しすぎると、他の回転数では逆効果になり性能が低下することになります。

◤可変バルブタイミング機構の種類

　可変バルブタイミング機構は、エンジン回転数によって開閉タイミングやリフト量を変化させることで、より広い回転数域で混合気の吸入効率を向上させます。

（1）カム切替式

　高回転用と低回転用のカムを切り替えるタイプです。高回転用ロッカーアームと低回転用ロッカーアームをもち、各ロッカーアームはロッカーアームシャフトに偏心して取り付けられています。

　バルブの切り替えは、バイクの状態によって油圧回路を開閉し、ロッカーアームシャフトを回転させることでロッカーアームが上下に移動し、低回転時には低回転用カムがメインロッカーアームを介してバルブを開閉し、高回転時には高回転用カムがサブロッカーアームを押し、さらにサブロッカーアームがメインロッカーアームを介してバルブを開閉します（図①）。

（2）動作バルブ切替式

　開閉するバルブ数をエンジン回転によって切り替えるタイプです。低回転時に作動するバルブを開閉するカムは低回転用に、高回転時のみに作動するカムは高回転用に設定されています。

　低回転時には、高回転時に開閉するバルブはカムとバルブステムの間に設けられたピンホルダーにバルブステムが沈み込んでおり、カムが回転してピンホルダーを押してもバルブは開きません。高回転になると、油圧によってピンホルダーにキーがスライドし、カムの動きがバルブステムに伝わってバルブが開閉します（図②）。

（3）カムアングル変更式

　カムシャフトの角度を変えるタイプはクランクシャフトの回転を伝えるカムギヤとカムシャフトの位置を変えることで、バルブの開閉タイミングをずらします。

第2章 動力を生み出す【エンジン本体編】

可変バルブタイミング機構の種類

①カム切替式

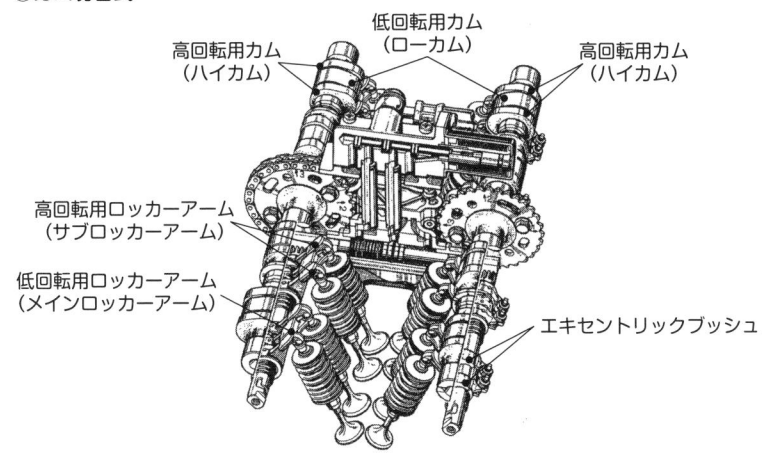

- 高回転用カム（ハイカム）
- 低回転用カム（ローカム）
- 高回転用カム（ハイカム）
- 高回転用ロッカーアーム（サブロッカーアーム）
- 低回転用ロッカーアーム（メインロッカーアーム）
- エキセントリックブッシュ

②動作バルブ切替式

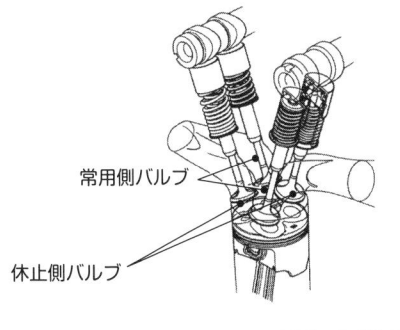

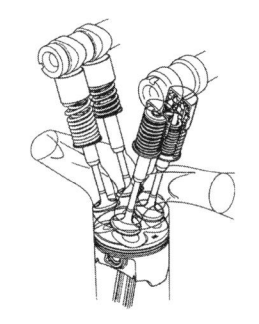

- 常用側バルブ
- 休止側バルブ
- スプールバルブ
- カムシャフト
- バルブリフター
- シム
- ピンホルダー
- バルブ
- キーがスライド

ⓐ低回転時：2バルブ作動時　　ⓑ高回転時：4バルブ作動時

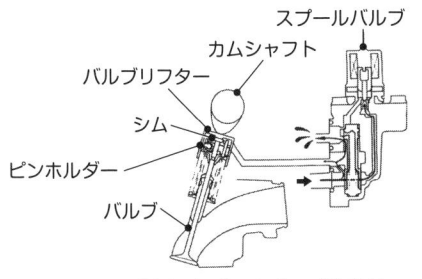

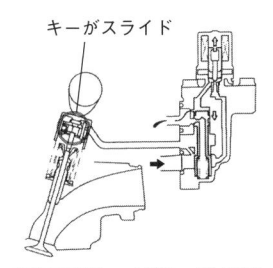

POINT
◎可変バルブタイミング機構は幅広い回転数域で出力や燃費向上に効果的で、多くの自動車用エンジンに使用されているが、コンパクトなバイク用エンジンでは一部の車種でしか用いられていない

2. 軽量・ハイパワーな2サイクルエンジン

2-1 2サイクルエンジンの動作

4サイクルエンジンは、吸入から圧縮、燃焼、排気までの4行程をピストン2往復で行いますが(28頁参照)、それをピストン1往復で行う2サイクルエンジンはどのように動作しているのですか？

4サイクルエンジンが吸入、圧縮、燃焼、排気の4行程をピストン2往復（クランクシャフト2回転）で行うのに対して、**2サイクルエンジン**ではピストン1往復（クランクシャフト1回転）で行うため、各行程が重複しています。2サイクルエンジンは、ピストンがシリンダー内を往復することで発生する**クランク室**やシリンダー内の圧力変化を利用して、混合気の吸入や燃焼ガスの排出を行います（図①②）。

2サイクルエンジンには、4サイクルエンジンのように混合気の吸入や燃焼ガスの排出をコントロールする**吸排気バルブ**がなく、シリンダーの壁面に**ポート**を設け、ピストンがシリンダー内を往復しながら各ポートを開閉して混合気の吸入や燃焼ガスの排出を行います（**ピストンバルブ方式**）。

2サイクルエンジンでも4サイクルエンジンのバルブシステムと同様に、最適な吸排気ポートの**開閉タイミング**はエンジン回転数によって異なるため、そのタイミングが合わないと混合気が排気ポートから吹き抜けたり、燃焼ガスがシリンダー内に吹き戻されたりして混合気の充填効率低下を招いたり、排気ガス中の有害成分や未燃焼ガスが排出されたりします。

■ 2サイクルエンジンの行程

（1）吸入・圧縮行程（図②の❶❷）

ピストンが下死点にあるとき掃気ポートが開いており、加圧された混合気がシリンダー内に吸入されます。下死点から上死点に向かってピストンが上昇すると、上昇分だけクランク室内の容積が増えて内部に負圧が発生します。このとき、吸気ポートが開くと負圧によってクランク室内に混合気が吸入されます。さらにピストンが上昇し、掃気ポートと排気ポートが閉じるとシリンダー内の混合気が圧縮されます。

（2）燃焼・排気行程（図②の❸❹）

圧縮された混合気は点火プラグで点火燃焼し、その燃焼ガスの圧力によってピストンは下死点に向かって押し下げられます。ピストンが下がるとまず排気ポートが開き、燃焼ガスが排出されるとともに、クランク室内に吸入された混合気が加圧されます。さらにピストンが下がると掃気ポートが開き、加圧された混合気がシリンダー内に吸入され、残っている燃焼ガスを排気ポートから押し出します。

第2章 動力を生み出す【エンジン本体編】

4サイクルと2サイクルの違い

①4サイクルエンジン

吸気バルブ　排気バルブ　点火プラグ
シリンダー　混合気　ピストン　クランクシャフト
プラグで着火　排気ガス

①吸入　②圧縮　③燃焼　④排気

②2サイクルエンジン

掃気ポート　排気ポート　点火プラグ　プラグで着火
混合気　吸気ポート　リードバルブ
クランク室

❶　❷　❸　❹

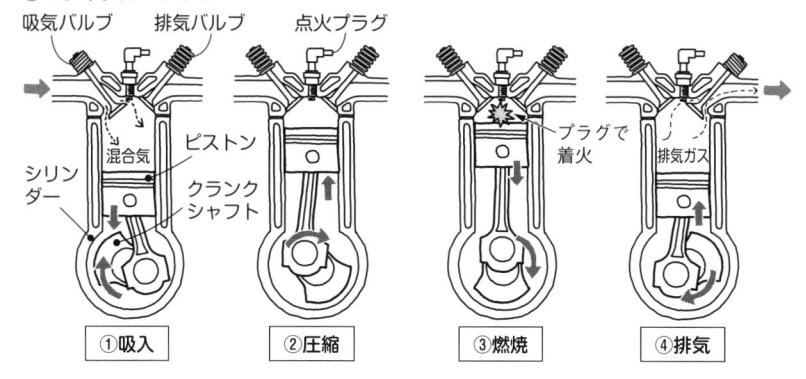

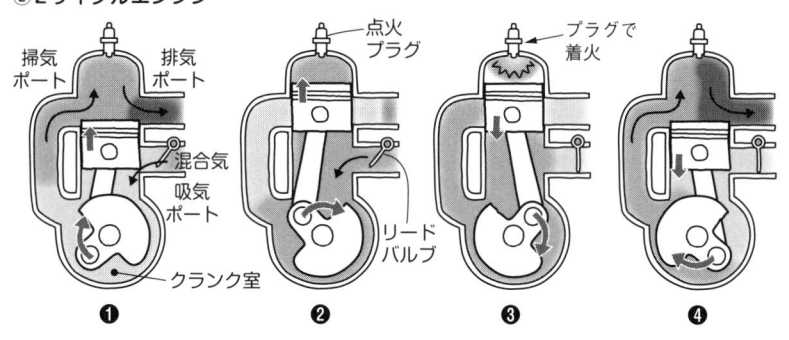

③4サイクルエンジン・2サイクルエンジンの特徴

	メリット	デメリット
4サイクルエンジン	・排出ガスがきれい ・燃費が良い ・静粛性が高い ・耐久性が高い	・エンジン重量が重い ・最大出力・トルクが低い
2サイクルエンジン	・高出力が得やすい ・エンジン重量が軽い ・部品点数が少ない	・排出ガスが汚い ・燃費が悪い ・回転数域が狭い ・オイル消費量が多い ・焼き付きしやすい

POINT
◎2サイクルエンジンは構造が簡単で軽量にすることができる
◎クランクシャフト1回転で混合気が燃焼するため、理論上4サイクルの2倍の出力を発生できるが、吸排気バルブをもたないため有害成分の排出が多くなる

2-2 2サイクルエンジンの種類と特徴

2サイクルエンジンは4サイクルエンジンのような吸気バルブがないため、混合気の吸入方式の違いによって種類が分かれるようですが、それぞれどのような特徴があるのですか？

2サイクルエンジンは、混合気の吸入方式によって3種類に分けられます。

（1）ピストンリードバルブ方式

2サイクルエンジンはクランク室内の圧力変化を利用して混合気を吸入しますが、クランク室内の圧力変化と**吸気ポート**の開閉タイミングが合わないと、クランク室内が負圧の状態でも吸気ポートが閉じたり混合気が吹き返したりします。

ピストンリードバルブ方式は、吸気ポートに**クランク室**の内圧と大気圧の圧力差によって開閉する**リードバルブ**を取り付けています。リードバルブは三角形をした土台に弾力のある薄い強化プラスチック製のプレートの片側を固定したもので、プレートがしなることで一定方向にのみ通路が開きます。このためクランク室内の圧力が高ければ開かず、クランク室からの**吹き返し**を解消できます（上図）。

この方式は、ピストンで吸気ポートを閉じる必要がないため、ピストン側面に穴を設けてクランク室内が負圧であれば混合気を吸入できるようにしています。

（2）ケースリードバルブ方式

ピストンリードバルブ方式ではシリンダーに吸気ポートが設けられていますが、**ケースリードバルブ方式**ではクランク室に吸気ポートを設けています。このため、ピストンの位置に関係なくクランク室内が負圧であればリードバルブが開いて混合気を吸入することができます。また、ピストンリードバルブ方式に比べて吸気ポートの面積を大きく取れるため、吸入効率が良く高出力を得ることができます（中図）。

（3）ディスクバルブ方式

ディスクバルブ方式は、クランク室に設けた吸気ポートの開閉をクランクシャフトの回転に合わせて回転する切り欠きのある円盤状の部品（**ディスクバルブ**）で行います（下図）。

ディスクバルブ方式は、吸気ポートの開閉タイミングをディスクバルブの切り欠きの大きさで決定するため、4サイクルエンジンのカムプロフィールのように吸気タイミングを自由に設定でき、吸気ポートの開閉タイミングも正確にコントロールできます。欠点としては構造が複雑で、ディスクバルブによって吸気ポートを開閉するためクランク室内が負圧でも吸気ポートが閉じると混合気の吸入ができなくなります。

第2章 動力を生み出す【エンジン本体編】

ピストンリードバルブ方式とリードバルブ

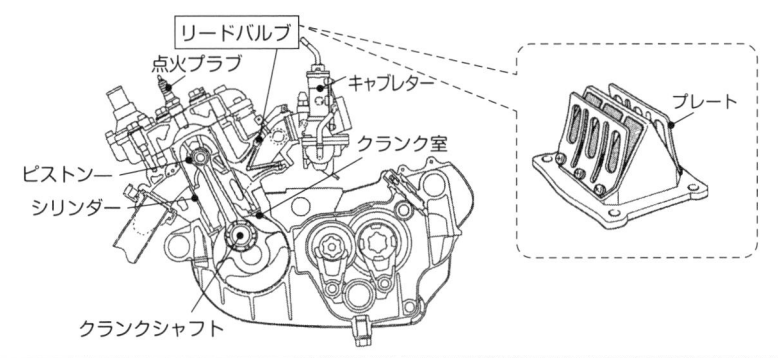

リードバルブ
点火プラグ
キャブレター
クランク室
ピストン
シリンダー
クランクシャフト
プレート

ケースリードバルブ方式

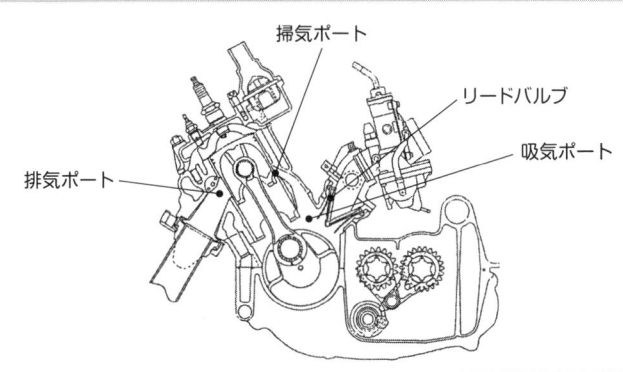

掃気ポート
リードバルブ
吸気ポート
排気ポート

ディスクバルブ方式

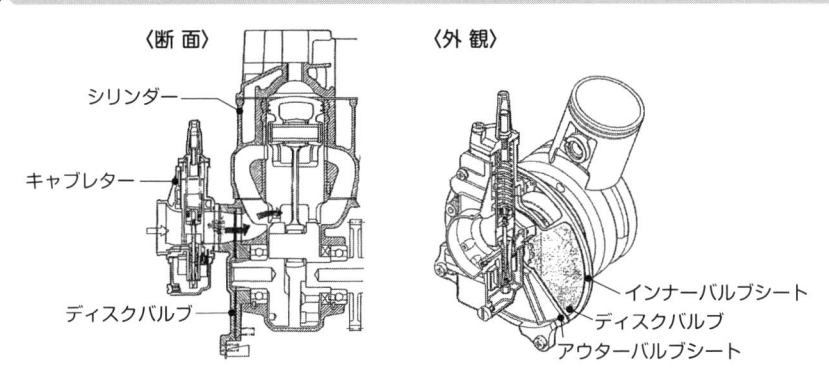

〈断面〉　〈外観〉
シリンダー
キャブレター
ディスクバルブ
インナーバルブシート
ディスクバルブ
アウターバルブシート

POINT
◎2サイクルエンジンは、混合気の吸入方式の違いによって3種類がある
◎リードバルブは、2サイクルエンジンの大きな問題であった混合気の吹き返しを解消し、その後の高性能化に大きく貢献している

2-3 2サイクルエンジンのシリンダーとシリンダーヘッド

4サイクルエンジンのようなバルブシステムがなく、シリンダーに設けられたポートとピストンで吸排気のコントロールをする2サイクルエンジンのシリンダーはどのような構造をしているのですか？

2サイクルエンジンでは、シリンダー壁面に開けられた**ポート**と呼ばれる穴から混合気の吸入や燃焼ガスの排出を行います。2サイクルエンジンのシリンダーの材質は、基本的には4サイクルエンジンと同様ですが、壁面にはポートが開いているため温度分布が不均一になり、歪みが発生しやすくなります。このため、高出力エンジンではオールアルミ合金製のシリンダーの内壁にニッケルなどのメッキを施し、耐摩耗性や耐焼き付き性を向上させたものが使用されています（上図）。

2サイクルエンジンのシリンダーヘッドは、4サイクルエンジンのようなバルブシステムをもたないため、燃焼室と点火プラグしかありません。燃焼室は半球型をしていて、混合気がより効率良く燃焼できるように外周部に**スキッシュエリア**と呼ばれるすき間を設けています（中左図）。

■各ポートが果たしている役割（中右図、41頁図②参照）

（1）吸気ポート

吸気ポートはクランク室内に混合気を吸入するためのものです。シリンダーやクランク室に設けられていて、混合気の吹き返しを防ぐために**リードバルブ**が取り付けられています（前項参照）。また吸気ポートは燃焼ガスの排出を促進するため上部に切り欠きなどを設けて、第3掃気として吸気ポートから直接シリンダーに混合気を吸入できるようにしています。

（2）排気ポート

シリンダー壁面に設けられていて、燃焼ガスをシリンダー外部に排出します。混合気が燃焼しピストンが下死点に向かって押し下げられると、**排気ポート**が開いて高圧の燃焼ガスが排気ポートから排出されます。

（3）掃気ポート

4サイクルエンジンの吸気ポートになるのが**掃気ポート**です。シリンダー壁面に2箇所から4箇所（吸気ポートを兼用している場合は3～5箇所）設けられており、ピストンが下死点近くまで下がるとポートが開き、ピストンによって加圧されたクランク室内の混合気がシリンダー内に吸入されるとともに、シリンダー内に残留している燃焼ガスを排気ポートから押し出します（下図）。

第2章 動力を生み出す【エンジン本体編】

シリンダー内壁のメッキ例

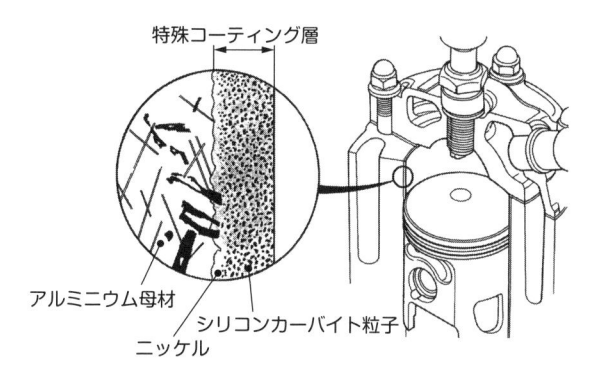

- 特殊コーティング層
- アルミニウム母材
- シリコンカーバイト粒子
- ニッケル

2サイクルエンジンのシリンダーヘッド

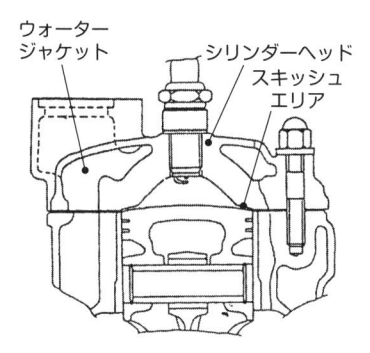

- ウォータージャケット
- シリンダーヘッド
- スキッシュエリア

シリンダーの各ポート

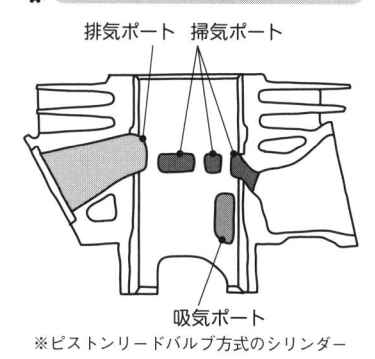

- 排気ポート
- 掃気ポート
- 吸気ポート

※ピストンリードバルブ方式のシリンダー

混合気による燃焼ガスの掃気効果

ピストンによって加圧された混合気が各掃気ポートからシリンダー内に吸入されることで、シリンダー内に残留している燃焼ガスを排気ポートへ押し出す。

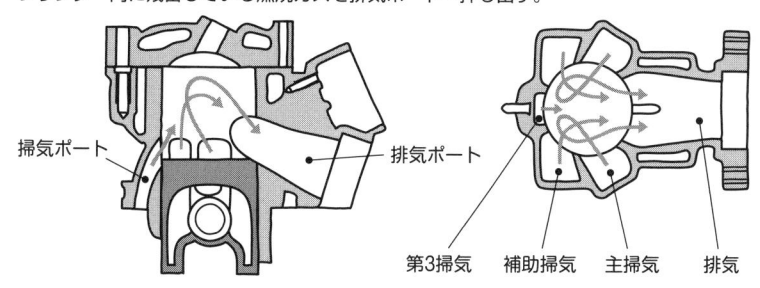

- 掃気ポート
- 排気ポート
- 第3掃気
- 補助掃気
- 主掃気
- 排気

POINT
◎2サイクルエンジンのシリンダーには3つのポートが設けられている
◎2サイクルエンジンのシリンダーはピストンの往復により混合気の吸入や燃焼を行うほか、4サイクルエンジンのバルブシステムと同様の働きをしている

045

2-4 ポートタイミングとポート形状

4サイクルエンジンではバルブを開閉するタイミングをカムの形状でコントロールしていましたが(34頁参照)、2サイクルエンジンではこれと同様の機能をどのようにして果たしているのですか?

2サイクルエンジンの場合、4サイクルエンジンの**バルブタイミング**に相当するのが「**ポートタイミング**」です。ポートタイミングとは各ポートの開閉時期と時間のことで、シリンダー上端部から各ポートの開口部までの寸法で決まります。

■エンジン特性を決めるポートタイミング

2サイクルエンジンの特性は、このポートタイミングで決まります。**排気ポート**と**掃気ポート**では、各ポートの開口部上端部が4サイクルエンジンのバルブが開き始めるタイミングにあたり、同じく下端部がバルブの閉じるタイミングになります。

したがって、シリンダー上端部からポート開口部までの寸法が短ければ、4サイクルではバルブの開き始めが早いエンジンとなり、同じく下端部までの寸法が長ければ、バルブを閉じるタイミングが遅いエンジンになります。

吸気ポートは、ピストンバルブ方式(40頁参照)ではピストンが上死点に向かって移動し始めると開くようにシリンダー上端部から吸気ポート下端部までの寸法を決めていましたが、リードバルブが取り付けられてからはピストンの位置に関係なくクランク室内が負圧になれば混合気を吸入するため、ポートの位置はそれほど重要ではなくなりました(42頁参照)。ただし、掃気ポートと兼用しているものでは、ポート上端部は掃気ポートと同じ高さになります。

■ポートタイミングの表示方法

4サイクルエンジンでは、マルチバルブ化やカムのリフト量を多くすることによって吸排気の効率を高めようとしますが、2サイクルエンジンの場合、ポートの高さで吸排気のタイミングが決まるため、開口部の横幅を広げることで吸排気の効率を高めます(上図)。ただし、ポート幅が大きすぎるとピストンリングがポート開口部に引っかかって破損するため、シリンダーの内径に応じた限度があります。

ポートタイミングは、円筒形のシリンダーを展開して、シリンダー上端からポート開口部までの寸法で表示する方法(下図①)と、バルブタイミング同様にクランクシャフトの角度で表すダイヤグラム表示(下図②)とがあります。前者の場合、各ポートの開き始める位置からシリンダー上端までの寸法となるため、排気ポートや掃気ポートは開口部上端から、吸気ポートは開口部下端からの寸法となります。

第2章 動力を生み出す【エンジン本体編】

ポート面積の大型化

横幅を広げることでポートの開口部面積を大きくして、吸排気の効率を高めている。

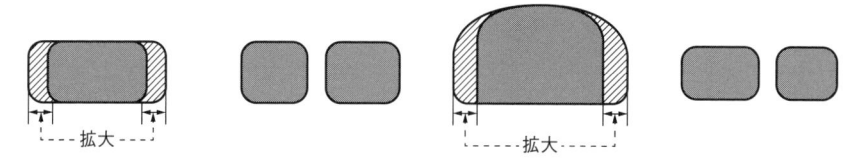

ポートタイミングの表示方法

①シリンダー上端からポート開口部までの寸法

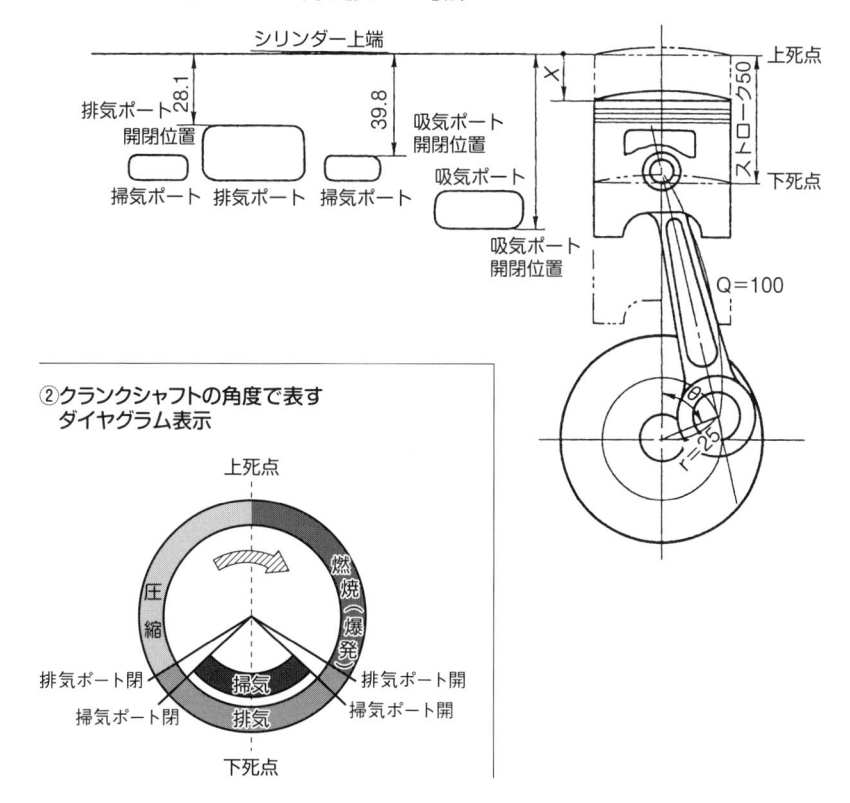

②クランクシャフトの角度で表すダイヤグラム表示

POINT
◎2サイクルエンジンでは、吸排気のタイミングをシリンダー上端部から各ポートの開口部までの寸法でコントロールしている(ポートタイミング)
◎2サイクルエンジンの特性はポートタイミングによって決まる

2-5 2サイクルエンジンのマフラーの工夫

2サイクルエンジンは4サイクルエンジンのように吸排気バルブをもたないため、「吹き抜けが起こる」といわれていますが、これを防ぐためのしくみはどうなっているのでしょうか？

2サイクルエンジンは4サイクルエンジンのような吸排気バルブをもたず、燃焼ガスの排出と混合気の吸入が同時に行われるため、どうしても混合気が燃焼ガスとともに排出されることになります。この**吹き抜け**は、エンジン出力の低下や有害な排気ガスの発生原因にもなります。

吹き抜けを少なくするマフラーの工夫

2サイクルエンジンのマフラーは**エキスパンションチャンバー**と呼ばれ、中間部分が大きく膨らんだ特殊な形状をしています（上図）。これは、その容積の変化を利用してマフラー内部の排出ガスに高圧部分と低圧部分をつくることで、混合気の吹き抜けを減少させるためです。

（1）エキスパンションチャンバーの働き・その1

排気ポートが開いて、燃焼ガスがエキゾーストパイプからテーパー状に広がった部分（ダイバージェットコーン）に達すると、その形状によって急激に膨張するため、チャンバー内部の圧力が下がり、シリンダー内の高圧の燃焼ガスの排出が促進されます（下図①）。

（2）エキスパンションチャンバーの働き・その2

掃気ポートが開くと混合気が吸入され、シリンダー内に残っていた燃焼ガスを押し出します。このとき、一部の混合気が燃焼ガスとともに排出されます。チャンバー内の排気ガスは中間部分でさらに膨張した後、逆テーパー状になっている部分（コンバージェットコーン）に達します。

コンバージェットコーンに達した燃焼ガスは、テールパイプに向かって絞り込まれながら徐々にサイレンサーへ排出されますが、これによってチャンバー内部の圧力が高くなり、燃焼ガスとともに排出された混合気をシリンダー内に押し戻します（下図②）。

このようにエキスパンションチャンバーは、その形状によって**排気脈動**を発生させて混合気の吹き抜けを防ぎ、燃焼ガスの排出促進や混合気の充填効率を高めています（**脈動効果**）。チャンバーは、その形状によって排気脈動のタイミングが決まるため、排気ポートの開閉タイミングとセットで適切な形状に設計されています。

第2章 動力を生み出す【エンジン本体編】

エキスパンションチャンバーの基本形状

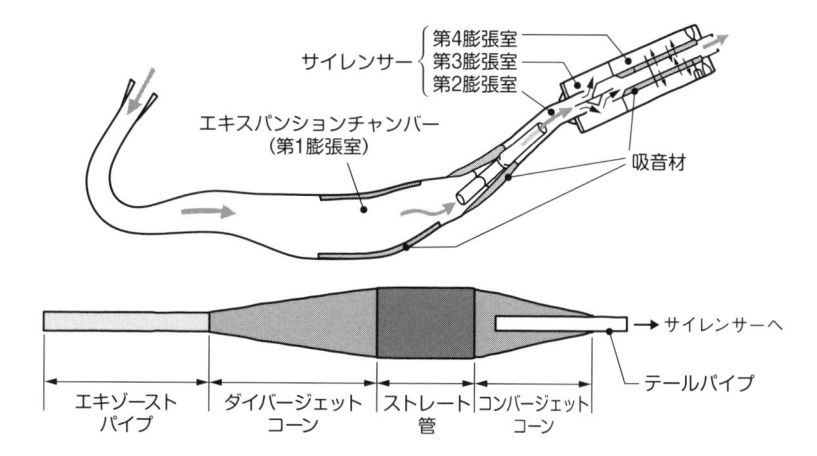

サイレンサー
第4膨張室
第3膨張室
第2膨張室
エキスパンションチャンバー（第1膨張室）
吸音材

エキゾーストパイプ／ダイバージェットコーン／ストレート管／コンバージェットコーン／テールパイプ→サイレンサーへ

エキスパンションチャンバーの働き

①シリンダー内の燃焼ガスの排出

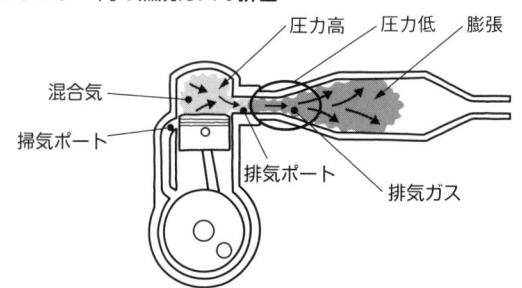

圧力高　圧力低　膨張
混合気
掃気ポート
排気ポート
排気ガス

ダイバージェットコーンに達すると燃焼ガスの圧力が低下し、シリンダー内の燃焼ガスの排出を促す

②吹き抜けた混合気のシリンダー内への押し戻し

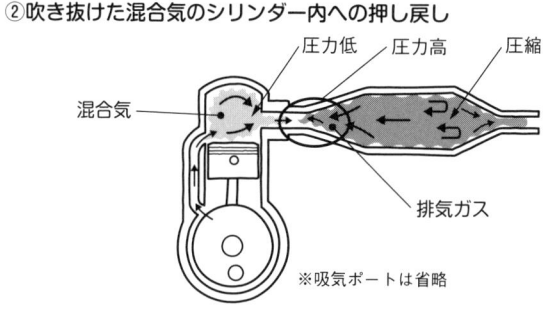

圧力低　圧力高　圧縮
混合気
排気ガス

コンバージェットコーン部に達すると燃焼ガスの圧力が高くなり、排気ポートから吹き抜けた混合気をシリンダー内に押し戻す

※吸気ポートは省略

POINT
◎エキスパンションチャンバーはその形状により吹き抜けを抑えている
◎2サイクルエンジンは、排気ポートの開閉タイミングとエキスパンションチャンバーの形状によって特性が決まる

2-6 2サイクルエンジンが減った理由

以前はスクーターや小型バイクなどを中心に、2サイクルエンジンを搭載したバイクが販売されていましたが、現在は売られていないようです。2サイクルエンジンはなぜなくなってしまったのですか？

地球温暖化や大気汚染などの環境問題に注目が集まっていますが、自動車やバイクの**排出ガス**も環境に大きな影響を与えています。自動車では昭和48（1973）年に排出ガス規制が施行されて以降、段階的に強化されてきましたが、バイクも平成10（1998）年および11（1999）年に段階的に**排出ガス規制**が施行されました（上図）。

規制施行後は、新たに発売されるバイクはすべて排出ガス規制への対応が必要になり、規制前から継続して販売されていたバイクも一定の猶予期間の経過後は、新車として販売するためには規制に対応することが必要となりました。

◼ 2サイクルエンジンのデメリットと規制への対応

2サイクルエンジンは、「構造が簡単で軽量・高出力」とエンジンとして非常にすぐれている反面、クランクシャフト1回転で1回の燃焼が行われるため（40頁参照）、燃焼ガスの排出量は4サイクルエンジンの2倍になります。また、構造的に高負荷時の混合気の**吹き抜け**や低負荷時の掃気不良による**不整燃焼**などが発生します。その他、混合気中にエンジンオイルを混合してエンジン各部を潤滑するため、4サイクルエンジンに比べると排出ガス中の有害成分が多くなります（84頁参照）。

排出ガス中の有害成分の量は、混合気中の燃料と空気の比率（**空燃比**）によって変化するため、センサーを使った空燃比の確認と調整、点火タイミングのデジタル制御化、**触媒**（78頁参照）による有害成分の吸着などにより排出ガス規制への対応が行われており、原付バイクや小型スクーターなどは排気量が少なく販売台数が見込めることもあり、空燃比制御や触媒の追加により規制に対応しました。

一方、排気量が大きい125ccや250ccクラスは、規制前に排気バルブを利用して低負荷時のシリンダー内に燃焼ガスを残留させ、吸入した混合気と混ぜることで不整燃焼状態を改善し、HC（炭化水素）を従来型から約50%改善するなど改良を施したバイクも発売されましたが、規制対応による出力低下や開発コストの問題などもあり、排出ガス規制への対応を行わず生産を中止しました。

その後、平成18（2006）・19（2007）年施行の排出ガス規制では、平成10年の規制値からさらに有害成分を85%削減することが必要となり（下図）、2サイクルエンジン搭載車は競技用などの一部を除いて生産中止となりました。

第2章 動力を生み出す【エンジン本体編】

平成10・11年度二輪車排出ガス規制

		許容限度目標値（平均値）		
		一酸化炭素 （CO）	炭化水素 （HC）	窒素酸化物 （NOx）
小型自動車および軽自動車（二輪自動車に限る）並びに原動機付自転車	4サイクルの原動機を有するもの	13.0	2.00	0.30
	2サイクルの原動機を有するもの	8.00	3.00	0.10

(単位はg/km)

◎第1種原動機付自転車（〜50cc）と軽二輪自動車（126cc〜250cc）の車両
・新型型式登録車の場合：1998年10月1日以降に生産された車両
・同一型式継続生産車の場合：1999年9月1日以降に生産された車両
◎第2種原動機付自転車（51cc〜125cc）と小型二輪自動車（251cc〜）の車両
・新型型式登録車の場合：1999年10月1日以降に生産された車両
・同一型式継続生産車の場合：2000年9月1日以降に生産された車両
以上の対象となる車両は平成11年二輪車排出ガス規制が適用される

平成18・19年度二輪車排出ガス規制

二輪車排出ガス新旧規制値等比較一覧表（平均値）

車種	測定モード	一酸化炭素（CO）		炭化水素（HC）		窒素酸化物（NOx）		適用時期
		改正前の規制値	新規制値（削減率）	改正前の規制値	新規制値（削減率）	改正前の規制値	新規制値（削減率）	
第1種 原動機付自転車 （〜50cc）	二輪車モード (g/km)	13.0	2.0 （▲85%）	2.00	0.50 （▲75%）	0.30	0.15 （▲50%）	新型車 平成18年10月1日 継続生産車、輸入車 平成19年9月1日
第2種 原動機付自転車 （51cc〜125cc）		13.0	2.0 （▲85%）	2.00	0.50 （▲75%）	0.30	0.15 （▲50%）	新型車 平成19年10月1日 継続生産車、輸入車 平成20年9月1日
軽二輪自動車 （126cc〜250cc）		13.0	2.0 （▲85%）	2.00	0.30 （▲85%）	0.30	0.15 （▲50%）	新型車 平成18年10月1日 継続生産車、輸入車 平成19年9月1日
小型二輪自動車 （251cc〜）		13.0	2.0 （▲85%）	2.00	0.30 （▲85%）	0.30	0.15 （▲50%）	新型車 平成19年10月1日 継続生産車、輸入車 平成20年9月1日

《備考》 (単位はg/km)
・車種欄中（ ）内の記載は原動機の総排気量を表す
・排出ガス成分ごとの改正後の削減率の数字は、現行の4サイクル車の規制値からのおおよその削減率を示す
・測定モード（二輪車モード）は、原動機の冷始動時から測定する方法（コールドスタート）に変更する
・アイドリング新規制値は、COが3.0%（全車種共通）、HCが1600ppm（原動機付自転車）または1000ppm（軽・小型二輪自動車）となる

POINT
◎2サイクルエンジン搭載車の現状の販売台数、排出ガス規制に対応するための開発費、今後も強化されていく排出ガス規制の内容などを考慮した結果、2サイクルエンジンを搭載したバイクの販売は少なくなっていった

COLUMN 2

安全なライディングのために《その2》
安全確認をしっかりする

　ライディングテクニックについて語るとき、「安全運転」や「安全確認」というとどうしても軽く見られがちですが、一般公道を走る場合には非常に重要な事柄です。周辺の状況をきちんと確認して、はじめてスムーズな走行ができるといっても過言ではありません。

　では、走行中のライダーの特徴を踏まえたうえで、安全確認をするときの注意点について考えてみましょう。

　当然のことながら、バイクは道路の左側を走ることが多く、ライダーの視線は前方左端に集中する傾向があります。このため、どうしても後方に対する安全確認が行いにくく、交差点などで道路の右側から進入してくるクルマや歩行者、追い越しをしかけてくる後方車両などに気がつくのが遅れがちになります。また、バイクに限った話ではありませんが、走行中は目の前を走るクルマばかりが気になってしまいます。

　この走行中のライダーの特徴からいえることは、「1点に集中することなく、全体を見渡すように意識する」のが大切だということです。

　とくに市街地の走行では、本来必要な車間距離を保ちにくくなるため、前方を走るクルマに注意を払うのはもちろん、さらにその先のクルマの動きや信号についても確認するようにします。

　後続車を確認する場合も、車間距離や速度差などのポイントを短時間でチェックします。とくにミラーに映る後続車両との距離は、実際のそれよりも遠くに見えるため、車線変更を行う場合には注意が必要です。あらかじめミラーを通して見える距離と実際の距離の差を把握しておくと、いざというときに役立ちます。

　こうして書いてみると、至極当たり前のことばかりに思えますが、これらをつねに実行できているかどうか、一度自分に問うてみてください。

第3章

動力源をサポートする
【エンジン補機類編】

The chapter of
engine auxiliary machinery

1. 動力を発生させる燃料供給システム

1-1 燃料を供給する吸気系統(システム)

エンジンはガソリンと空気の混合気を吸入し、燃焼(爆発)させて動力を発生させていますが、空気が吸入されてから燃焼室に至るまでの流れはどうなっているのですか？

ガソリンがシリンダー内で燃焼するためには、空気と混合して**混合気**と呼ばれる状態にする必要があります。この空気を吸入してガソリンと混合し、エンジンに供給する一連の働きをする装置をまとめて**吸気系統(システム)**といいます。

吸入空気のろ過などを行う**エアクリーナー**、混合気をつくり出す**燃料供給装置**、空気の吸入口から燃焼室までの**吸入通路**などで構成されています(上図)。

■いろいろあるエアクリーナーの役割

ガソリンと空気が混ざり合った混合気の状態にする場合、外気をそのまま吸入すると空気中のゴミやホコリが混入して、エンジン内部の異常摩耗などトラブルの原因になります。このため、吸入空気は**エアクリーナーボックス**内にいったん吸入し、**エアフィルター(エアクリーナーエレメント)**を通過して異物を取り除いた後、ガソリンと混合されます(上図)。

また空気の吸入量は排気量やエンジン回転数によって変化するため、エアクリーナーボックスは状態に応じて安定して空気を供給する空気溜めとしての役割や、空気を吸入するときに発生する吸気音を消す役割もあります。エンジン回転数が高くなるほど大量の空気を効率よく吸入する必要があるため、大排気量、高回転型のエンジンほど大型のエアクリーナーボックスとエアフィルターが使用されています。

エアフィルターには**乾式**と**湿式**があります。乾式はろ紙や不燃布でできており、ろ過面積を増やして吸入抵抗を減らすため波目状に折りたたまれています。湿式は折りたたんだ不燃布やウレタンフォームと呼ばれるスポンジ状のものにオイルを染み込ませたものが使われています(中図)。

■出力特性にも影響する吸入通路

エアクリーナーでろ過された空気は燃料供給装置でガソリンと混ぜ合わされて混合気となりエンジンに吸入されますが、吸入通路の形状によってもエンジンの出力特性が変化します。

基本的には、吸入口から燃焼室までスムーズな形状でつながるほど吸入時の抵抗が小さくなるため、吸入空気の流れを上下方向にして吸気ポートの曲がりを少なくするなどの工夫をしています(**ダウンドラフトタイプ**：下図)。

第3章 動力源をサポートする【エンジン補機類編】

吸気系統（システム）の概要

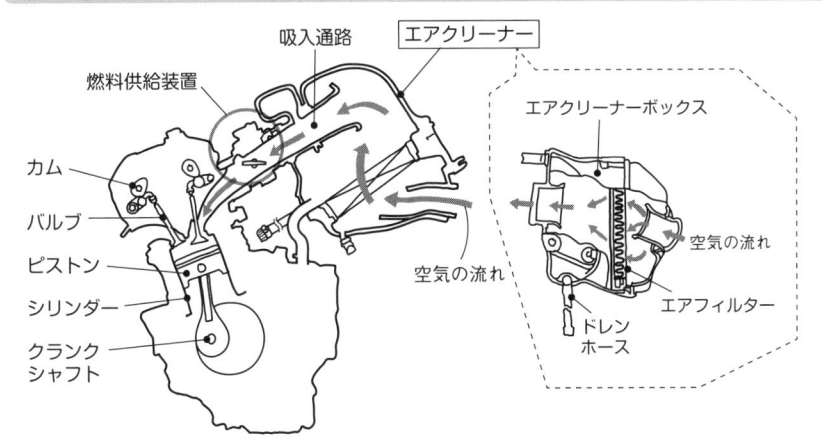

（図：エンジン断面図）
- 燃料供給装置
- 吸入通路
- エアクリーナー
- カム
- バルブ
- ピストン
- シリンダー
- クランクシャフト
- 空気の流れ

（図：エアクリーナーボックス）
- エアクリーナーボックス
- 空気の流れ
- エアフィルター
- ドレンホース

エアフィルターの種類

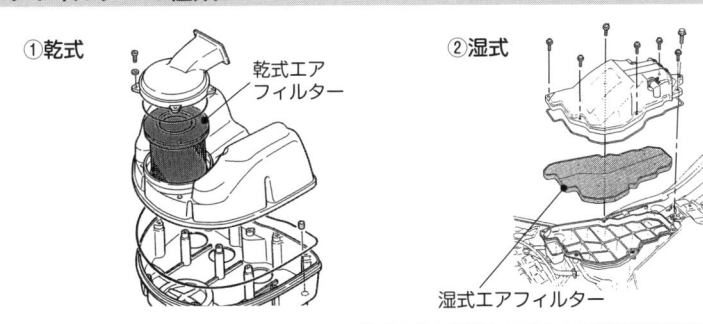

①乾式 — 乾式エアフィルター

②湿式 — 湿式エアフィルター

ダウンドラフトタイプの吸入通路

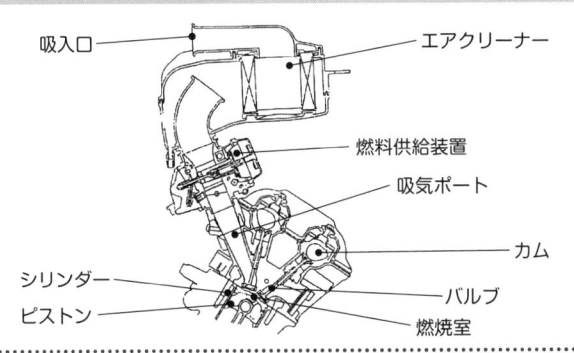

- 吸入口
- エアクリーナー
- 燃料供給装置
- 吸気ポート
- カム
- バルブ
- 燃焼室
- シリンダー
- ピストン

POINT
◎吸気系統は、エアクリーナー、燃料供給装置、吸入通路で構成される
◎吸気系統は全体を１つの部品として設計されているため、一部の部品のみ変更したりすると全体のバランスが崩れて性能が低下する

055

1-2 燃料供給装置の概要

前項で混合気をつくるのに必要な空気の流れについてはわかりましたが、一方のガソリンを送り込む燃料供給装置とはどのようなものなのでしょうか？

　ガソリンは液体のままでは燃焼しないため、空気と混ぜ合わせることで気化させる必要があります。**燃料供給装置**は、ガソリンが気化しやすいように微粒化させて空気と混合させるとともに、走行状態によって変化する混合気中のガソリン濃度を正確に計量してエンジンに供給します。

　バイクの燃料供給装置は、キャブレター式と燃料噴射式の2種類がありますが、現在は排出ガス規制をクリアするため競技用などの一部を除きほぼすべてのバイクが燃料噴射式になっています。

■キャブレターの基本概念と特徴

　キャブレターは上図で示すような場所にあります。基本的な考え方は中図のようなもので、空気の通路に一部が狭くなっている**ベンチュリ**と呼ばれる部分を設けています。吸入した空気がベンチュリ部を通過するときに速度が速くなって周辺部分に負圧を発生させ、吸入負圧が低い低回転時でも安定して燃料を供給することができます。

　ただしベンチュリ部は高回転時には吸入抵抗となるため、毎分1000回転前後のアイドリングから20000回転前後の最高回転数まで幅広い回転域を使用するバイクのキャブレターでは、次項で紹介するような、アクセル操作などによってベンチュリ部の径が変化する**可変ベンチュリ型**を使用しています。

■燃料噴射装置の基本概念と特徴

　燃料噴射装置は、エンジンが発生する負圧を利用せずにポンプを使って加圧したガソリンを**インジェクター**と呼ばれる噴射弁から**吸気ポート**に噴射します（下図）。

　燃料噴射装置は噴射の制御方法によって機械式と電子制御式に分けられますが、バイクでは全て電子制御式になっています。

　電子制御燃料噴射装置は、**センサー**を使って収集したアクセル開度や吸入負圧、吸入空気温度、エンジン温度、エンジン回転数、排出ガス中のO_2濃度などのデータを**コンピューター**（ECU：エンジンコントロールユニット）で解析し、最適な燃料噴射量を決定します。また点火時期も合わせてコントロールしており、キャブレターに比べると非常に精密な燃料供給が可能です。

第3章 動力源をサポートする【エンジン補機類編】

キャブレターの位置

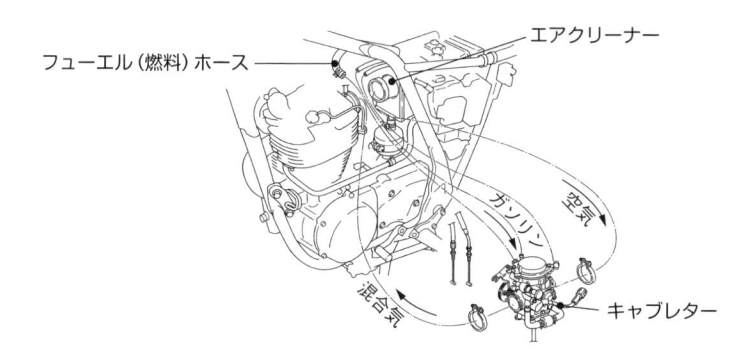

- フューエル（燃料）ホース
- エアクリーナー
- 空気
- ガソリン
- 混合気
- キャブレター

キャブレターの基本概念

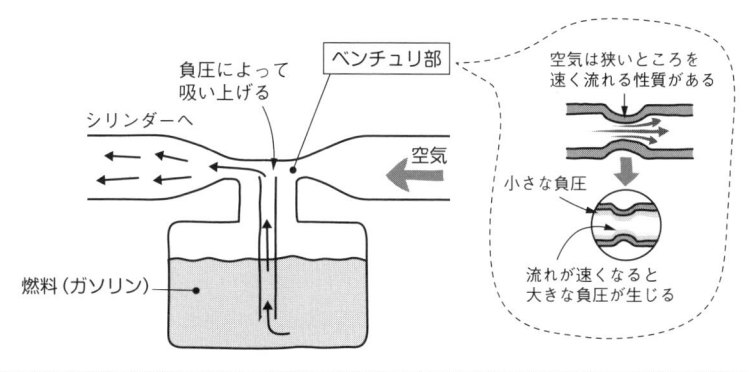

- 負圧によって吸い上げる
- ベンチュリ部
- シリンダーへ
- 空気
- 燃料（ガソリン）
- 空気は狭いところを速く流れる性質がある
- 小さな負圧
- 流れが速くなると大きな負圧が生じる

燃料噴射装置の基本概念

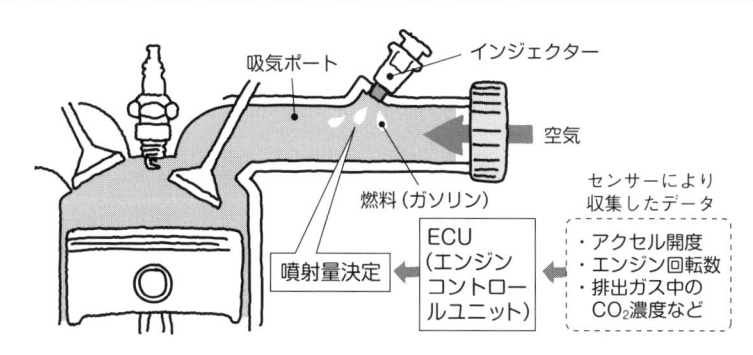

- 吸気ポート
- インジェクター
- 空気
- 燃料（ガソリン）
- 噴射量決定
- ECU（エンジンコントロールユニット）
- センサーにより収集したデータ
  - ・アクセル開度
  - ・エンジン回転数
  - ・排出ガス中のCO_2濃度など

POINT
◎燃料供給装置にはキャブレターと燃料噴射装置があるが、排出ガスの有害成分を減少させるためには、混合気の混合比率を精密に制御する必要があり、電子制御燃料噴射装置が必須となっている

1-3 キャブレターの種類と構造

燃料供給装置の基本概念については理解できましたが、エンジンの吸入負圧を使って燃料を供給するキャブレターにはどんな種類があり、どのような構造をしているのでしょうか？

バイクのエンジンには、吸入空気量に応じて**ベンチュリ径を変化させる可変ベンチュリ型**が使われています。可変ベンチュリ型キャブレターは、ベンチュリ部の径を変化させるピストンの作動方法によってCV型とVM型に分けられます。

◤ CV（コンスタント・バキューム）型キャブレター

CV型は、アクセルに連動する**スロットルバルブ**と、吸入空気が発生させる負圧によって開閉しベンチュリ部の径を変化させる**サクションピストン**をもちます。

サクションピストンは**サクションチャンバー**内にあり、スプリングによって押し下げられています。サクションチャンバーは、サクションピストン外周部に取り付けられた**ダイヤフラム**と呼ばれる薄いゴムの膜によって上下2つの部屋に仕切られています。

サクションチャンバー下側は大気圧、上側はエンジンの吸入空気による負圧が作用する構造になっており、増減する負圧に合わせてサクションピストンが上下してベンチュリ径を変化させます（上図）。

CV型は負圧に応じてベンチュリ部の径を自動的に変えるため、急激なアクセルの開閉にもスムーズに反応し、エンジンの出力特性もゆるやかなものになります。

◤ VM（ヴァリアブル・マニフォールド）型キャブレター

VM型は、ベンチュリ径を変化させる**ピストンバルブ**をアクセルワイヤーを介して直接上下させるため、アクセル開度の1/2ぐらいまでのエンジンの応答性がCV型よりもすぐれています。ただしアクセル操作によってエンジンの吸入空気量と関係なくベンチュリ径が変化するため、急激なアクセル操作を行うと混合気の混合比率のバランスが崩れます（中図）。

VM型には、ベンチュリ径を変化させるピストンバルブの断面が四角いフラットバルブ型（下左図）や、三日月形をしたものがあります。ピストンバルブの厚みを薄くしてキャブレターの入口から燃焼室までの吸入通路の距離が短くなると吸入空気の流速が速くなり、アクセルに対するエンジンの反応も早くなります。またベンチュリ部の乱気流の発生を抑え吸入効率が上がるなど多くの利点があります。なお、CV型とVM型の両方を取り付けた**デュアルキャブレター**もあります（下右図）。

第3章 動力源をサポートする【エンジン補機類編】

CV型キャブレターの構造と動作

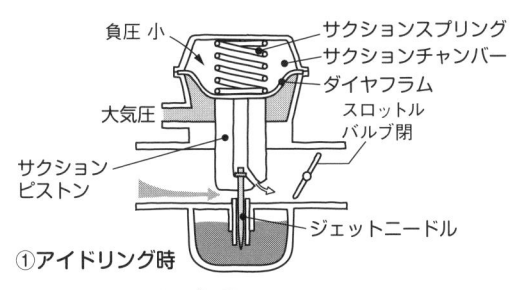

①アイドリング時

負圧 小
サクションスプリング
サクションチャンバー
ダイヤフラム
大気圧
スロットルバルブ閉
サクションピストン
ジェットニードル

スロットルバルブは閉じている。ベンチュリ部を通過する吸入空気量が少なく、発生する負圧も小さい。サクションチャンバー内に作用する負圧も小さいため、サクションピストンはスプリングの力で押し下げられ、ベンチュリ径は最小になっている

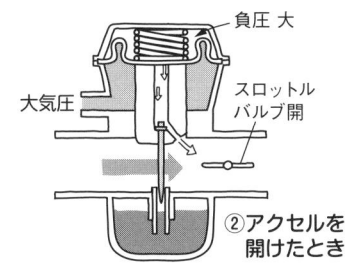

②アクセルを開けたとき

負圧 大
大気圧
スロットルバルブ開

スロットルバルブは開いている。ベンチュリ部を通過する吸入空気量が増え、サクションチャンバー内に作用する負圧も大きくなるため、サクションピストンはスプリングの力に勝って押し上げられ、ベンチュリ径は大きくなる

基本的なVM型キャブレターの構造

アクセルワイヤーへ
ピストンバルブ（スロットルバルブ）
ジェットニードル
空気
混合気
ニードルバルブ
ニードルジェット
パイロットジェット（スロージェット）
フロートチャンバー
メインジェット

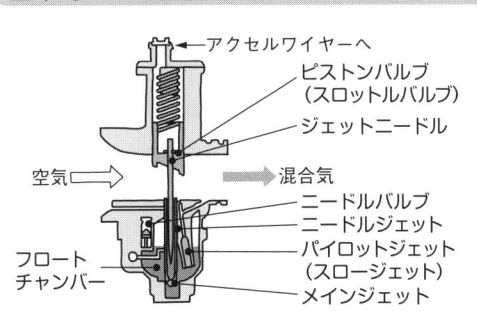

アクセルワイヤーでピストンバルブ（スロットルバルブを兼ねている）を上下させてベンチュリ径を調整する。フロートチャンバーの中にあるジェット類（燃料が通るノズル）には穴が開いていて、その大きさによって吸い込むガソリンの量が決まる。

フラットバルブ型

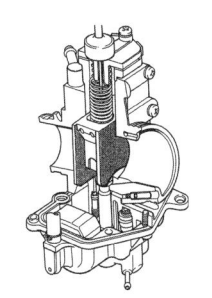

デュアルキャブレターの例

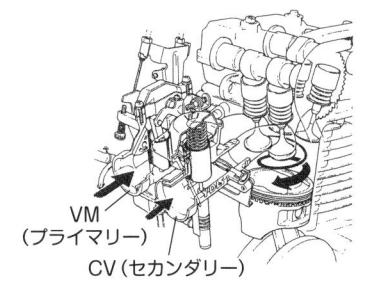

VM（プライマリー）
CV（セカンダリー）

低・中速域ではプライマリー側のVM型が働き、シャープなスロットルレスポンスを発揮し、高速域ではセカンダリー側のCV型が作動して、2つのキャブレターで高速性能を得ている。

POINT
◎CV型はエンジンの吸入負圧によってピストンを上下させ、VM型はアクセルワイヤーによって直接ピストンを上下させてベンチュリ径を調整している
◎CV型は強い負圧が必要となるため、2サイクルエンジンでは使用されない

1-4 キャブレターの動作

吸入される空気量はエンジン回転数によって変化するものですが、それに対して、キャブレターはどのようにして燃料の供給量を調整しているのでしょうか？

　繰り返しになりますが、キャブレターは空気とガソリンを混ぜ合わせて**混合気**をつくり、エンジンに供給しています。この割合を**空燃比**（空気の重量と燃料の重量の割合）といいます。キャブレターは、**吸入空気量**や**アクセル開度**などに応じて燃料の供給経路を変えることで適切な量の燃料を供給します（上左図）。

■ガソリン噴出量の決定と燃料の供給

　上右図と59頁の中図を見てください。「ジェット」という部品がありますが、これはガソリンが通るノズルのことで、ここで流出量の計量を行います。アクセルグリップを回すとジェットニードルが動き、ニードルジェット上端部からエンジンの負圧によってガソリンが吸い出されます。その量は、フロートチャンバーと接するメインジェットの穴の大きさで計量されます。これらのジェットの径を変化させることで流量を調整します。ベンチュリ開度別の燃料の供給経路は次の通りです。

①**ベンチュリ開度0〜1/8**：ベンチュリ開度0〜1/8での燃料の供給量は、**パイロットジェット**の内径によって決定されます。アイドリング状態ではベンチュリ部より大きな負圧が発生するパイロットジェットから燃料を供給します（下図①）。

②**ベンチュリ開度1/8〜1/3**：ベンチュリ開度1/8〜1/3では、**ニードルジェット**の内径とジェットニードルの外径との差で燃料の供給量が決まります。①の状態からさらにアクセル開度が大きくなりベンチュリ部の負圧が大きくなると、パイロットジェットからのガソリンの供給が止まり、**メインジェット**を経由してニードルジェット部からガソリンが供給されます（下図②）。

③**ベンチュリ開度1/3〜3/4**：ベンチュリ開度1/3〜3/4では、ジェットニードルのテーパー角で燃料の供給量が決まります。②の状態からアクセル開度がさらに大きくなると、ピストンに取り付けられたジェットニードルも上昇します。ジェットニードルは先端が針状になっているためニードルジェット部とのすき間が大きくなり燃料の噴出量も増加します（下図③）。

④**ベンチュリ開度3/4〜全開**：ベンチュリ開度3/4〜全開時では、ジェットニードルはほぼニードルジェットから抜けているため、メインジェットで計量された**燃料がニードルジェットを通ってメインノズルからそのまま供給されます**（下図④）。

第3章 動力源をサポートする【エンジン補機類編】

燃料の供給経路

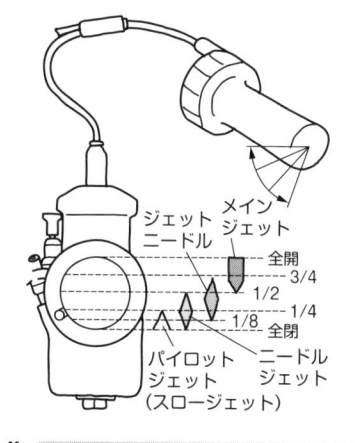

メインジェット
ジェットニードル
全開
3/4
1/2
1/4
全閉
パイロットジェット（スロージェット）
ニードルジェット

ニードルジェットとパイロットジェット

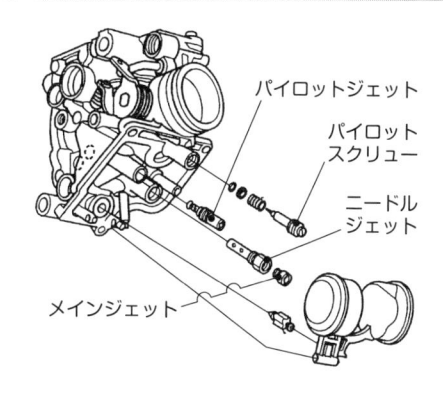

パイロットジェット
パイロットスクリュー
ニードルジェット
メインジェット

ベンチュリ開度による燃料の供給

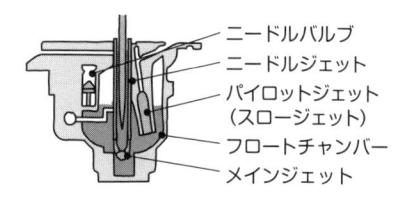

ニードルバルブ
ニードルジェット
パイロットジェット（スロージェット）
フロートチャンバー
メインジェット

ニードルジェットからガソリンは出ず、負圧によってパイロットジェットから供給される

①ベンチュリ開度0～1/8での燃料の供給

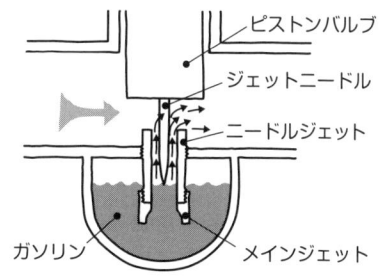

ピストンバルブ
ジェットニードル
ニードルジェット
ガソリン
メインジェット

②ベンチュリ開度1/8～1/3での燃料の供給

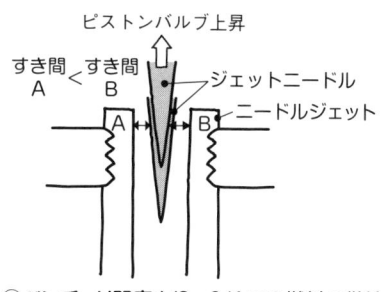

ピストンバルブ上昇
すき間A ＜ すき間B
ジェットニードル
ニードルジェット

③ベンチュリ開度1/3～3/4での燃料の供給

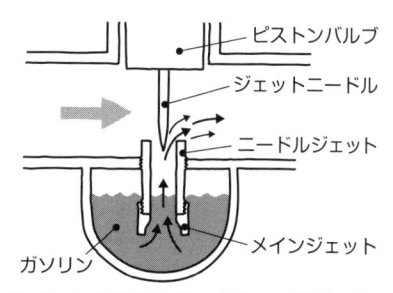

ピストンバルブ
ジェットニードル
ニードルジェット
ガソリン
メインジェット

④ベンチュリ開度3/4～全開での燃料の供給

POINT
◎エンジン回転数によって吸入空気量が大きく変化するため、キャブレターはベンチュリ部の開度に応じて供給経路を変えることで適切な量の燃料を供給している

1-5 電子制御燃料噴射装置（フューエルインジェクション）の概要

キャブレターについては理解できましたが、もう1つの燃料供給の手段である燃料噴射装置はどのようにしてエンジンに燃料を送り込んでいるのですか？

　56頁で述べたように、燃料噴射装置はエンジンの吸入タイミングに合わせて高圧の燃料を**インジェクター**（先端に小さな穴の開いたバルブ）から**吸気ポート**に直接噴射することで混合気をつくり出します。このため、燃料が霧化しやすくエンジン内部での着火性も良くなります（上図）。

　燃料噴射装置には機械式と電子制御式があり、バイクには電子制御式が使われています。**電子制御燃料噴射装置**（電子制御フューエルインジェクション。以下フューエルインジェクション）は、燃料を加圧する**フューエルポンプ**やその圧力を一定に保つ**プレッシャーレギュレーター**、**センサー**類、燃料の噴射量を決めるコンピューター（**ECU：エンジンコントロールユニット**）、インジェクターなどで構成されています（下図）。

■キャブレターとフューエルインジェクションの違い

　キャブレターの場合、ベンチュリ部に発生する負圧に応じて燃料の供給経路を変えて吸入空気量の増減や適切な空燃比の調整を行いますが、フューエルインジェクションでは燃料の噴射時間を変えることで噴射量を調節しています。

　また、フューエルインジェクションでは、各種のセンサーを使って瞬間ごとのスロットルバルブの開度や排出ガス中の酸素（O_2）濃度などの情報を収集してECUに送ります。ECUはそのデータをもとに走行状態やエンジンの燃焼状態を判断し、最適な量の燃料をインジェクターから噴射します。

　このように、フューエルインジェクションはバイクやエンジンの状態に応じてより細かな調整を自動的に行うため、出力や燃費性能、排出ガス中の有害成分の減少など、キャブレター式に比べて多くの利点があります。

　一方で①センサー類やECUなど比較的高額な部品が使用されており、精密な空燃比制御をするためにはセンサー数を増やしてより多くの情報を処理する必要がある、②コンピューターソフトによって空燃比や噴射量を制御するためトラブル対応やセッティング変更が難しい、などの問題もあります。現在はフューエルポンプ、インジェクターの小型化や1つのセンサーから複数の情報を得ることにより、すべての車種がフューエルインジェクションを採用しています。

第3章 動力源をサポートする【エンジン補機類編】

フューエルインジェクションのイメージ図

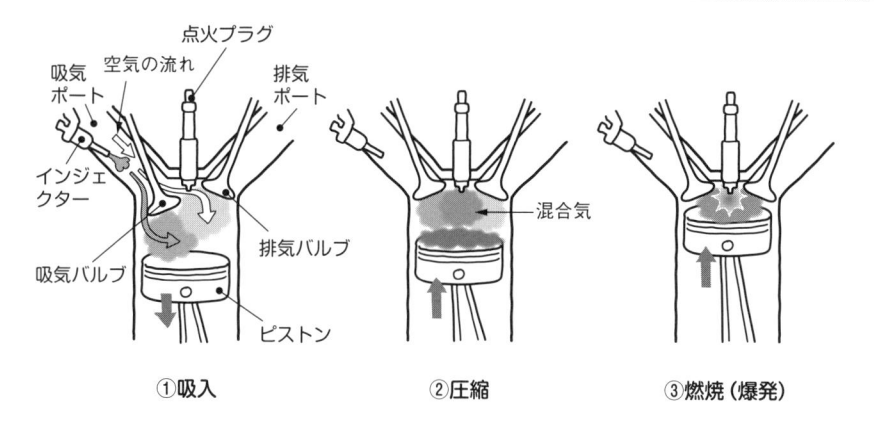

吸気ポート　点火プラグ　空気の流れ　排気ポート
インジェクター
吸気バルブ　排気バルブ
混合気
ピストン

①吸入　　②圧縮　　③燃焼（爆発）

フューエルインジェクションの概要

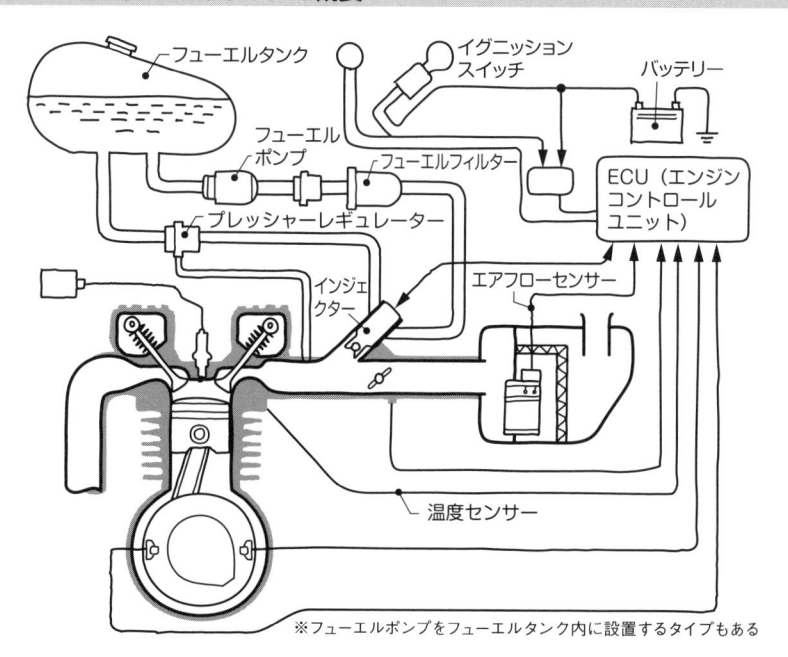

フューエルタンク　イグニッションスイッチ　バッテリー
フューエルポンプ　フューエルフィルター
ECU（エンジンコントロールユニット）
プレッシャーレギュレーター
インジェクター
エアフローセンサー
温度センサー

※フューエルポンプをフューエルタンク内に設置するタイプもある

POINT
◎フューエルインジェクションはセンサーとコンピューター(ECU)を使って車体や混合気の燃焼状態を正確に把握し、燃料の噴射時間を細かく制御することで、状況に応じた最適な混合気を供給する

1-6 フューエルインジェクションの構造と動作

フューエルインジェクションの概要についてはつかむことができましたが、実際にはどのようにして適切な量の燃料をタイミングよく噴射しているのでしょうか？

フューエルインジェクションは、**センサー類**から送られるさまざまな情報をもとに「噴射タイミングと噴射量（時間）」を決めています。

■噴射量の決定と吸入空気量の計算

燃料の噴射量を決定するには、エンジンが吸入する空気量を割り出す必要があります。この空気量計量の方法には、アクセル開度とエンジン回転数をもとにするスロットルスピード式と吸入空気圧とエンジン回転数をもとにするスピードデンシティ式があります。

一般的に、アクセルの低開度域ではスピードデンシティ式のほうが**吸入空気量**の計量精度が高く、高開度域ではスロットルスピード式のほうが高いため、バイクの燃料噴射装置の多くは両方の方式を併用しています。

フューエルインジェクションは、さらにエンジン温度センサーや吸気温度センサー、排出ガス中の酸素濃度から燃料の空燃比を調整するためのO_2センサー、水温や油温センサーなどからの情報を加味して噴射量を調整しています（上図）。

■燃料を加圧してインジェクターから噴射

燃料は、フューエルポンプで250kPa～300kPa程度に加圧されて供給されます。また、噴射量は燃料の圧力によって変化するため**プレッシャーレギュレーター**で圧力変動を吸収しています。フューエルポンプは通常タンク内部に取り付けられますが、タンク外部に設置するタイプもあります（63頁下図参照）。

燃料は吸入行程に合わせて噴射されますが、4サイクルエンジンでエンジンが毎分12000回転している場合、1秒間で100回噴射することになります。このため、フューエルインジェクションではソレノイドと呼ばれる電磁石を使って**インジェクター**のバルブを開閉します。インジェクターのノズル先端には燃料を噴射する穴が開いていますが、エンジンの仕様に応じて4穴式や12穴式などが使い分けられています（中図）。

エンジンの吸入空気量はアクセルと連動する**スロットルバルブ**を開閉することで制御します。通常、スロットルバルブはインジェクターやスロットルセンサー、空気温センサーなどとともに一体化されています（下図）。

第3章 動力源をサポートする【エンジン補機類編】

フューエルインジェクションのセンサー類の例

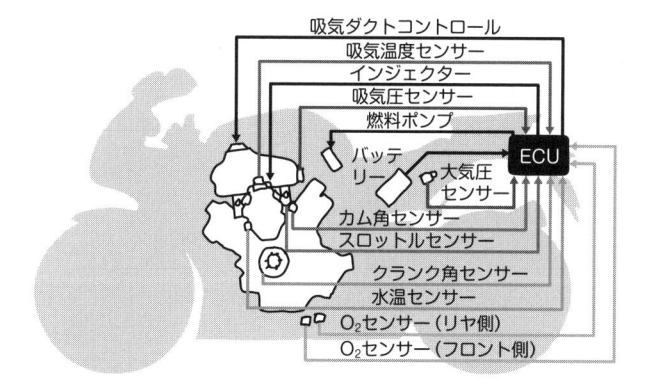

- 吸気ダクトコントロール
- 吸気温度センサー
- インジェクター
- 吸気圧センサー
- 燃料ポンプ
- バッテリー
- 大気圧センサー
- ECU
- カム角センサー
- スロットルセンサー
- クランク角センサー
- 水温センサー
- O₂センサー（リヤ側）
- O₂センサー（フロント側）

インジェクターの構造とノズル

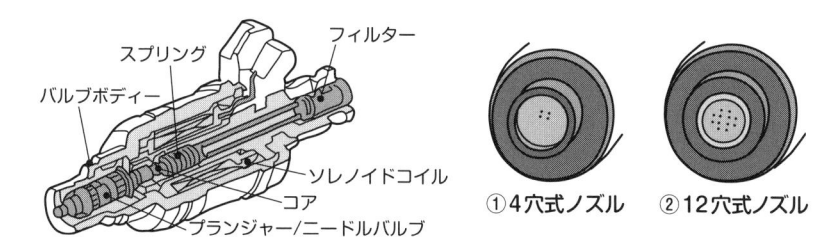

- スプリング
- フィルター
- バルブボディー
- ソレノイドコイル
- コア
- プランジャー/ニードルバルブ

①4穴式ノズル　②12穴式ノズル

フューエルインジェクションの燃料の経路

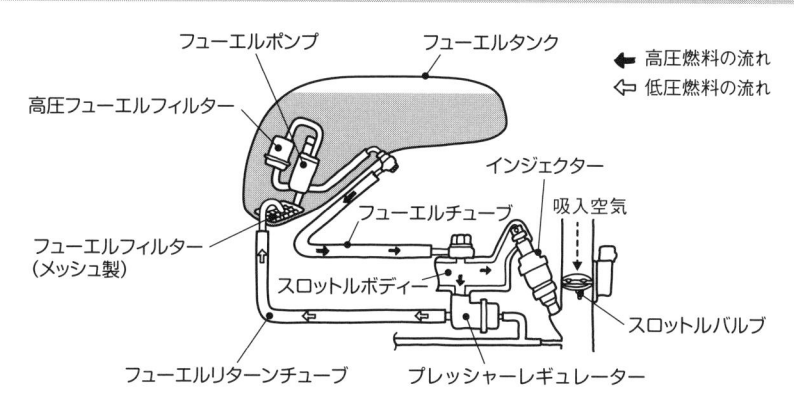

- フューエルポンプ
- フューエルタンク
- 高圧フューエルフィルター
- インジェクター
- 吸入空気
- フューエルフィルター（メッシュ製）
- フューエルチューブ
- スロットルボディー
- スロットルバルブ
- フューエルリターンチューブ
- プレッシャーレギュレーター

← 高圧燃料の流れ
⇐ 低圧燃料の流れ

> **POINT**
> ◎フューエルインジェクションは、各種センサーはもとより、フューエルポンプやプレッシャーレギュレーター、インジェクターといった部品が正常に機能してはじめて威力を発揮する

1-7 フューエルインジェクションの最新技術

スーパースポーツと呼ばれるバイクには、高度な電子制御システムが組み込まれていますが、最新のフューエルインジェクションはどのような機能をもっているのですか？

　最新のフューエルインジェクションは、単にセンサーからの情報をもとに適切な量の燃料を噴射するだけでなく、より安全で快適にライディングできるようにライダーの操作を補助したり制限したりする機能が追加されています。このため、吸入空気量や空気の温度、冷却水温度、ギヤポジションなど、より多くの**センサー**から情報を収集するとともに、処理能力の高いコンピューター（**ECU：エンジンコントロールユニット**）を使用して、シリンダー別や回転数別、ギヤポジション別などに燃料の噴射量や吸入空気量の制御を行い出力や燃費を向上させています。

　また、前後輪の回転数差などからリヤタイヤの空転状態を察知して燃料の噴射量や点火タイミングの制御を併せて行うことで、リヤタイヤのスリップを防止する**トラクションコントロール**（114頁参照）の一部として機能したり（上図）、IGキーシステム（IGキーとECUが通信し、IDナンバーが一致したときだけエンジンの始動ができる）と連動して盗難防止装置の一部として機能しているものもあります。

▮電子制御スロットルによるスムーズで細かな制御

　通常のフューエルインジェクションでは、アクセルを開くとワイヤーでつながれた**スロットルバルブ**が開き、**吸入空気量**が増加します。このときエンジン回転数やスロットルバルブの開度、排出ガス中の酸素濃度などから最適な量の燃料を噴射しています。

　最新のフューエルインジェクションでは、通常のセンサーからの情報に加えてアクセル操作をセンサーで検知し、最適な吸入空気量になるようにサーボモーターを使ってスロットルバルブを開閉する**電子制御スロットル**（ドライブ・バイ・ワイヤー）が採用されています（中図、下図）。これにより、アクセル操作と異なるスロットルバルブ操作を行うことができ、よりスムーズなエンジン特性を実現して最適なトラクション（バイクを前に進ませようとする力）を得ることが可能です。

　そのほか、インジェクターを2本並列またはスロットルバルブ近辺とインテークマニホールド入り口の2カ所に取り付けて気筒あたり2本とし、エンジン回転数などによって作動本数を変えることでより細かな燃料の噴射量制御を行うものもあります（**ツインインジェクター**：71頁下図参照）。

第3章 動力源をサポートする【エンジン補機類編】

フューエルインジェクションとトラクションコントロール

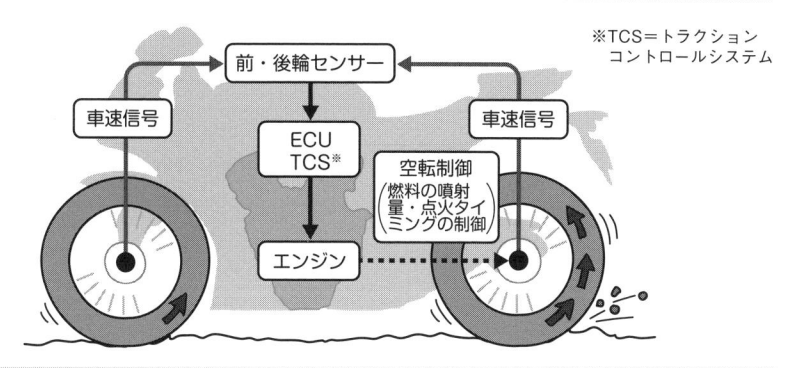

※TCS＝トラクションコントロールシステム

前・後輪センサー / 車速信号 / ECU TCS※ / 空転制御（燃料の噴射量・点火タイミングの制御）/ エンジン

電子制御スロットルのシステム図

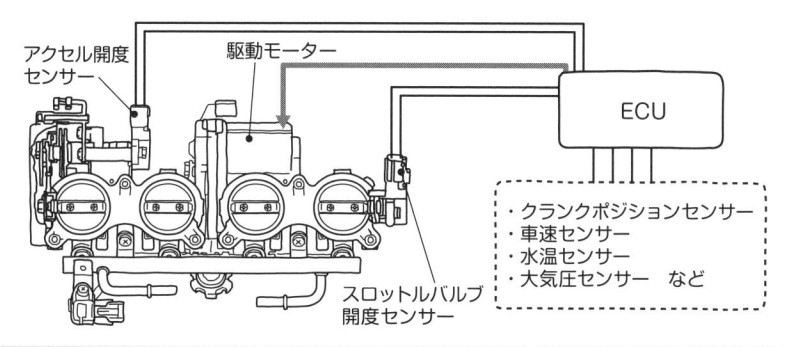

アクセル開度センサー / 駆動モーター / スロットルバルブ開度センサー / ECU
・クランクポジションセンサー
・車速センサー
・水温センサー
・大気圧センサー　など

電子制御スロットルの模式図

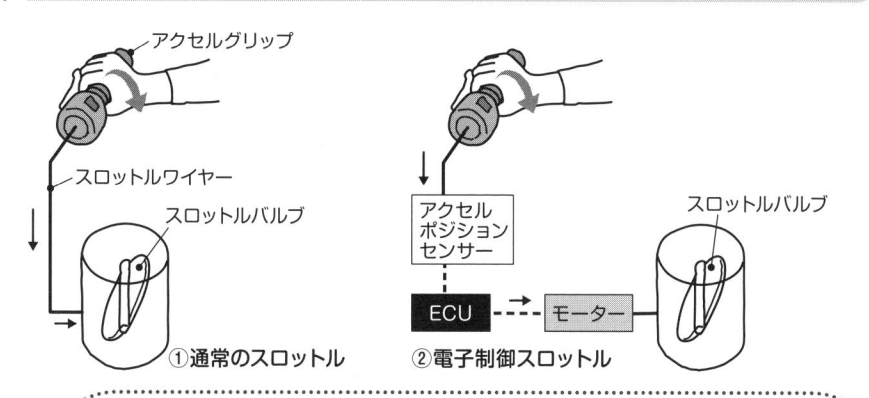

アクセルグリップ / スロットルワイヤー / スロットルバルブ
①通常のスロットル

アクセルポジションセンサー / ECU → モーター / スロットルバルブ
②電子制御スロットル

POINT
◎最新のフューエルインジェクションは、さまざまな情報をもとにバイクの状態を瞬時に判断してより精密な燃焼状態の最適化を図るとともに、他の電子制御システムと連動して車体全体を制御している

067

1-8 可変吸気システム

エンジンの出力特性は吸気経路の長さや直径によって変化するようですが、それはなぜですか？ また、吸気経路の長さを変えるシステムはあるのでしょうか？

エンジンに吸入される混合気には慣性力が働きます。この混合気に働く慣性力の効果はエンジン回転数によって異なり、特定の回転数域で吸入効率が高められても、他の回転数域では低下してしまいます。

混合気の**吸入効率**は、基本的には**吸気管長**が長くなると低回転時に高くなり、短くなるにつれて高回転側に移っていきます。このため、通常はバイクの種類や使用状況などに合わせて、低・中回転域と高回転域いずれかを重視するように吸気管の長さを設定しています（上図）。

■低・中回転域、高回転域の両方に対応する可変吸気システム

可変吸気システムは、エンジン回転数に応じて吸気管の長さを変化させることにより、吸気慣性効果が得られるエンジンの回転域を広げています。

このシステムには、吸入空気の取り入れ口から吸気ポートまでの吸気経路の途中にシャッターバルブを設けて、エンジン回転数に応じてこれを開閉することで吸気経路を切り替えるタイプ（上図）と、**吸気管（インテークマニホールド）**の長さを変化させるタイプがあります。

現在バイク用には主に吸気管の長さを変えるタイプが使用されています。空気の吸入口には**エアファンネル（吸気用ダクト）**が取り付けられていますが、これはエンジンの負圧によって口径以上の空気を吸入するためのものです。可変吸気システムでは、このエアファンネルの長さを電子制御によって次のようにコントロールすることで、吸入効率を高めています。

エンジン回転が低・中回転域の場合、吸気管長は長いほうがいいので上下のエアファンネルを接続した状態とし、高回転域になったらエアファンネルの上下をモーターによってスライドさせて分割し短い状態にします。このように、エンジン回転数によってエアファンネルの長さを調整することで最適な吸気管長として、低回転域、高回転域の両方で高い吸入効率を得ています（下図）。

また可変式ではありませんが、4気筒エンジンで外側2気筒と内側2気筒のマニホールドの長さを変えることで、広い回転域で慣性効果を得られるようにしているものや、長短2種類のマニホールドを二重に組み合わせているものもあります。

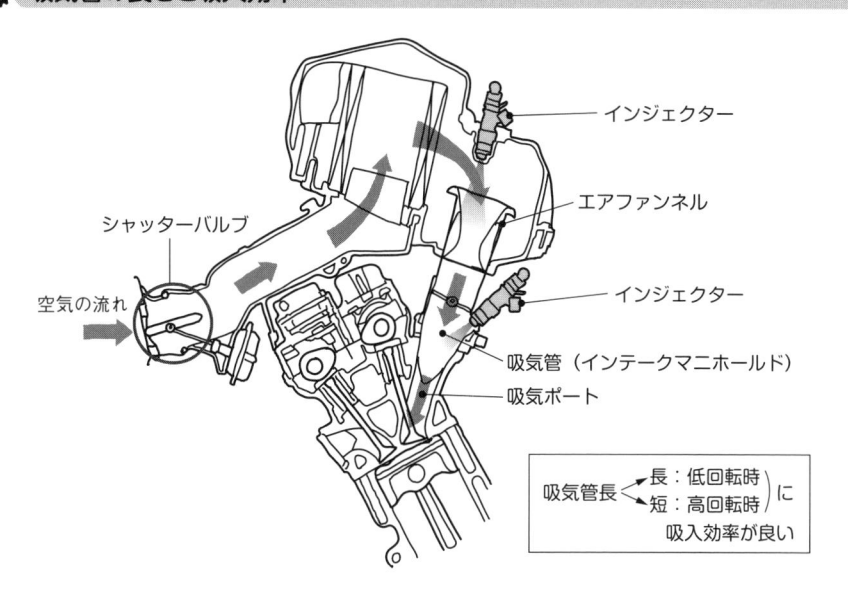

第3章 動力源をサポートする【エンジン補機類編】

吸気管の長さと吸入効率

- インジェクター
- エアファンネル
- シャッターバルブ
- 空気の流れ
- インジェクター
- 吸気管（インテークマニホールド）
- 吸気ポート

吸気管長 ←長：低回転時／←短：高回転時　に吸入効率が良い

可変吸気システムの例

低回転時には、分割式のエアファンネルの上下をつなげて長い状態とするが、高回転になると空気の吸入速度が高まるため、その長さが抵抗となる。そこで、上下を分割して短い状態とする。

低回転時には上下をつなぎ、高回転時には分割する

POINT
◎空気の吸入効率は吸気管の長さによって左右される
◎可変吸気システムは、エアファンネルの長さをコントロールすることで低・中回転域、高回転域の両方に対応している

069

1-9 ラムエアシステムとラム圧システム

スポーツバイクのカウルには空気の取り入れ口が設けられていますが、これはどのような役割を果たしているのですか？ また、どんなシステムになっているのでしょうか？

カウル付きのロードバイクでは、カウルの前面や側面などに空気を導入する穴（**エアインテーク**）が設けられていますが、これは走行風を**エアクリーナー**に供給する働きをしています（上図）。

加圧された走行風をエアクリーナーに直接導入するというとターボチャージャーのような過給効果を期待してしまいますが、走行風での加圧力は実際にはそれほど高くありません。しかし、密度の高い新鮮な空気を取り込むことには大きな意味があります。

■吸入空気の充填効率を高めるラムエアシステム

通常のバイクでは、エアクリーナーボックスのエア取り入れ口はエンジン周辺にあるため、構造上エンジンの熱で高温になった空気を吸入することになります。空気は温度が高くなると膨張するため密度が低くなりますが、密度が低くなるとガソリンの燃焼に必要となる酸素量も減少して燃焼力が低下します。

反対に空気の温度が低いと密度が高くなるため、高温時と同じ量を吸入しても酸素量は増加し、**充填効率**が高くなり燃焼力も向上します。

このように、**ラムエアシステム**はカウルの前面などから温度の低い空気を導入して、ダクトによってエアクリーナーに供給するとともに、吸入系統全体を冷却して吸入空気の充填効率を高めています（下図）。

一方、ロードレース用の車両にはエアフィルターがないため、エアクリーナーボックス内部に走行風を直接導入することで、市販車同様に温度の低い空気による充填効率アップを図るとともに、エアクリーナーボックス内を大気圧よりも加圧状態にすることで、エンジン内部に発生する**ポンピングロス**（ピストンが上下して吸排気するときに発生する損失）を低減させる効果が得られます。これを**ラム圧システム**といいエンジン出力の向上に貢献します。

ただしキャブレター車のラム圧システムの場合、高速走行時にアクセルを閉じたりするとエアクリーナーボックス内は加圧された状態となるため、空気のみが過剰に供給されることになります。また気圧差によってフューエルタンクから燃料が過剰に供給されることもあるため、関連部品も含めた圧力管理が重要になります。

第3章 動力源をサポートする【エンジン補機類編】

✿ フロントカウルに設けられたエアインテーク部

ここから吸い込まれた密度の高い新鮮な空気は、流路（エアダクト）を経てエアクリーナーへ導かれる。

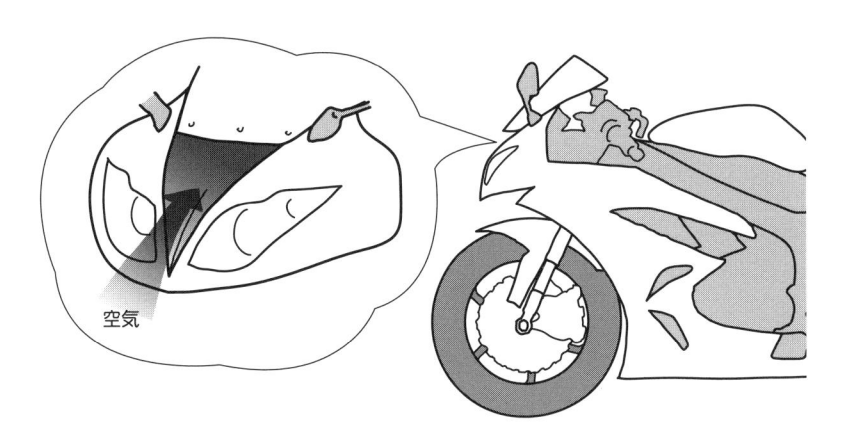

空気

✿ ラムエアシステムの例

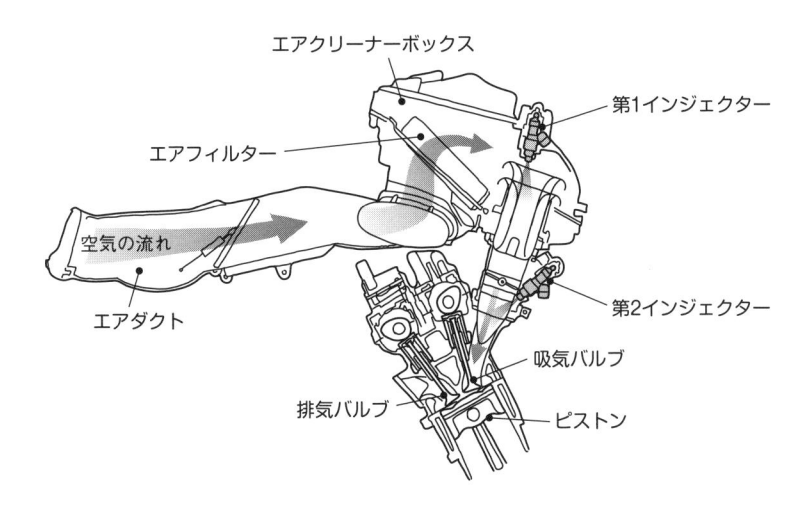

エアクリーナーボックス
第1インジェクター
エアフィルター
空気の流れ
エアダクト
第2インジェクター
吸気バルブ
排気バルブ
ピストン

> **POINT**
> ◎ラムエアシステムはカウル前面から密度の高い新鮮な空気を導入してエアクリーナーに供給するとともに、吸気系統を冷却して吸入空気の充填効率を高めている

071

2. スムーズな排気と排気ガス浄化システム

2-1 マフラーの役割と種類

バイクの外観を見ると、マフラーのデザインが全体のイメージに与える影響が大きいように感じますが、マフラーはどのような役割を果たしているのですか？

　マフラー（**排気装置**）は、エンジンから排出される高温・高圧の燃焼ガスを減圧して**排気音**を消音するという非常に重要な働きをしています。一般にマフラーと呼ばれる部品は、燃焼ガスを排気ポートからエンジン外部に誘導する**エキゾーストパイプ**と、排気音を消音させる**サイレンサー**から構成されています（上図）。

　エンジンから排出される高圧の燃焼ガスは大気中にそのまま排出すると一気に膨張して激しい衝撃波（排気音）が生じます。このため、サイレンサーには容積の異なる膨張室を複数設けて徐々に圧力を下げるとともに、内部に消音材を取り付けて排気音を消音します。

　サイレンサーは、その構造から一般的に多段膨張型と反転型に分けられます。多段膨張型は、エキゾーストパイプからエンド部に向かってサイレンサー内部をいくつかの部屋に分け、その中を排出されたガスが通過することで高圧のガスが徐々に膨張し、圧力を低下させて消音させます（中図①）。

　反転型は、内部をいくつかの部屋に分けるところは多段膨張型と同じですが、ガスを反転させて新たに排出されたガスと干渉させることで消音しているためコンパクトにできます（中図②）。欠点は、排気ガスをマフラー内で反転させるため排気抵抗が大きくなることで、このため反転型はサイレンサーの容量が大きくなる大排気量車によく使われます。このほか、両者を併用したタイプもあります（下図）。

▌マフラーがもたらす排気脈動の効果

　最近はマフラー内の圧力変化を利用してシリンダー内への混合気の**充填効率**を高める役割が大きくなっています。排気行程になって燃焼ガスが排出されるとマフラー内の圧力は高くなり、排出が止まると圧力は低くなります。この圧力の変化を**排気脈動**といい、これを利用して燃焼ガスの排出促進や混合気の充填効率を高めることを**脈動効果**といいます。

　2サイクルエンジンのマフラーでの脈動効果については48頁で述べましたが、マフラーの断面積を大きく変化させることでさらに効果的に利用しています。吸排気バルブをもつ4サイクルエンジンでは、2サイクルほど脈動効果は期待できませんが、バルブオーバーラップ時（34頁参照）に混合気の充填効率を高める効果があります。

第3章 動力源をサポートする【エンジン補機類編】

マフラー(排気装置)の構成

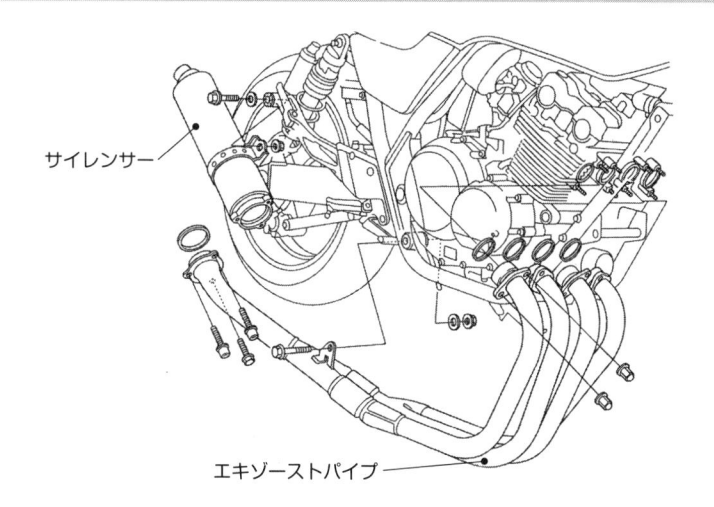

サイレンサー

エキゾーストパイプ

サイレンサーの種類

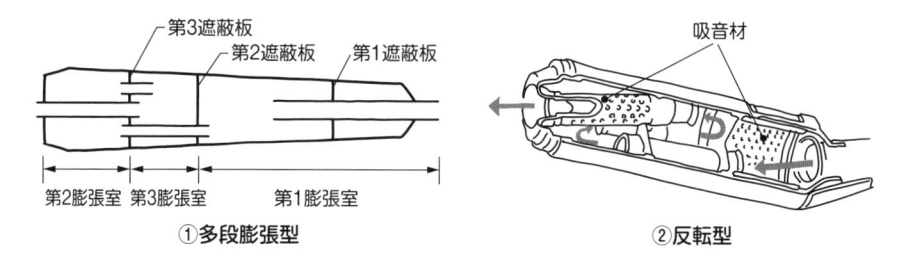

第3遮蔽板
第2遮蔽板
第1遮蔽板
第2膨張室 第3膨張室 第1膨張室

①多段膨張型

吸音材

②反転型

多段膨張型反転型併用サイレンサー

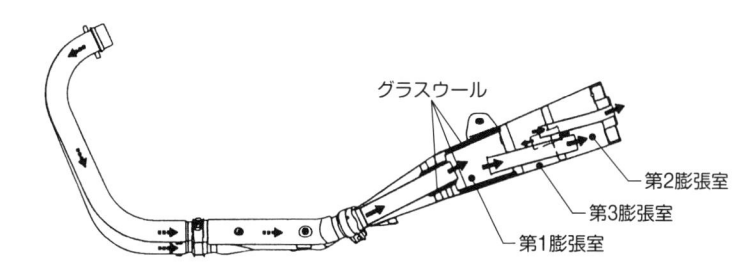

グラスウール
第2膨張室
第3膨張室
第1膨張室

POINT

◎マフラーには燃焼ガスを消音(減圧)しながらスムーズに排出するとともに、マフラー内部の圧力変化による脈動効果を利用することで、混合気の吸入や燃焼ガスの排出を促進する働きがある

2-2 4サイクルエンジンのマフラー

4サイクルエンジンのマフラーを見ると、エンジンから出ているエキゾーストパイプが4本でも、サイレンサーは1つ、あるいは2つにまとめられています。これにはどのような意味があるのですか？

　前項でも述べましたが、マフラーには消音機能とともにマフラー内の**脈動効果**による吸排気の効率向上という機能があります。

　4サイクルエンジンのマフラーは、エキゾーストパイプ部からサイレンサーまで緩やかに広がってつながっています。2気筒以上のエンジンでは、**サイレンサーがシリンダーごとに独立している**タイプや**エキゾーストパイプ**をサイレンサーで1本にまとめる**集合マフラー**（上図）などがあります。

▎脈動効果で燃料ガスの排出を促す集合マフラー

　マフラーをまとめる理由は、エキゾーストパイプを連結することで各エキゾーストパイプの脈動効果をお互いに利用して燃焼ガスの排出を促進するためです。また、各シリンダーから排出される燃焼ガスを干渉させることで、**消音効果**を得ることができます。そのほか、サイレンサーをまとめているため軽量化が可能です。

　集合マフラー以外のタイプでも、脈動効果を利用するためにエンジン下部などで一旦エキゾーストパイプを結合した後、左右のサイレンサーに分岐させたり（中図）、最近はより効果を高めるためにエキゾーストパイプの中間部分で連結しているタイプも多く見られます。

▎集合マフラーの種類

　4気筒エンジンの場合、各エキゾーストパイプの連結方法は、4→2→1とまとめる**4in2in1（4-2-1）方式**と4→1とまとめる**4in1（4-1）方式**があります（下図）。基本的な特性として4in2in1方式は中回転域トルク重視型、4in1方式は高回転域出力重視型となります。また脈動効果は吸気系の慣性効果と同様にエンジン回転数によって変化するため、エンジンの特性に合わせてマフラー全体の長さやパイプ内径、連結部分、集合部分の位置などを組み合わせています。

　マフラーの材質は市販車では鋼管製のものが主流ですが、よりさびにくいステンレス製のものもあります。またスーパースポーツなど一部のバイクでは、騒音規制の強化に対応するため集合マフラーからサイレンサーを2本に分けるタイプが増えており、重量を軽減するためにチタン製や一部にカーボンファイバーを採用しているものもあります。

第3章 動力源をサポートする【エンジン補機類編】

集合マフラー

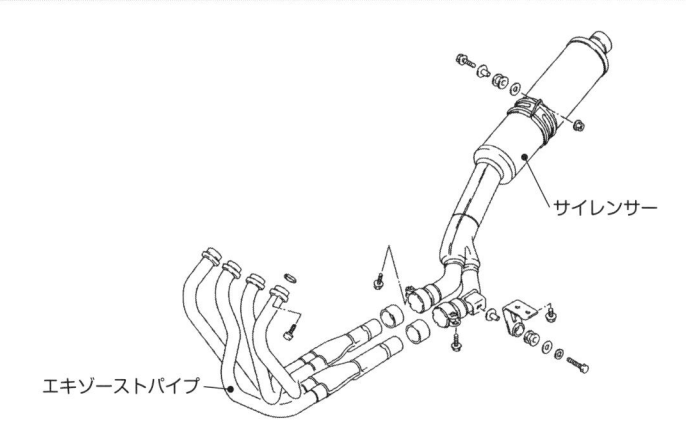

サイレンサー

エキゾーストパイプ

1本にまとめてから左右に振り分けるタイプ

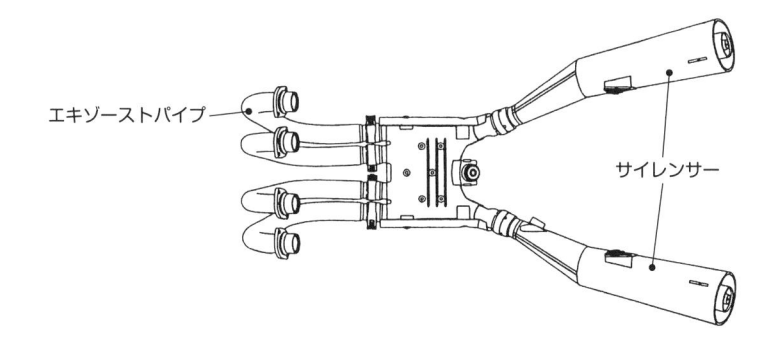

エキゾーストパイプ

サイレンサー

集合マフラーの種類

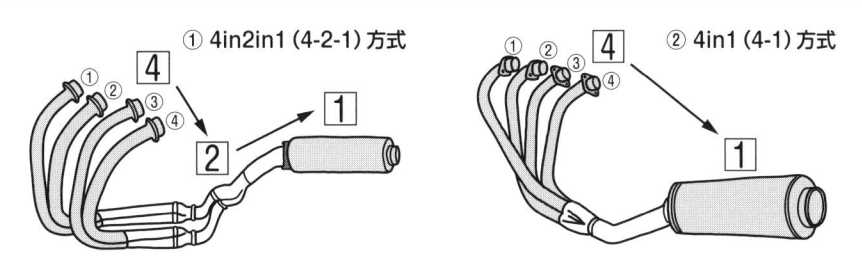

① 4in2in1 (4-2-1) 方式

② 4in1 (4-1) 方式

POINT
◎マフラーは排気音の消音以外にも、吸排気効率の向上やエンジン特性の味付けなどの役割があり、吸気系と同様に車体やエンジンに合わせて設計されている

075

2-3 排気デバイスの役割と動作

脈動効果については48頁、72頁、74頁で触れていますが、吸排気効率を高めるためにマフラーに取り付けられている排気デバイスは、具体的にどのような働きをしているのですか？

排気脈動を利用するマフラーは、最高出力を発生する回転数でその効果が最大になるように設計されています。しかし、その回転数域を外れると排気脈動の圧力変化と排気バルブの開閉タイミングにズレが生じ、中回転域では燃焼ガスの排出を妨げて逆効果になります。

このため、広い回転域で排気脈動を利用するには、エンジン回転数に合わせてマフラーの長さや管径、排気脈動のタイミングを変化させる必要があります。

■4サイクルエンジンの排気デバイス

4サイクルエンジンの**排気デバイス**は2種類あります。1つはエキゾーストパイプの集合部分にモーターで駆動するバルブを設け、エンジン回転数やアクセル開度、ギヤの段数などに合わせてバルブを全閉から全開まで変化させることで排気脈動の圧力変化をコントロールするタイプです（上図①）。

もう1つは各シリンダーのエキゾーストパイプを途中で連結するとともに、サブチャンバーという空間を設けてお互いの排気脈動を利用します。これは排気脈動を利用して、バルブオーバーラップ時に排気ガスが排気ポートに戻らないようにする方法で、集合マフラーの排気脈動の利用をより進めたものです（上図②）。

■2サイクルエンジンの排気デバイス

2サイクルエンジンの排気デバイスは、エンジン回転数などに応じてバルブによって排気ポートの高さを変化させる**排気タイミング可変タイプ**とサブチャンバーを開閉することでマフラーの容積を変化させる**排気容量可変タイプ**があります。

前者は、排気ポート部に一部を切り欠いた円筒状や板状の排気バルブを設け、モーターなどで開閉して排気ポートの高さを変えるため、エンジン回転数に応じて排気タイミングを変更する可変バルブタイミング機構といえます（下図①）。

後者は、排気ポート付近にサブチャンバーを設け、その入り口部分のバルブを開閉してマフラー容量を変化させます。排気デバイスの動作は、排気ポートの開閉タイミングと排気脈動のタイミングが一致している場合、バルブは閉じた状態になっており、エンジン回転数の変化により排気ポートが開くときに排出ガスの圧力が戻ってくるとバルブを開きサブチャンバーでその圧力を吸収します（下図②）。

第3章 動力源をサポートする【エンジン補機類編】

4サイクルエンジンの排気デバイス

①エキゾーストパイプの集合部分にバルブを取り付けるタイプ

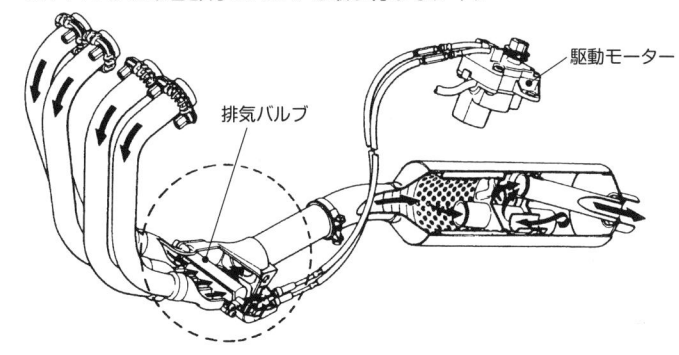

駆動モーター
排気バルブ

②エキゾーストパイプを連結するタイプ

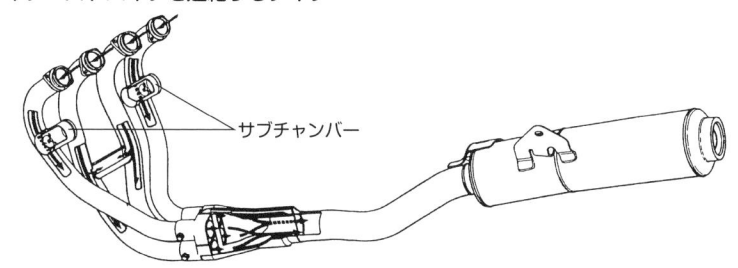

サブチャンバー

2サイクルエンジンの排気デバイス

①排気タイミング可変タイプ

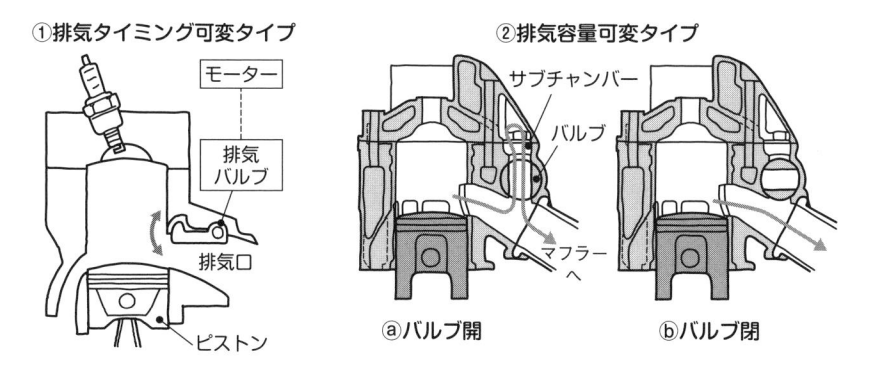

モーター
排気バルブ
排気口
ピストン

②排気容量可変タイプ

サブチャンバー
バルブ
マフラーへ

ⓐバルブ開　　ⓑバルブ閉

POINT
◎排気脈動はエンジン回転数によって変化するため、設定された回転数から外れると排気ガスの排出を妨げて逆効果となる
◎排気デバイスはこの逆効果を減少させる働きをしている

077

2-4 排気ガス浄化システム

日本の排出ガス規制はたいへん厳しいものだといいますが、これに対応するための排気ガス浄化システムにはどのようなものがあり、どんなしくみになっているのですか?

混合気が燃焼して発生する燃焼ガスの主な成分は、完全に燃焼が行われている場合、窒素(N_2)、水蒸気(H_2O)、二酸化炭素(CO_2)で、そのほとんどが無害な窒素です。

しかし、混合気が完全燃焼し燃焼温度が高くなると空気に含まれる酸素(O_2)と窒素(N_2)が化学反応し、窒素酸化物(NO_x)が発生します。また混合気が不完全燃焼を起こすと一酸化炭素(CO)や炭化水素(HC)などの有害物質が発生します。

排気ガス浄化システムは、これらの排出ガス中の有害成分を取り除くもので、**触媒装置(キャタライザー)** と二次空気供給装置を併用しています。

■化学反応を起こさせる触媒装置

触媒装置は**三元触媒コンバーター**と呼ばれ、プラチナ、パラジウム、ロジウムをコーティングしたハニカム構造体に燃焼ガスを通過させ、化学反応を起こしてCOを二酸化炭素に、HCを水と二酸化炭素に、NO_xを窒素に酸化・還元します(上図)。

効率よく酸化・還元するためには混合気が**理論空燃比**(理論上完全燃焼すると考えられる比率=空気14.7:燃料1)付近で完全燃焼する必要があるため、**電子制御燃料噴射装置(フューエルインジェクション)**ではO_2センサーを使って排出ガス中の酸素濃度を計測し燃料の噴射量を調整しています(62、64頁参照)。

■二次空気供給装置とブローバイガス還元装置の働き

二次空気供給装置は、エアクリーナーから排気ポートへ空気を供給して、冷間時のエンジン始動など燃料増量時に発生する排出ガス中の未燃焼ガスを排気ポート内で再燃焼させてCOやHCの発生を減少させます。

二次空気供給装置は空気をエアクリーナーから排気ポートへ供給する**制御バルブ**と排気ポートから排出ガスがエアクリーナーへ逆流するのを防ぐ**リードバルブ**で構成されており、フューエルインジェクションのバイクでは、エンジン温(冷却水温)や吸気温度、吸気圧力、アクセル開度、エンジン回転数などをもとに**ECU(エンジンコントロールユニット)**からの信号によって制御バルブを開閉します(下左図)。

また、**ブローバイガス還元装置**はクランクケース内からエアクリーナーに**ブローバイガス**(シリンダーとピストンのすき間からクランクケース内に漏れる未燃焼ガス)を戻し、再度エンジンに吸入させて燃焼させます(下右図)。

第3章 動力源をサポートする【エンジン補機類編】

触媒装置（キャタライザー）

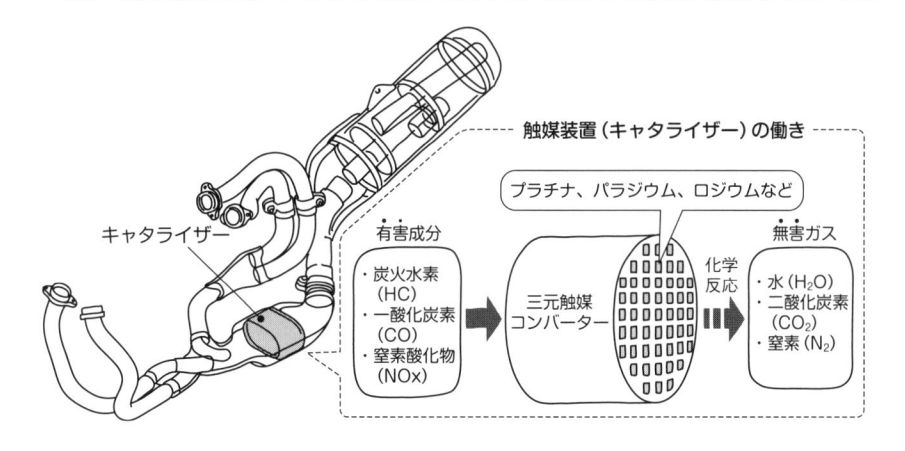

キャタライザー

触媒装置（キャタライザー）の働き

有害成分
・炭化水素（HC）
・一酸化炭素（CO）
・窒素酸化物（NOx）

→ 三元触媒コンバーター

プラチナ、パラジウム、ロジウムなど

化学反応 ⇒

無害ガス
・水（H_2O）
・二酸化炭素（CO_2）
・窒素（N_2）

二次空気供給装置

- リードバルブ
- エアクリーナー
- バキュームチューブ
- 排気ポート
- 二次空気供給制御バルブ

⇦ 清浄な空気
⇦ 排気ガス

ブローバイガス還元装置

- エアクリーナー
- キャブレター

⇦ 清浄な空気
← ブローバイガス

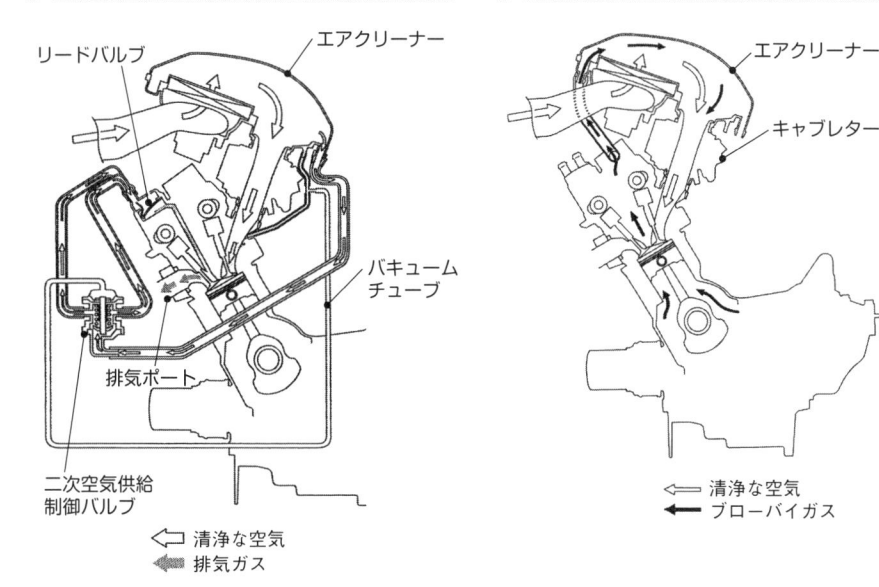

POINT
◎排出ガス中の有害成分を一挙に減少させることは難しいため、触媒装置、二次空気供給装置、ブローバイガス還元装置などさまざまな技術を組み合わせて、排出ガス規制に対応している

3. 動力源を陰で支える潤滑・冷却システム

3-1 潤滑装置の役割と種類

エンジンにはエンジンオイルやミッションオイルなどが使われていて定期的な交換が必要ですが、これらのオイルはどのような役割を果たしているのですか？

　エンジン内部では、シリンダーやピストンなど金属面が接触しながら高速で運動する部品が数多くあり、そのままエンジンを回転させ続けると摩擦熱によって接触部分に**焼き付き**などのトラブルが発生します。

　潤滑装置は、**エンジンオイルやミッションオイル**でエンジン内部を潤滑し、金属の接触面の摩擦抵抗を低減させる働きをします。

　オイルによる摩擦抵抗の低減は、接触面のすき間にオイルが薄い膜をつくり、接触面が浮き上がって滑っている状態になることで起こります。濡れたタイルの上などで足が滑った経験があるかと思いますが、これも同じような原因で発生します。濡れたタイルで足が滑るのは足の裏側とタイルの間に水が入って薄い膜をつくり、足がタイルから浮き上がってしまうためです。

▎主に6つあるオイルの役割

　ここで、オイルの働きについて整理しておきます。
①潤滑作用：金属の接触面に入り込んで摩擦抵抗を減らす
②冷却作用：エンジン内部を循環しながら混合気の燃焼によって内部に蓄えられた熱を奪う
③密閉作用：シリンダーとピストンリングのすき間から燃焼ガスが漏れるのを防ぐ
④緩衝作用：混合気が燃焼するときの衝撃を分散させ、やわらげる
⑤防錆（ぼうせい）作用：金属の表面に膜をつくり、空気を遮断することでさびの発生を防ぐ
⑥洗浄作用：摩擦部分から出る金属粉やエンジン内部に侵入したゴミなどを運び去ってきれいにする

▎潤滑装置の種類

　潤滑装置にははねかけ式、圧送式、圧送はねかけ式の3種類があり、エンジンの種類や潤滑する箇所によって使い分けています。

　はねかけ式は一部がオイルに浸かった状態のクランクシャフトやトランスミッションが回転することで発生するオイルの飛抹で各部を潤滑し、**圧送式**は**オイルポンプ**によってオイルを各部に圧送して潤滑します（図）。**圧送はねかけ式**は、はねかけ式と圧送式を組み合わせたものです。

第3章 動力源をサポートする【エンジン補機類編】

エンジンの潤滑経路（圧送式の場合）

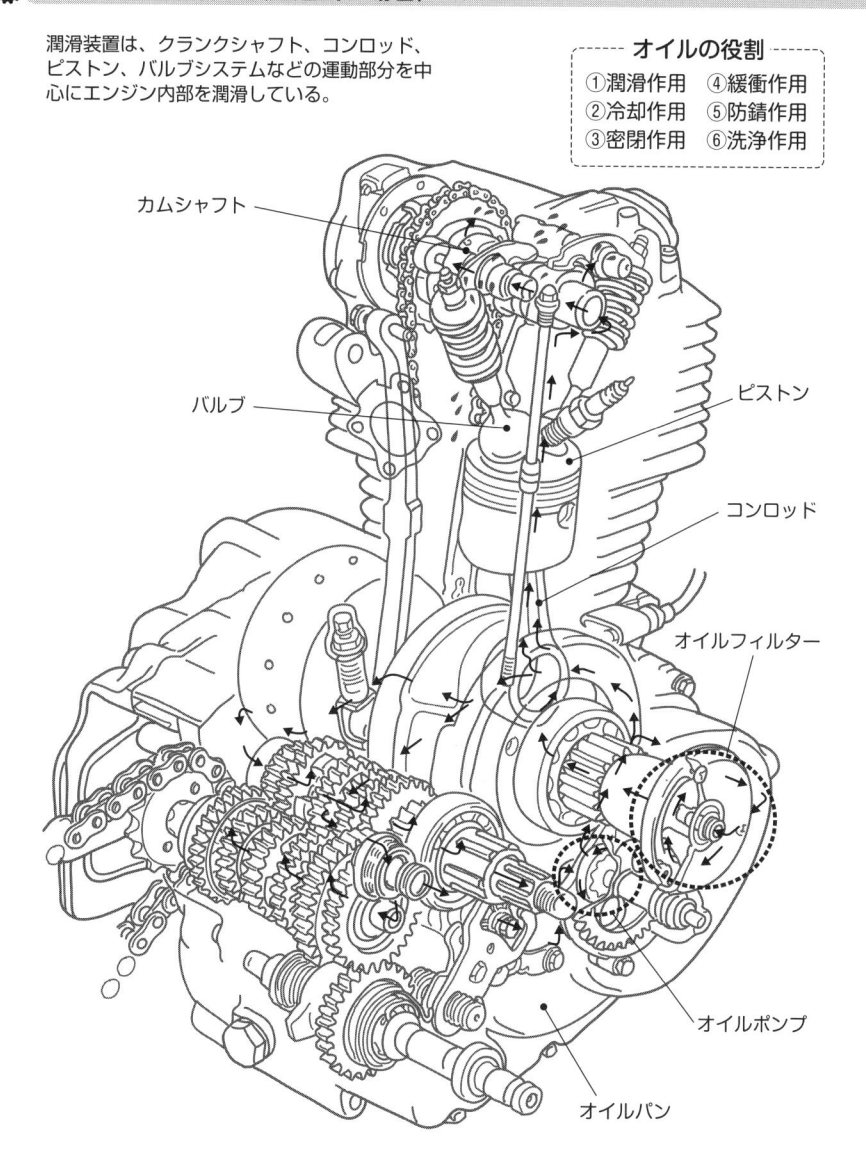

潤滑装置は、クランクシャフト、コンロッド、ピストン、バルブシステムなどの運動部分を中心にエンジン内部を潤滑している。

```
----- オイルの役割 -----
①潤滑作用　④緩衝作用
②冷却作用　⑤防錆作用
③密閉作用　⑥洗浄作用
```

- カムシャフト
- バルブ
- ピストン
- コンロッド
- オイルフィルター
- オイルポンプ
- オイルパン

POINT
◎エンジン内部を潤滑するオイルは、金属面の摩擦抵抗を低減する以外にも、冷却、密閉、緩衝、防錆、洗浄などさまざまな役割を果たしている
◎潤滑装置には、はねかけ式、圧送式、圧送はねかけ式の3種類がある

3-2 4サイクルエンジンの潤滑方法

4サイクルエンジンはカムシャフト、シリンダー、ピストン、クランクシャフト、トランスミッションなど多くのパーツが集まっていますが、オイルによる潤滑はどのようにしているのですか？

　4サイクルエンジンの潤滑装置は、高性能エンジンの場合、ほとんどがオイルを溜めたオイルタンクから**オイルポンプ**によって各部に供給する**圧送式**で、カムシャフト、シリンダー、ピストンなどをすべて同じオイルが循環して潤滑しています。

▶潤滑方式の種類

　潤滑方式にはウェットサンプ式とドライサンプ式があります（上図）。

　ウェットサンプ式は、クランクケース下にあるオイルパンと呼ばれるタンクにオイルを溜め、オイルポンプによって再び各部に送ります。

　ドライサンプ式は各部を潤滑したオイルを一旦オイルパンに集め、スカベンジポンプと呼ばれるポンプで別体式のオイルタンクにオイルを送ります。オイルタンクのオイルは、フィードポンプによってエンジン各部に送られます。

　エンジン下部にオイルを溜めるウェットサンプ式は、コーナリング時などにオイルパンの中でオイルが片寄り、ポンプでオイルを吸い出せなくなることがあります。ドライサンプ式はオイルタンクを別に設けることで安定してオイルを供給することが可能になりますが、別体式のタンクやオイルポンプが必要になります。

▶オイルフィルターとオイルクーラーの役割

　各部を潤滑してオイルパンに戻ってきたオイルには、金属紛やオイルが熱によって炭化したスラッジが含まれているため、ポンプによってエンジン各部に再び圧送する前にフィルターでろ過します。このフィルターを**オイルフィルター**といい、エンジンオイルと同様に定期的に交換する必要があります（中左図）。

　また、各部を潤滑したエンジンオイルは非常に高温になるため、通常はオイルパンやオイルタンクなどにあたる走行風で冷却されますが、発熱量の大きい高出力エンジンでは冷却が間に合わなくなるため、専用のオイルクーラーで冷却されます。

　オイルクーラーには空冷式と水冷式があり、**空冷式**は冷却フィンを設けて走行風にあてることで冷却しており、一般的には**水冷式**エンジンのラジエターとよく似た構造をしています（中右図、90頁参照）。水冷式は、水冷式エンジンの冷却水を利用してオイルを冷却します。オイルクーラーは、潤滑経路の途中に設けるタイプとオイルフィルター部に取り付けるタイプがあります（下図）。

第3章 動力源をサポートする【エンジン補機類編】

潤滑方式の種類

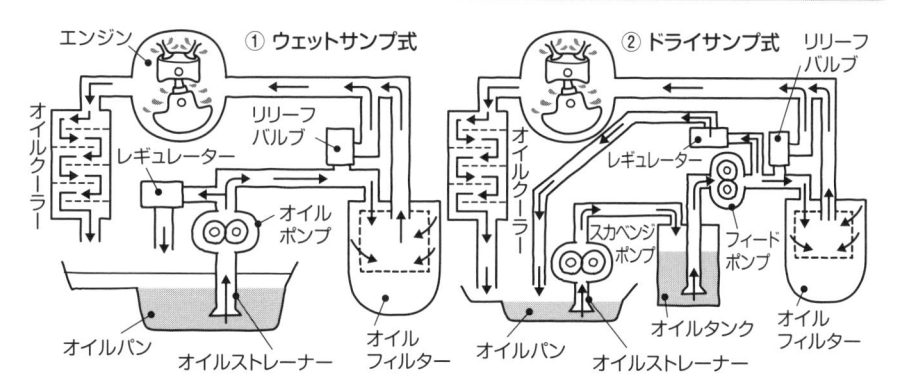

① ウェットサンプ式

エンジン、オイルクーラー、レギュレーター、リリーフバルブ、オイルポンプ、オイルパン、オイルストレーナー、オイルフィルター

② ドライサンプ式

オイルクーラー、レギュレーター、スカベンジポンプ、フィードポンプ、リリーフバルブ、オイルタンク、オイルパン、オイルストレーナー、オイルフィルター

オイルフィルターの役割

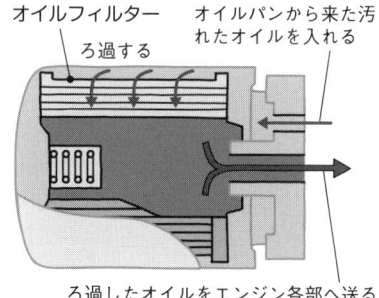

オイルフィルター
ろ過する
オイルパンから来た汚れたオイルを入れる
ろ過したオイルをエンジン各部へ送る

空冷式オイルクーラー

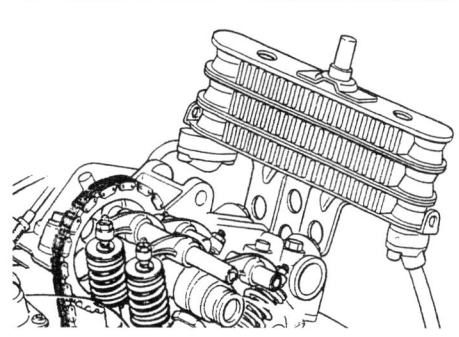

水冷式オイルクーラー

① フィルター別体型（外観）
オイルクーラー

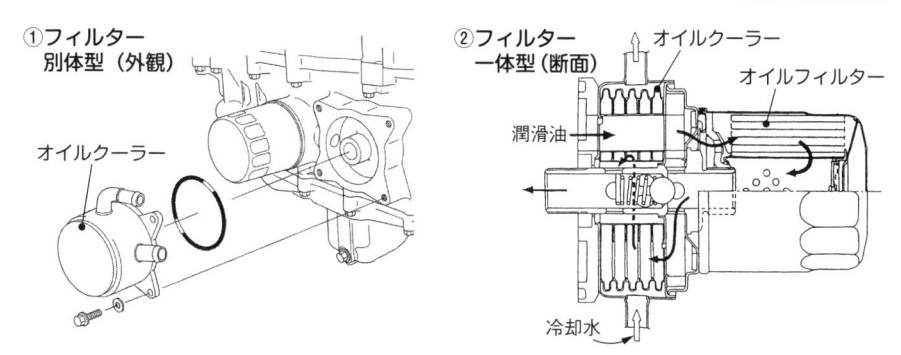

② フィルター一体型（断面）
オイルクーラー
オイルフィルター
潤滑油
冷却水

POINT
◎4サイクルの潤滑は、オイルをポンプによって各部に供給することで行う
◎エンジン各部を潤滑したオイルは一旦オイルパンに集められた後、フィルターでろ過されて再度エンジン各部に送られる

3-3 2サイクルエンジンの潤滑方法

4サイクルエンジンのようにバルブがなく、クランクケース内で混合気を圧縮する2サイクルエンジンは、シリンダー内壁やクランクシャフトなどをどのようにしてオイルで潤滑しているのですか？

　2サイクルエンジンは、クランクケース内で混合気を1次圧縮するため、4サイクルエンジンのようにエンジンオイルをクランクケース内に溜めて潤滑することができません。このため、混合気を吸入するときにエンジンオイルもクランクケース内に吸入させてシリンダー、ピストン、クランクシャフトを潤滑した後、混合気とともに燃焼させます。トランスミッション部の潤滑は、構造上クランクケースとトランスミッションケースが分離しているため、専用のミッションオイルで行います。

▼潤滑方式の種類

　潤滑方式は2種類に分けられます。1つは、燃料タンク内のガソリンにオイルを直接混ぜ合わせる**混合給油**という方式です（上図①）。これは燃料を給油するたびにオイルを混合する必要があるうえ、燃料とオイルの混合比は常に一定になるため、高回転域に混合比率を合わせると低回転域ではオイルの量が多くなり過ぎます。そのため、一部の競技用バイクなどで採用されています。

　一般的な2サイクルエンジンでは、吸気ポート部からポンプでオイルを供給する**分離給油方式**を採用しています（上図②）。アクセル開度やエンジン回転数によってオイルポンプの作動量を変化させるため、走行状態に応じたオイルを供給できます。

　分離給油用の**オイルポンプ**は、プランジャー型ポンプが使われています。プランジャー型ポンプの作動は2サイクルエンジンと似ています。シリンダーにあたるプランジャーバレルにはオイルの吸入、排出をするポートが開けられており、ピストンにあたるプランジャーがディストリビューター内で往復運動してオイルを圧送します。オイルの供給量の調整は、アクセルワイヤーの動きと連動してプランジャーのストローク量を変化させて行いますが、エンジン回転数やアクセル開度を検知し、ソレノイド（電磁石）によってプランジャーのストローク量をコントロールして、より細かな制御を行っているタイプもあります（中図、下図）。

　トランスミッションの潤滑は、ミッションケースに一定量のオイルを入れ、ミッションギヤが回転してオイルをはね上げて各部を潤滑するはねかけ式が主に使用されていますが、一部のスポーツタイプの車種では小型軽量化と確実な潤滑、ミッションオイルの攪拌抵抗を減少させるため、圧送式を採用しているタイプもあります。

第3章 動力源をサポートする【エンジン補機類編】

潤滑方式の種類

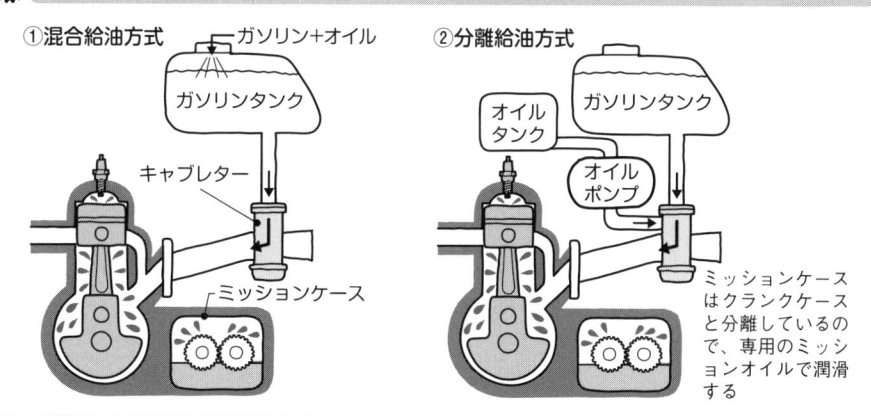

①混合給油方式　ガソリン+オイル

ガソリンタンク

キャブレター

ミッションケース

②分離給油方式

オイルタンク　ガソリンタンク

オイルポンプ

ミッションケースはクランクケースと分離しているので、専用のミッションオイルで潤滑する

オイルポンプの構造

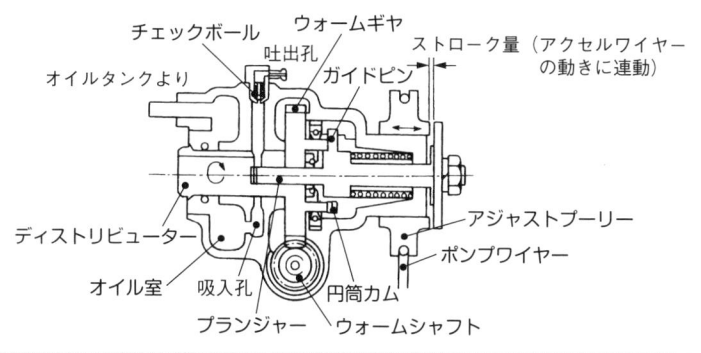

チェックボール
ウォームギヤ
吐出孔
ストローク量（アクセルワイヤーの動きに連動）
オイルタンクより
ガイドピン
ディストリビューター
アジャストプーリー
オイル室
ポンプワイヤー
吸入孔
円筒カム
プランジャー
ウォームシャフト

ソレノイド付きオイルポンプ

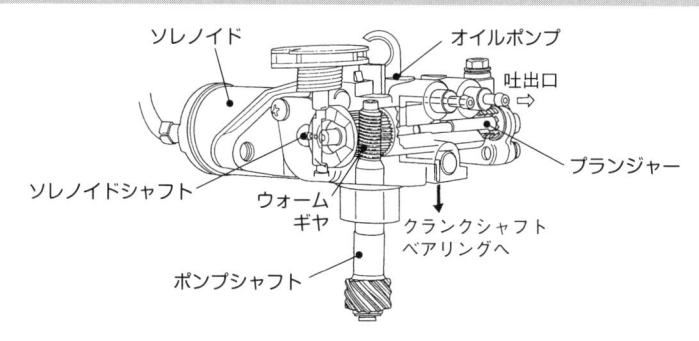

ソレノイド
オイルポンプ
吐出口
プランジャー
ソレノイドシャフト
ウォームギヤ
クランクシャフトベアリングへ
ポンプシャフト

POINT
◎2サイクルエンジンは、クランクケース内にエンジンオイルを溜めることができないため、エンジンオイルを混合気と一緒に吸入し、シリンダーとピストン、クランクシャフトなどを潤滑した後、混合気とともに燃焼させる

3-4 オイルの種類と規格

オイルの基本的な役割である潤滑についてはわかりましたが、オイルはその性質によっていくつかの規格に分けられています。どのように分類されているのでしょうか？

オイルは主成分になるベースオイルと添加剤からつくられています。ベースオイルはその原料から、植物性オイル、鉱物性オイル、化学合成オイル、化学合成と他の原料を混合した半化学合成オイルに分けられます。鉱物性オイルはガソリンなどと同様に原油からつくられます。化学合成オイルは鉱物性オイルに含まれるエチレンを科学的に合成してつくられます。添加剤には摩耗防止剤や腐蝕防止剤、酸化防止剤などがあり、ベースオイルに添加してその機能をより向上させます。

■主なオイルの規格

国内で使用されている主なオイルの規格は4つあります。

①**SAE粘度表示番号**：高温時（100℃）や低温時のオイルの粘度を表します。通常、SAEの粘度表示は**シングルグレード**と呼ばれ、高温時のみの粘度を表示していますが、4サイクルエンジンのエンジンオイルや2サイクルエンジンのミッションオイルの場合、**マルチグレード**と呼ばれる低温時での粘度も表示されています。マルチグレードでは、前2ケタが低温時の使用限界温度、Wが冬期用を表し、数値が小さいほど低温で使用できます。後ろ2ケタは高温時の粘度を表し、数値が大きいほど高温で使用できます。マルチグレードの表示では、前後の数字の差が大きいほど、高温から低温まで広い温度差の中で使用できます（図①②）。

②**APIサービス分類**：4サイクルガソリンエンジンとディーゼルエンジン、ミッションオイルなどの目的別に、摩耗防止性や酸化安定性、清浄性などオイルの耐久性を表しています（図③）。

③**JASO T903規格**：最近の低摩擦性能を向上させた自動車用エンジンオイルをバイクに用いるとクラッチが滑るなどのトラブルが発生していたため、バイク専用オイルの規格として日本独自の規格JASO T903規格が設けられています。API分類のSGグレードを最低基準として、バイク用オイル専用の規格となっており、T903摩擦特性に関する指数によってMA、MA1、MA2、MBの4グレードに分類されます。

④**JASO M345**：2サイクルエンジンオイルに関する日本独自の規格で、基本性能順にFB→FC→FDの3グレードに分類されており、FCはFBよりも排気煙やカーボンの発生が少なく、FDはFCよりもエンジン高温時の清浄性が高くなります。

エンジンオイルの分類

①SAE粘度分類(主なもの)

SAE粘度番号	適用	粘度
SAE 5 W	寒冷地用	低い ↑↓ 高い
SAE10W		
SAE20W	冬季用	
SAE20		
SAE30	一般用	
SAE40	夏季用	
SAE50	酷暑地用	

※1. SAE10W、SAE30など:シングルグレードオイル
※2. SAE10W-30、SAE20W-40など:マルチグレードオイル

②SAE番号と使用可能温度(主なもの)

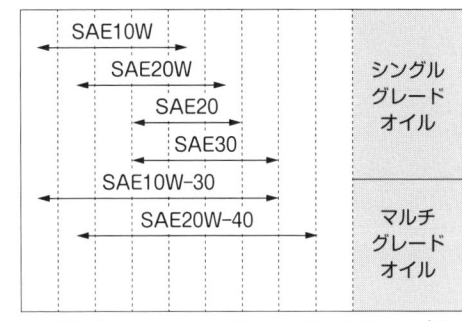

SAE10W / SAE20W / SAE20 / SAE30 : シングルグレードオイル
SAE10W-30 / SAE20W-40 : マルチグレードオイル

−20 −10 0 10 20 30 40 50 (外気温度℃)

③APIサービス分類(ガソリンエンジン用)

記号	特徴
SA	無添加純鉱物油。添加油を必要としない軽度の運転条件のエンジン用
SB	添加剤の働きをある程度必要とする軽度の運転条件用。かじり防止性、酸化安定性、軸受腐食防止性を備える
SC	ガソリンエンジン用として、高温および低温デポジット性、摩耗防止性、さび止め性、腐食防止性を備える
SD	デポジット防止性から腐食防止性まで、SCクラス以上の性能を備える
SE	酸化、高温沈殿物、さび、腐食などの防止に対して、SDよりもさらに高い性能を備える
SF	酸化安定性、耐摩耗性の向上を図り、とくにバルブ機構の摩耗防止を主眼としたもので、SEより高い性能を備える
SG	1988年に制定されたもので、SFクラスよりもさらに過酷な使用条件に耐えられるように耐摩耗性、耐スラッジ性が高められ、テスト方法もSFより過酷になっている
SH	1993年から登場した規格。省燃費性能、低オイル消費、低温始動性、高温耐久性などにすぐれる
SJ	1996年10月にSHを超えるグレードとして開発。主として環境対策オイルで、オイル消費量を減らして燃費も向上させる
SL	2001年に制定され、SJを上回る性能をもつ。高温時におけるオイルの耐久性能・清浄性能・酸化安定性を向上させる
SM	SL規格よりも省燃費性能の向上、有害な排気ガスの軽減、エンジンオイルの耐久性を向上させた環境対応オイル
SN	SM規格よりも省燃費性能、オイル耐久性、触媒システム保護性能にすぐれる

POINT
◎オイルはエンジンやトランスミッションを正常に機能させるために非常に重要。用途や性能によってさまざまな種類があるので、指定されたオイルを使用することがポイントになる

3-5 冷却装置の役割と種類

エンジンはシリンダーの中で混合気が燃焼（爆発）することでエネルギーを発生させていますが、高温のために壊れてしまう、あるいは不具合が生じるということはないのですか？

　混合気を燃焼させることで得られる**燃焼エネルギー**のうち、動力に変換されるのは30％程度にすぎません。残りのエネルギーは排気ガスとして大気中に排出されたり、エンジン本体に熱として蓄えられたりします。

　エンジンは高温になるとシリンダーやシリンダーヘッドが熱変形したり、ピストンとシリンダー内壁が焼き付いたりします。また燃焼室内の温度が高くなると、**ノッキング**（26頁参照）と呼ばれる異常燃焼や混合気が圧縮行程の途中で燃焼室内の高温部分によって自然着火する**プレイグニッション**という現象が起きたりします。

　このようなトラブルを防ぐためには、エンジンを冷却する必要があります。エンジンの冷却方式には、空冷式、水冷式、油冷式の3種類があります。

■冷却方式の種類

①**空冷式**：30頁でも触れましたが、**空冷式**はシリンダーヘッド、シリンダー表面などに**冷却フィン**を設けて、表面積を広げるとともに走行中の空気が冷却フィンの間を流れることでエンジンの熱を奪って冷却します。空冷式には、走行時の風によって冷却する**自然空冷式**と、クランクシャフトなどに取り付けられたファンによって冷却する**強制空冷式**があります（上図）。

②**水冷式**：**水冷式**は、シリンダーヘッドの燃焼室周辺やシリンダー周辺に水が流れる**ウォータージャケット**と呼ばれる通路を設け、ポンプを使って水を循環させて冷却します（30頁参照）。これについては次項で詳しく解説します。

　水冷式は空冷式よりもエンジン全体を均一に冷却でき冷却効率も高いため、スーパースポーツなどの高出力エンジンはすべて水冷式を採用しています。またエンジンのノイズが冷却水によって遮断されるため静粛性もすぐれています。ただし構造が複雑で重量が増加し、コストも高くなるといった欠点もあります。

③**油冷式**：4サイクルエンジンでは、オイルによる冷却が行われていますが（82頁参照）、**油冷式**ではこれをより積極的に利用して、とくに高温になるシリンダーヘッド部などに大量のオイルを循環させることで冷却します。オイルによる冷却が難しいピストン裏側には、**オイルジェットノズル**と呼ばれる噴射弁を通じてオイルを吹きつけて冷却します。高温になったオイルは**オイルクーラー**で冷却します（下図）。

第3章 動力源をサポートする【エンジン補機類編】

空冷エンジン

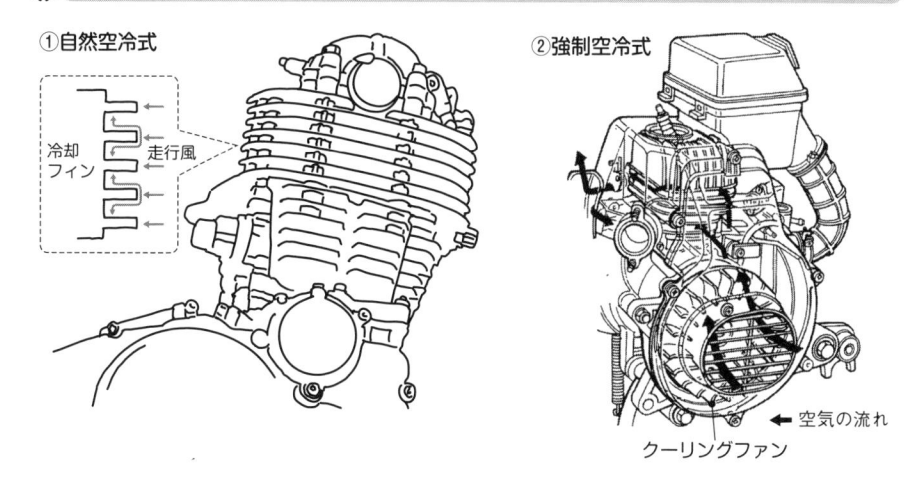

①自然空冷式

冷却フィン
走行風

②強制空冷式

← 空気の流れ
クーリングファン

油冷エンジン

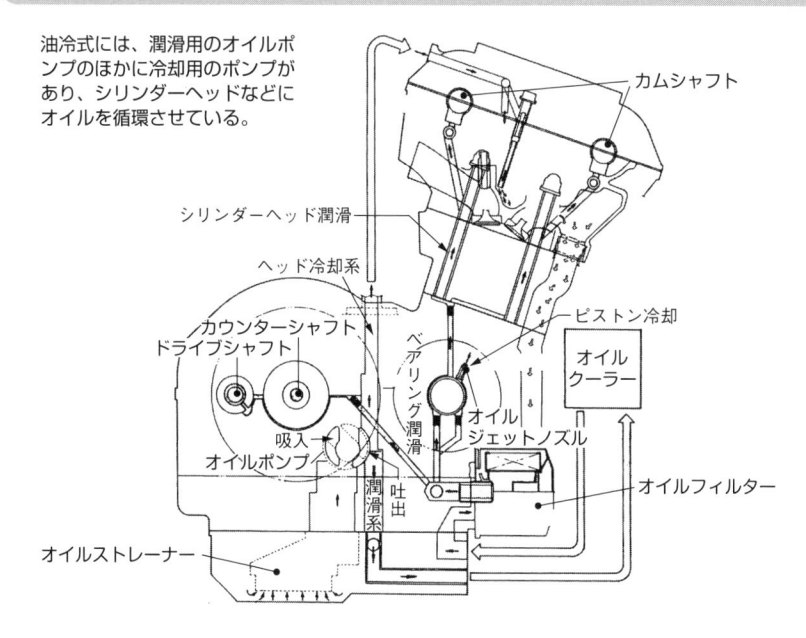

油冷式には、潤滑用のオイルポンプのほかに冷却用のポンプがあり、シリンダーヘッドなどにオイルを循環させている。

カムシャフト
シリンダーヘッド潤滑
ヘッド冷却系
カウンターシャフト
ドライブシャフト
ピストン冷却
ベアリング潤滑
オイルクーラー
吸入
オイルポンプ
オイルジェットノズル
吐出
潤滑系
オイルフィルター
オイルストレーナー

POINT
◎混合気を燃焼させて動力を生み出すエンジンは、その燃焼エネルギーの一部を蓄えることになるためつねに冷却する必要がある
◎エンジンの冷却方式には空冷式、水冷式、油冷式の3種類がある

3-6 水冷エンジンの構造

水冷式はシリンダーやシリンダーヘッド周辺にウォータージャケットを設け、そこに冷却水を循環させてエンジンを冷やしていますが、そのしくみはどうなっているのですか？

　水冷式は、エンジンの動力で駆動する**ウォーターポンプ**によって冷却水を循環させることで高温になったエンジンを冷却します。エンジンの熱を奪って高温になった冷却水は**ラジエター**で放熱した後、再びエンジン内部を循環します（上図）。

　ラジエターやシリンダーヘッドには放熱効率がよいアルミ合金が使用されていて、水道水をそのまま使用すると腐蝕やさびが発生します。また気温が氷点下になると、凍結してしまいます。このため、冷却水には防錆効果と凍結防止効果がある**ロングライフクーラント（LLC）**と呼ばれる冷却液と水道水を混合して使用します。

◼ ラジエターの種類と構造

　ラジエターは、冷却水が縦方向に流れる**ダウンフロータイプ**と横方向に流れる**クロスフロータイプ**があります。また**ウォーターチューブ**も、1列と2列以上のタイプに分けられ、1列タイプはラジエターの厚みを薄くでき、2列以上のタイプは個々の表面積を小さくできます（下左図）。またラジエターを湾曲させることで表面積を確保しながら空気抵抗を減少させる**ラウンドタイプ**もあります（下右図）。

◼ ラジエターキャップ、サーモスタット、冷却ファンの役割

　水の沸点は100℃ですが、加圧状態になると沸点は高くなります。沸点が上がればオーバーヒートを防ぐため、**ラジエターキャップ**は冷却経路を密閉することで冷却水温の上昇によってラジエター内部の圧力を高める働きをしています。ただし、圧力が高くなり過ぎると冷却系統が破損するため、ラジエターキャップには一定以上の圧力にならないように圧力弁（加圧弁、負圧弁）を設けています（下右図の枠内）。これをリザーブタンクとつなげることで冷却水量のコントロールも行います。

　また冷却水の温度が高すぎるとオーバーヒートを起こし、低すぎると燃焼時のエネルギーの損失が大きくなります。適温（約80℃）を維持するようにラジエターに流れる冷却水の量をコントロールするのが**サーモスタット**です（上図の枠内）。

　4サイクルエンジンは、発熱量が大きいためアイドリング状態でも水温が上昇し、オーバーヒートを起こします。これを防ぐために取り付けられているのが**冷却ファン**です。電動式の冷却ファンは、冷却水温が100℃を超えると自動的に回転し、冷却水の沸騰を防止します（上図）。

第3章 動力源をサポートする【エンジン補機類編】

水冷エンジンのしくみとサーモスタットの役割

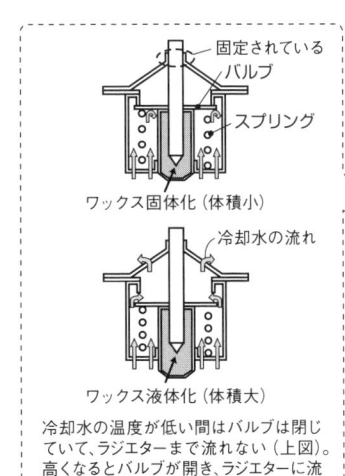

- 固定されているバルブ
- スプリング
- ワックス固体化（体積小）
- 冷却水の流れ
- ワックス液体化（体積大）

冷却水の温度が低い間はバルブが閉じていて、ラジエターまで流れない（上図）。高くなるとバルブが開き、ラジエターに流れ込む（下図）。

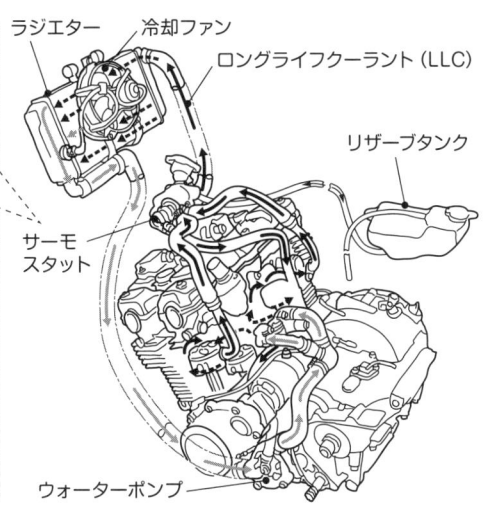

- ラジエター
- 冷却ファン
- ロングライフクーラント (LLC)
- リザーブタンク
- サーモスタット
- ウォーターポンプ

ラジエターの構造と働き

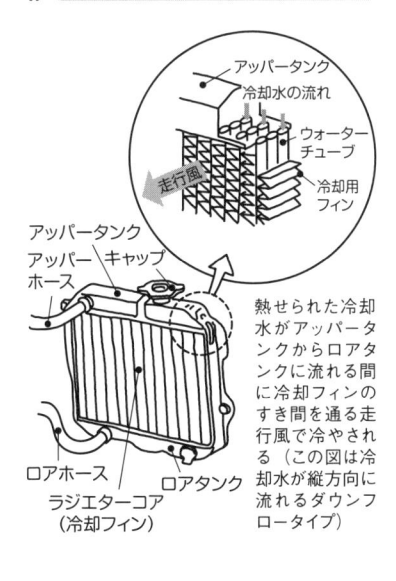

- アッパータンク
- 冷却水の流れ
- ウォーターチューブ
- 走行風
- 冷却用フィン
- アッパータンク
- アッパーホース
- キャップ
- ロアホース
- ロアタンク
- ラジエターコア（冷却フィン）

熱せられた冷却水がアッパータンクからロアタンクに流れる間に冷却フィンのすき間を通る走行風で冷やされる（この図は冷却水が縦方向に流れるダウンフロータイプ）

ラウンドタイプのラジエターとラジエターキャップの働き

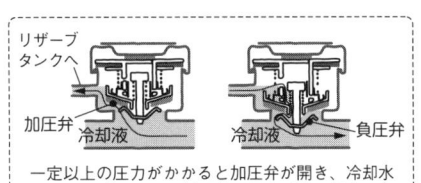

- リザーブタンクへ
- 加圧弁
- 冷却液
- 冷却液
- 負圧弁

一定以上の圧力がかかると加圧弁が開き、冷却水はリザーブタンクへ（左図）。温度が低い場合は負圧弁が開き、冷却水が流れ込む（右図）

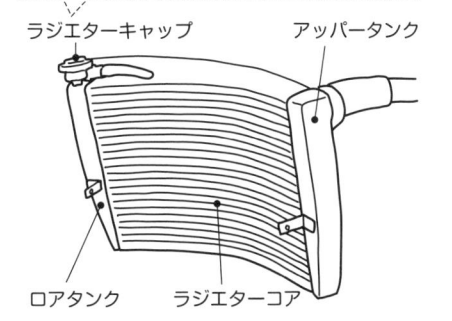

- ラジエターキャップ
- アッパータンク
- ロアタンク
- ラジエターコア

POINT
- ◎ポンプを使って冷却水をエンジン内に循環させるのが水冷式
- ◎高温になった冷却水は、ラジエターで放熱して再びエンジン内を循環する
- ◎サーモスタットを使って、冷却水温度が適温になるように調節している

COLUMN 3

安全なライディングのために≪その3≫
視界の変化と死角を意識する

　人間は、止まっている状態では前方に対して左右に約200°の範囲にあるものまで認識できるということですが、対象が動き出すとその視界は徐々に狭くなり、速度が速くなればなるほど周囲が見えなくなります。

　一方、ライダーの移動距離は速度が速くなるほど大きくなります。例えば、時速30kmで走行していた場合、1秒あたりの移動距離は約8mですが、60kmになると倍の16mになります。このため、バイクのスピードが速くなるほど、より遠くを意識的に見るようにして、視界を広げる必要があります。

　「コラム2」で安全確認について述べましたが、ライダーが周囲の状況を確認するとともに、周囲が自分のことを認識しているかどうかを確認する必要もあります。そこで問題になるのが「死角」です。

　死角とは、走行中のドライバーやライダーの周りで視界に入らない部分をいいますが、ミラーでは確認できない斜め後ろや駐車中のクルマの陰などがこれにあたります。

　走行中、前方を走るクルマの死角に自分が入ってしまうと、突然車線変更されたり、交差点で相手が左折する際に巻き込まれてしまう可能性が高くなります。したがって、この死角をつねに意識して走ることが重要です。

　例えば、信号待ちや渋滞の場面では、クルマの横には並ばずに必ず前に出てドライバーの死角に入らないようにします。また交差点直前では、赤信号で周囲のクルマが停止している状態でなければ、その横をすり抜けたりしないようにします。

　とくにバスや大型トラックなどは、車体の大きさに比例して死角も大きくなるので、極力横に並ぶのは避けたほうがいいでしょう。

　なお、停車中のクルマの横をすり抜ける場合、ドアがいきなり開く可能性があるので注意が必要です。

第4章

動力発生の生命線
【エンジン電装系編】

The chapter of
electric system for engine

1. 絶対不可欠なエンジン電装システム

1-1 エンジン電装系の概要

バイクの動力源はエンジンですが、「電気がなければバイクは動かない」といわれます。バイクに関わる電気系のシステムとその流れはどのようになっているのですか？

これまで見てきたように、最近のバイクには安全・快適に走るためにたくさんの**センサー**や**ECU**（エンジンコントロールユニット）が用いられていますし、多くの電気装置が使われています。これらのシステムを使えるようにするために必要な電気は、エンジンによってつくり出されています。

◼エンジン電装系の電気の流れ

バイクを動かすために必要な電気の流れは、おおざっぱに次のようになっています（上図、下図）。

①発電機（ACジェネレーター）で電気（交流）をつくる
②レクチュファイヤー（整流器）で交流を直流に変換する
③バッテリーで充電する
④バッテリーに溜められた電気を使って各システム（始動：セルモーター、点火：点火プラグ、灯火：ヘッドライト・ウィンカーなど、制御：ECU／コンピューター）が作動する

この一連の流れの中で重要な役割を果たしているのが、以下のエンジン電装系の各システムです。

（1）発電

エンジン（クランクシャフト）の回転を利用して**ACジェネレーター**で電気を発生させます。

（2）充電

ACジェネレーターでつくり出された電気を一定の電圧や電流に整えて、**バッテリー**（一種の電池）に蓄えます。充電された電気は、各システムに供給されます。

（3）始動

バッテリーから送られる電気によって**セルモーター**が作動し、クランクシャフトを回転させます。これによってエンジンが始動します。

（4）点火

クランクシャフトが回転することによりエンジンが始動、**点火プラグ**で混合気に着火します。

第4章 動力発生の生命線【エンジン電装系編】

エンジン電装系の電気の流れ

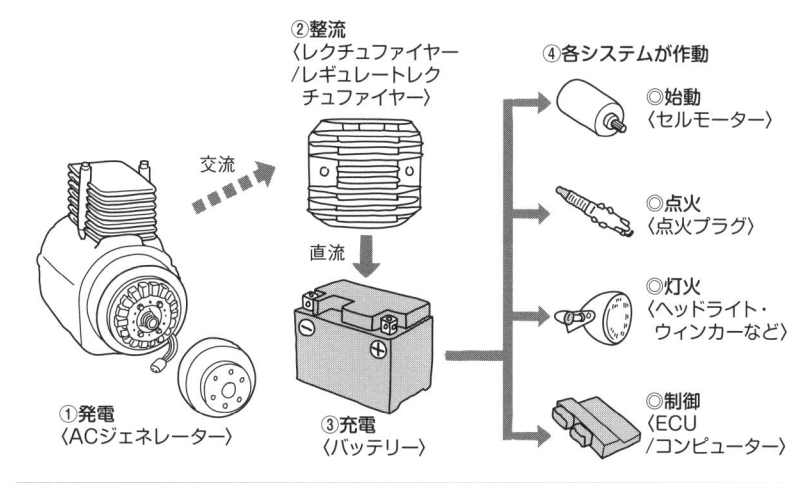

①発電〈ACジェネレーター〉
②整流〈レクチュファイヤー/レギュレートレクチュファイヤー〉
③充電〈バッテリー〉
④各システムが作動
◎始動〈セルモーター〉
◎点火〈点火プラグ〉
◎灯火〈ヘッドライト・ウィンカーなど〉
◎制御〈ECU/コンピューター〉

交流
直流

エンジン電装システム

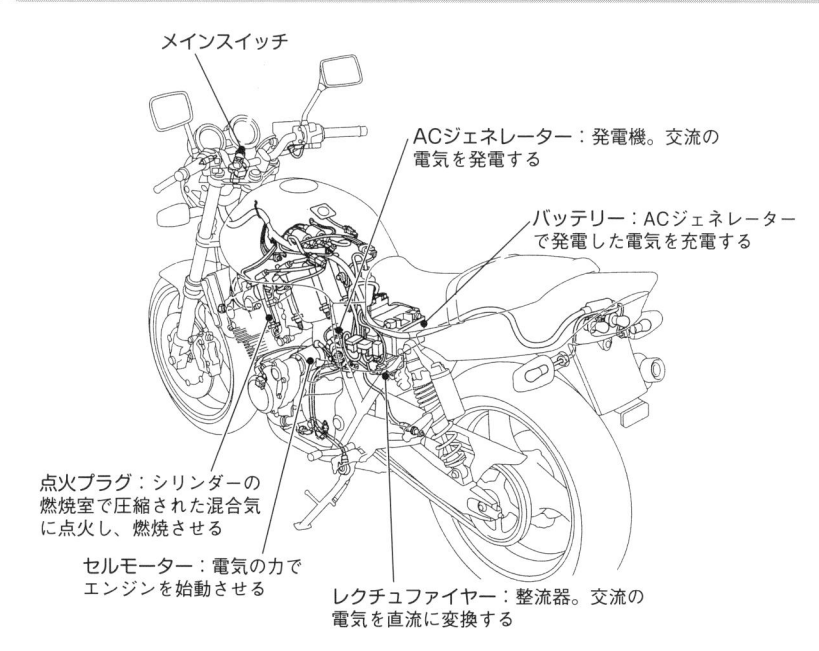

メインスイッチ

ACジェネレーター：発電機。交流の電気を発電する

バッテリー：ACジェネレーターで発電した電気を充電する

点火プラグ：シリンダーの燃焼室で圧縮された混合気に点火し、燃焼させる

セルモーター：電気の力でエンジンを始動させる

レクチュファイヤー：整流器。交流の電気を直流に変換する

POINT
◎バイクの電気はACジェネレーターでつくられ、バッテリーに充電されて始動システム、点火システムなどに供給される。一定以上でエンジンが回っている間、充電は続けられる

1-2 発電システムの役割と構造

前項で、始動システムや点火システム、灯火類、ECU（コンピューター）などで使われる電気は発電システムでつくられるとありましたが、そのしくみはどうなっているのですか？

　電気を"発電する"ACジェネレーター（**交流発電機**）のしくみは、次のようになっています。**クランクシャフト**の端にある**フライホイール**の内側にN極とS極の**永久磁石**を交互に取り付け、フライホイール内側のクランクケースには**発電コイル**（**ステーターコイル**）を取り付けます。フライホイールがクランクシャフトと同時に回転することで、N極とS極の磁石が発電コイルの外側を交互に通過して磁界が変化し、コイルに起電力が生じて発電コイルに発電します（上図）。

◤ACジェネレーターの種類

　ACジェネレーターには、発電コイルが1系統の単相式と、3系統に分かれてエンジン1回転で3回発電する三相式（下図）があります。

　単相式は構造が比較的単純で発電量が小さいため、電力消費の少ない原付スクーターなどで使用され、三相式はより大きな電気が必要となる小型車や中型車クラスのエンジンで使用されていましたが、最近は電子制御化が進んで安定した電力供給が必要となっているため、原付スクーターなどでも**三相式**が使用されています。三相式の利点は、一般的には始動時の電流値があまり変動せず、電気回路への負担が少ない、発電量調整が可能などがあります。

　バイクの発電システムとしては、クランクシャフト端部に取り付けたコイルや磁石を回転させる**マグネット式**（上図）と**界磁回転型**（三相式）があり、界磁回転型は①発電機本体をエンジン背面などに設置できるため、エンジン幅が狭くなりコーナリング時のバンク角が大きくなる、②ローター（回転体）となる磁石が、単相式とは逆にコイルの内側を回転するためフライホイールマスと呼ばれる回転抵抗が少なくなる、などのメリットがありますが、コストが高くなります。

◤交流を直流に変換するレクチュファイヤー

　ACジェネレーターで発電される電流は⊕と⊖が交互に出力するため、つねに電流が一定になる直流式のバッテリーなどにそのまま流すことはできません。このため、バイクの発電システムには交流を直流に整流する**レクチュファイヤー**（**整流器**）が取り付けられています。レクチュファイヤーは、一定方向にしか電流を流さないダイオードを使って交流を直流に整流します（95頁上図参照）。

第4章 動力発生の生命線【エンジン電装系編】

マグネット式ACジェネレーター

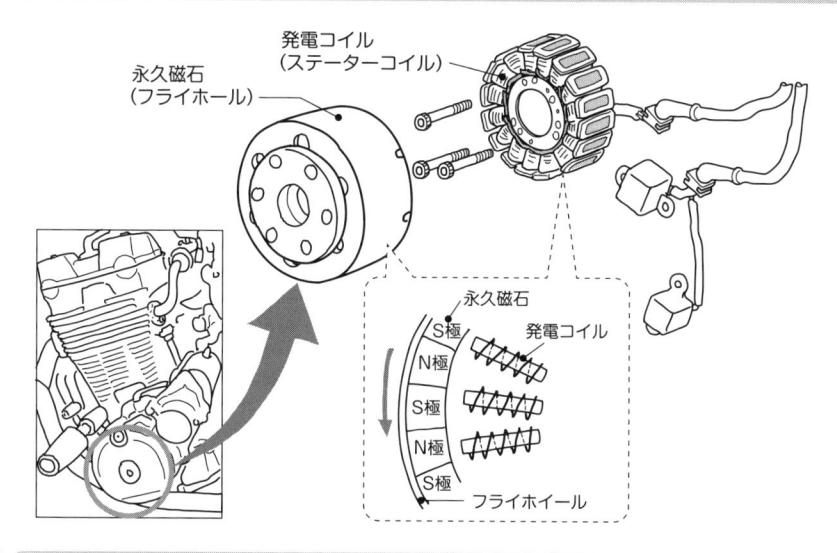

永久磁石
(フライホール)

発電コイル
(ステーターコイル)

永久磁石

S極 / N極 / S極 / N極 / S極

発電コイル

フライホイール

三相式界磁回転型ACジェネレーター

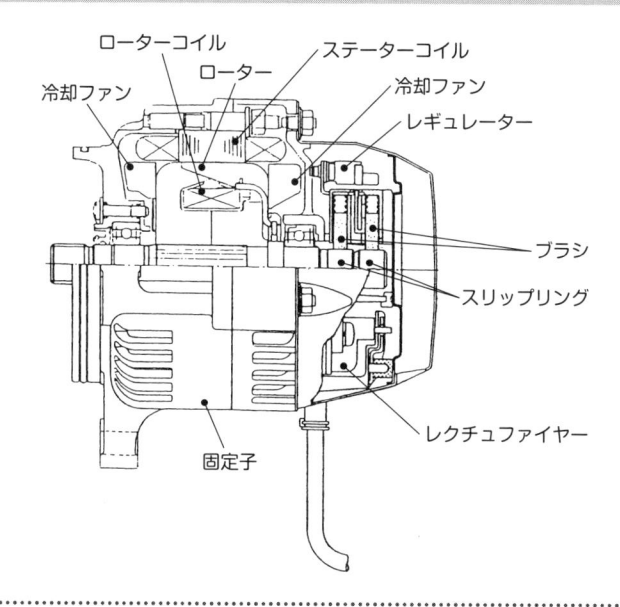

冷却ファン
ローターコイル
ローター
ステーターコイル
冷却ファン
レギュレーター
ブラシ
スリップリング
レクチュファイヤー
固定子

> **POINT**
> ◎ACジェネレーターはエンジンの動力で磁石を回転させてコイルに交流電気を発生させた後、レクチュファイヤーで直流に変換してからバッテリーに供給している

097

充電システムの役割と構造

1-3 前項で発電のしくみはわかりましたが、発電した電気を溜めておくバッテリーはどのように充電しているのですか？ またバッテリーにはどんな種類があるのでしょうか？

　ACジェネレーターは**クランクシャフト**の回転を利用しているので、エンジンが停止していると発電はできません。そのため、エンジン停止時には発電機の代わりに電気を供給する電源が必要になります。バッテリーはACジェネレーターで発電した電気を充電して、エンジン停止時などに電気を供給します。

▮バッテリーの構造と種類

　通常のバッテリー（鉛バッテリー）は、**電解液（バッテリー液）**と呼ばれる希硫酸の溶液と、鉛合金でできた陽極板・陰極板で構成されていて、内部で化学反応を起こすことで**充放電**を行います。極板は外側を陰極板ではさんで、3〜5枚を一組にして**1セル**と呼びます。1セルで約2Vの電力があり、12Vバッテリーの場合、6つのセルが1つのプラスチックケース内に直列に並んでいます（上図）。

　鉛バッテリーは充放電を繰り返すと電解液が蒸発して水素ガスや酸素を発生させるため、専用の電解液を補充する必要があります（**開放型**）。これに対して、極板に鉛カルシウム合金を使用することで充電時に水素ガスや酸素の発生を抑えて補水を不要にしたのが**密閉型**で、完全密閉した**メンテナンスフリー（MF）バッテリー**が多く使われています。最近は小型軽量なリチウムイオンバッテリーなども交換用として販売されていますが、充放電を管理する保護・制御回路が必要になります。

▮レギュレーターの役割とレギュレートレクチュファイヤー

　ACジェネレーターはエンジン回転数が高くなると発電量が多くなり、バッテリーへの過充電を起こすため、電圧が一定値以上に高くなるのを防ぐ必要があります。その役目を担っているのが**レギュレーター**です。レギュレーターの構造は単相式と三相式で異なり、単相式はサイリスタ、三相式はツェナダイオードによってバッテリーに一定以上の電圧がかからないようにして充電電圧をコントロールしています。

　前項でレクチュファイヤーについて説明しましたが、バイクのレギュレーターはこのレクチュファイヤーの機能も併せもっています。つまり、発電された電気の電圧が一定になるように制御する役割（レギュレーター）と、交流を直流に変換する役割（レクチュファイヤー）を備えているわけで、これを**レギュレートレクチュファイヤー**と呼んでいます（下図）。

第4章 動力発生の生命線【エンジン電装系編】

✦ バッテリー(密閉型)の構造

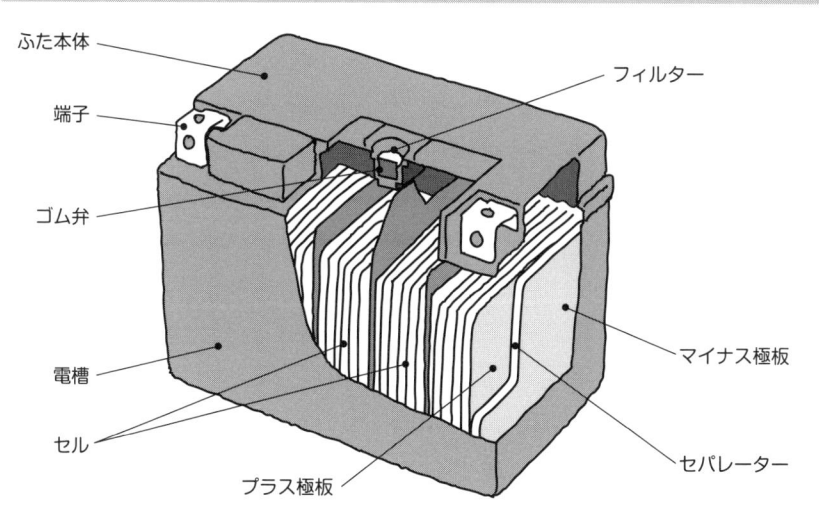

- ふた本体
- 端子
- ゴム弁
- 電槽
- セル
- プラス極板
- フィルター
- マイナス極板
- セパレーター

✦ 電気の流れとレギュレートレクチュファイヤーの役割

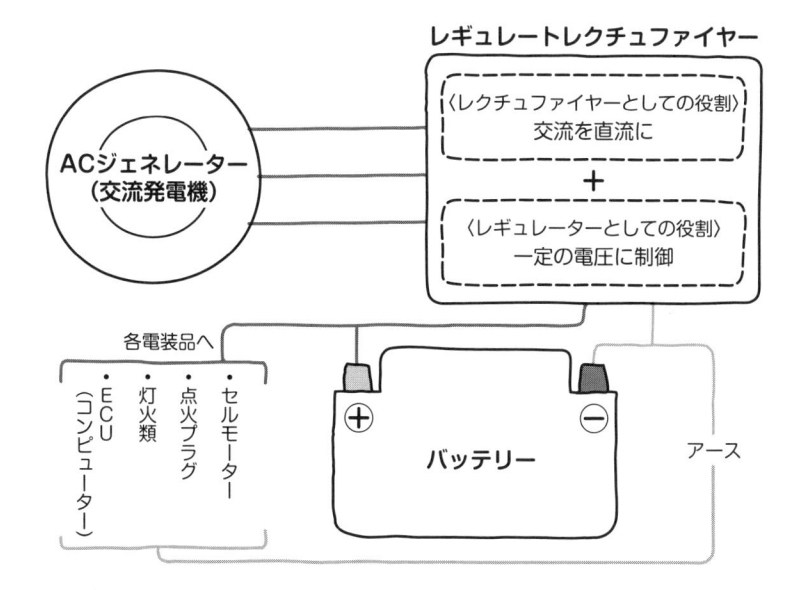

ACジェネレーター(交流発電機)

レギュレートレクチュファイヤー
〈レクチュファイヤーとしての役割〉
交流を直流に
＋
〈レギュレーターとしての役割〉
一定の電圧に制御

各電装品へ
- セルモーター
- 点火プラグ
- 灯火類
- ECU(コンピューター)

バッテリー ⊕ ⊖

アース

POINT　◎充電システムは、発電した電気をレギュレーター(レギュレートレクチュファイヤー)で制御しながらバッテリーに蓄えるとともに、ACジェネレーターが停止中に各電装システムに電気を供給する

1-4 始動システムの役割と構造

バイクのエンジンの始動方法には、キック式とセルスターター式がありますが、現在主流となっているセルスターター式はどのようなしくみでエンジンを始動させているのですか？

　セルスターター式は、セルモーターによって**クランクシャフト**につながるギヤを回転させてエンジンを始動します。

◤セルモーターの構造と動作

　セルモーターはバッテリーを電源として作動する直流式モーターで、上図のようにシャフトとアーマチャコイル、モーターの枠になるヨーク、N極とS極の磁石、コイルに電流を流すブラシとコンミテーターなどで構成され、これらによって生み出されるモーターの回転力がギヤやクラッチなどを経由してクランクシャフトに伝えられます。

　モーターの枠になる筒状のヨークの内側には、N極とS極のフェライト磁石が取り付けられています。磁石の内部にはシャフトに電線を巻きつけたアーマチャコイルが収められており、それぞれが絶縁されコアに取り付けられています。またコイルになる銅線の端は一方がN極、他方がS極に来るように取り付けられています。

　シャフトの両端はベアリングで支えられていて、片側の先端にはクランクシャフトに回転力を伝えるピニオンギヤが取り付けられ、回転トルクを増すために減速ギヤを介して回転力がクランクシャフトに伝えられます。

◤ワンウェイクラッチの働きとクランクシャフトの回転

　減速ギヤ部にはエンジン始動後にエンジンからの動力が逆にモーターに伝わるのを防ぐため、減速ギヤの途中に**ワンウェイクラッチ**（一方の方向には回転し、逆方向には空転する）が取り付けられています（上図）。

　セルモーターが作動するとともに、スプリングの力で狭いほうに押しつけられていたローラーが引っかかった状態（**クラッチオン**）となり、クランクシャフトに回転が伝わってエンジンを始動させます（下図）。

　エンジンが始動して、その回転がセルモーターの回転を超えると、ワンウェイクラッチはエンジンの動力によって回るようになります。このとき、ギヤよりその回転が速くなると、ローラーはスプリングを押し縮めて広いほうに移動するので引っかかりがなくなり（**クラッチオフ**）、セルモーターとクランクシャフトのつながりが解除されます。

第4章 動力発生の生命線【エンジン電装系編】

🔧 セルスターター式のシステムとセルモーターの構造

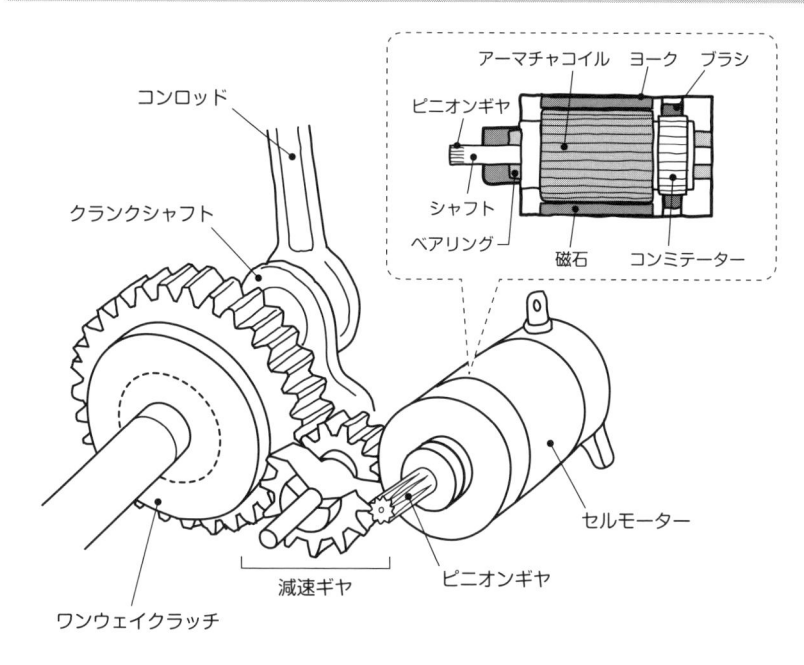

(図：クランクシャフト、コンロッド、ワンウェイクラッチ、減速ギヤ、ピニオンギヤ、セルモーター）

セルモーター内部構造のラベル：アーマチャコイル、ヨーク、ブラシ、ピニオンギヤ、シャフト、ベアリング、磁石、コンミテーター

🔧 ワンウェイクラッチの作動模式図

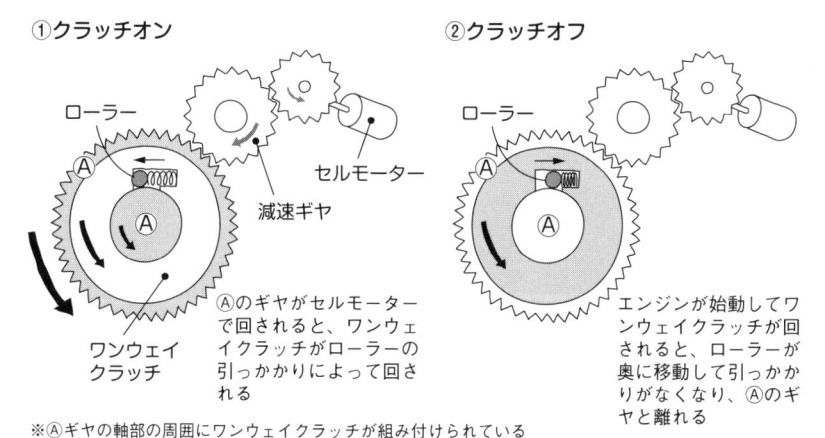

①クラッチオン

ローラー
ワンウェイクラッチ
減速ギヤ
セルモーター

Ⓐのギヤがセルモーターで回されると、ワンウェイクラッチがローラーの引っかかりによって回される

②クラッチオフ

ローラー

エンジンが始動してワンウェイクラッチが回されると、ローラーが奥に移動して引っかかりがなくなり、Ⓐのギヤと離れる

※Ⓐギヤの軸部の周囲にワンウェイクラッチが組み付けられている

POINT
◎セルスターター式はモーターによってクランクシャフトを回転させて始動する
◎ワンウェイクラッチによって、エンジンからの動力がセルモーターに伝わるのを防いでいる

1-5 点火システムの役割と点火方式

エンジンはシリンダー内に吸入された混合気を圧縮し燃焼(爆発)させることで力を得ていますが、そのために必要な点火のタイミングをどのようにして計っているのですか?

　ピストンが圧縮上死点に達するタイミングに合わせて点火プラグで火花を飛ばし、混合気を燃焼させるきっかけをつくるのが点火システムです。

　点火システムは、**ACジェネレーター**（**発電機**）やバッテリーなどの電源から**イグニッションコイル**（108頁参照）を経て**点火プラグ**まで達する電気回路の中に、クランクシャフトの回転に合わせて開閉する電気回路を設けることで、適切なタイミングで点火プラグに電気を流します（上図）。この点火方式には**接点式**と**無接点式**がありますが、現在は無接点式が使われています。

■メンテナンスが必要な接点点火方式

①**ポイント式**：**ポイント式**はコンタクトブレーカーと呼ばれる機械式の断続装置で電気回路を開閉するもので、カムシャフトやクランクシャフトに取り付けられたカムが回転することで**ポイント**と呼ばれるスイッチを開閉して電流を断続します（中図）。ポイントは、その接触面に3～4A程度の電流が流れるため、使用し続けると接触面の焼損や摩耗が発生します。またポイントを開閉するカムやヒール部も長期間使用すると摩耗し、点火タイミングにズレが生じるため、定期的な調整やコンタクトブレーカーの交換が必要になります。また機械式のため、高回転時ではカムの動きとポイントの開閉にズレが生じやすく、点火タイミングの精度も無接点式に比べると劣るため、現在では使用されなくなっています。

②**セミトランジスタ式**：セミトランジスタ式はポイント式の欠点を改良したもので、機械的なポイントに代わって電気的なスイッチである**トランジスタ**を使います。スイッチにはタイミング信号としてトランジスタを作動させる電流だけを通すので、わずかな電流ですむようになり、スイッチの損傷が減りました（105頁上図①参照）。

■確実な点火を可能にした無接点点火方式

　無接点式は、ポイントの代わりにフライホイールに点火信号発生用のコイルをもち、フライホイールが回転すると磁界の変化をコイルが感知して点火信号を発生させて電気回路を開閉します。このため、ポイントのような経年変化を起こさず、高回転でも確実な点火を可能にしました。無接点式には**フルトランジスタ式**や**CDI式**などがありますが、これについては次項で解説します（下図）。

第4章 動力発生の生命線【エンジン電装系編】

点火までの電気の流れ

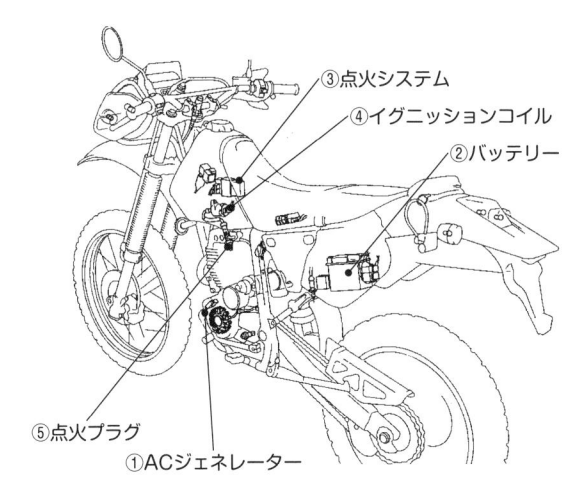

③点火システム
④イグニッションコイル
②バッテリー
⑤点火プラグ
①ACジェネレーター

〈点火までの流れ〉
①ACジェネレーター
↓
②バッテリー
↓
③点火システム
↓
④イグニッションコイル
↓
⑤点火プラグ

ポイント式の作動

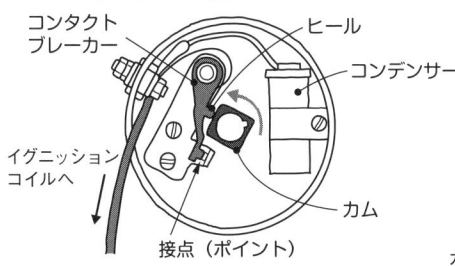

①ポイントが閉じている状態

コンタクトブレーカー
ヒール
コンデンサー
イグニッションコイルへ
カム
接点（ポイント）

コンタクトブレーカーにはつねに電流が流れているので、イグニッションコイルに電流が流れてエネルギーが溜まっている（コンデンサーに一時的に溜めておく）

②ポイントが開いている状態

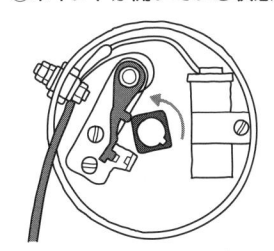

カムの頭の部分（とがった部分）がコンタクトブレーカーを押し上げてポイントを開くと、瞬間的にイグニッションコイルの電流が遮断され、高圧の２次電流が発生する。これが点火のタイミングになる

点火方式の分類

◆接点点火方式 ── ポイント式
　　　　　　　　　 セミトランジスタ式

◆無接点点火方式 ── フルトランジスタ式
　　　　　　　　　　 CDI式

※点火システムは、電源の供給元としてACジェネレーター（発電機）から電気を供給するタイプとバッテリーから供給するタイプに分けられる（次項参照）

POINT
◎点火システムはACジェネレーター（発電機）やバッテリーから点火プラグまでの電気回路に、クランクシャフトの回転に合わせて開閉する電気回路を設けることで、適切なタイミングで電気を流している

1-6 無接点点火方式の種類

バイクの点火方式の主流は無接点式で、これにはフルトランジスタ式やCDI式があるということですが、それぞれの構造や特徴の違いはどうなっているのですか?

　フルトランジスタ式、CDI式の特徴は次のようにまとめることができます。

▰ポイントがないフルトランジスタ式

　前項で解説した接点式のスイッチそのものを廃止して、電流の制御をマグネットセンサーで行うのがフルトランジスタ式です（上図②）。

　フルトランジスタ式は12Vの電気を**イグニッションコイル**（108頁参照）で昇圧させるため、**CDI式**よりも**点火プラグ**に流れる電圧は低くなります。また、コイルに発生する**自己誘導作用**（108頁参照）によって高回転時はプラグへ流れる電圧が低下します。ただ、CDI式に比べると放電時間が長いため、混合気への着火性はすぐれています。

▰瞬間的に高電圧を発生させるCDI式

　CDIはCapacitive Discharge Ignitionの略で、訳すと容量放電式となります。接点式やフルトランジスタ式とは違う考え方で、一種の充電機能をもつコンデンサーに数百Vの電気を蓄えておき、それをイグニッションコイルに一気に流します。フライホイールに取り付けた点火時期信号発生用のコイル（パルサーコイル）からの信号を受けてサイリスタ（電気的なスイッチ）が導通すると、コンデンサーに蓄えられた電流が瞬間的にイグニッションコイルに流れ、20000～30000Vの高電圧を発生させるので、点火プラグに強い火花を飛ばすことができます（中図）。ただし、コンデンサーからの放電は非常に短い時間で終了するため、混合気への着火性はフルトランジスタ式に劣ります。

　103頁の下図で、点火システムにはACジェネレーター（発電機）から電気を供給するタイプとバッテリーから供給するタイプがあると記しましたが、前者を**フラマグ点火**（フライホイールマグネトーの略でフライホイールに発電用のコイルを備えている発電機を示す）、後者を**バッテリー点火**といいます。

　中図はフラマグ点火ですが、バッテリー点火ではコンデンサーの蓄電に必要な電圧を確保するため昇圧／発振回路が設けられています（下図）。フラマグ点火はバッテリーがないため車重を軽くできますが、一般的にはエンジン低回転時でも安定的に電力が得られるバッテリー点火が主流となっています。

第4章 動力発生の生命線【エンジン電装系編】

セミトランジスタ式とフルトランジスタ式

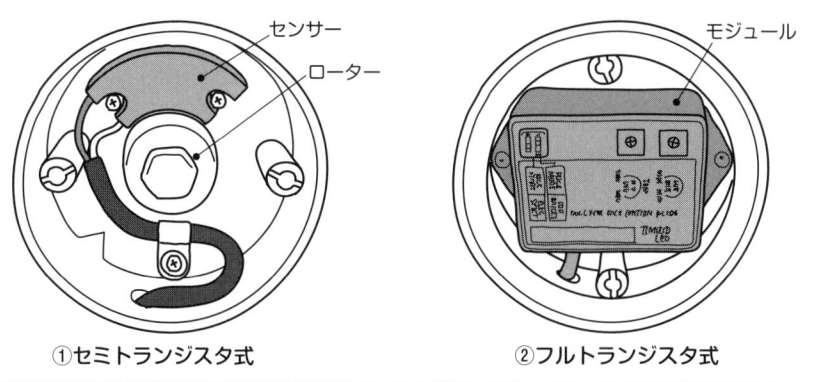

①セミトランジスタ式 — センサー、ローター

②フルトランジスタ式 — モジュール

CDI式(フラマグ点火)

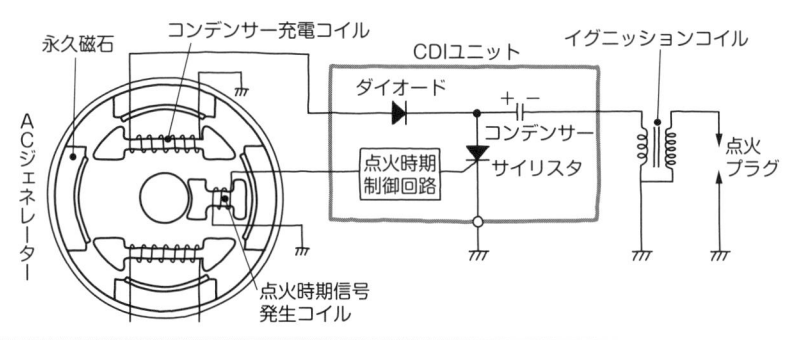

永久磁石、コンデンサー充電コイル、ACジェネレーター、点火時期信号発生コイル、CDIユニット(ダイオード、点火時期制御回路、コンデンサー、サイリスタ)、イグニッションコイル、点火プラグ

CDI式(バッテリー点火)

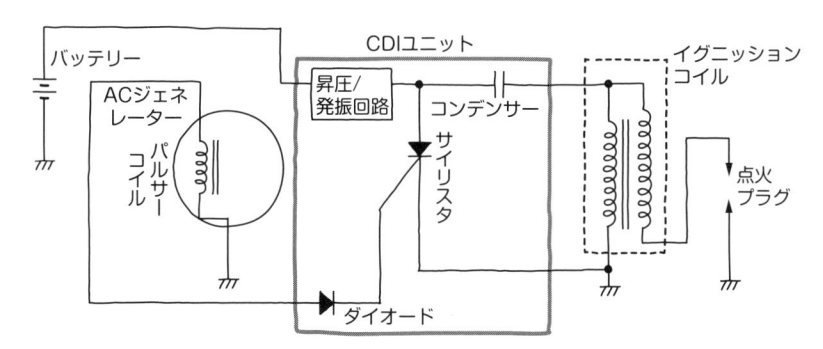

バッテリー、ACジェネレーター(パルサーコイル)、CDIユニット(昇圧/発振回路、コンデンサー、サイリスタ、ダイオード)、イグニッションコイル、点火プラグ

POINT
◎無接点点火方式にはフルトランジスタ式とCDI式があり、それぞれメリットとデメリットがあるため、エンジン形式やバイクの種類などによって最適なものを使い分けている

1-7 点火時期と進角

点火プラグに電気を流して火花を飛ばすタイミングは点火システムの点火信号によって決まるようですが、どのタイミングで混合気に点火するのがベストなのでしょうか？

点火プラグが火花を飛ばすタイミングを**点火時期**（**点火タイミング**）といいます。4サイクルエンジンの行程を思い浮かべればわかると思いますが（28頁参照）、燃焼ガスの圧力を大きくするには、**圧縮上死点**に達した時点で混合気を完全燃焼させるために、適切なタイミングで混合気に着火する必要があります。

■最適な点火のタイミング

混合気が燃焼するのは一瞬のようにイメージしがちですが、実際に点火プラグで点火してから混合気が完全に燃焼するまでには時間がかかっています。混合気が燃焼する速度（火炎伝播速度）は20〜40m/sで、燃焼室内の混合気も点火してから徐々に燃え広がりながら燃焼ガス圧力が高くなります。

例えば、ピストンのストローク量が50mmのエンジンが毎分10000回転で回転している場合のピストンの移動速度は17m/s程度のため、混合気がもっとも圧縮される圧縮上死点で火花を飛ばしても、混合気が完全に燃焼し圧力が最大になるのは、ピストンが圧縮上死点を過ぎてからになり、圧力が低下して取り出せる動力も小さくなります（上図）。

このため、混合気の燃焼圧力を最大限に利用するには、ピストンが圧縮上死点に達する前に混合気に点火する必要があります。

■点火時期と点火マップ

最適な点火時期はエンジン回転数によって変化します。これは混合気の空燃比が一定ならば混合気に点火して燃焼ガスの圧力が上昇するまでの燃焼準備期間がほぼ一定になるためで、エンジンの回転数が高くなりピストンの運動速度が速くなると、それに合わせて点火時期を早めなければなりません。このため、エンジンには点火時期を変える進角装置と呼ばれる機構が取り付けられています。

進角装置にはいろいろな種類がありますが、現在は電子制御されているのが一般的で、アクセル開度や吸入負圧などの条件をコンピューターのROMにメモリーされた**点火マップ**（**点火時期コントロールマップ**）で演算処理して、エンジン回転数に対して不連続に進角させています。点火マップはスロットル開度、エンジン回転数と関連した3次元グラフで表現されます（下図）。

点火から燃焼までの圧力変化と点火時期

圧縮した混合気に点火(図中①)→燃焼(図中②)し、最大爆発圧力が発生する(図中③)までにはある程度の時間が必要となる。一般的にエンジンが最大トルクを発揮する点火のタイミングは、上死点(TDC=Top Dead Center)後約10°に最大爆発圧力が設定されたときで、ここに達するまでの燃焼時間はエンジンの運転状況によって異なる。このため、燃焼速度が遅いとき(スロットル開度が小さく圧縮比が低いときなど)には点火時期を早める必要はないが、エンジン回転数が高くなると同じ燃焼時間でもその間のエンジンの回転角は大きくなるので、点火時期を早めて燃焼開始を早める必要がある。

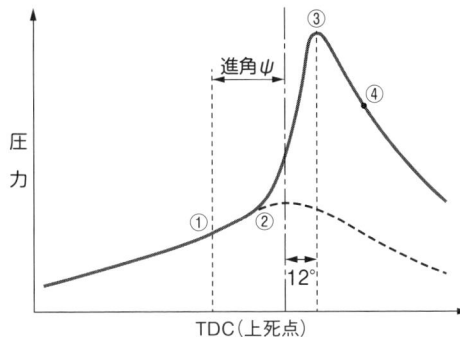

①：点火（付近の温度上昇）
②：燃焼が始まる
③：最大爆発圧力発生
④：燃焼終了
①〜②：ピストンの圧縮行程による圧力上昇
②〜③：ガス燃焼による圧力急上昇

点火マップの例

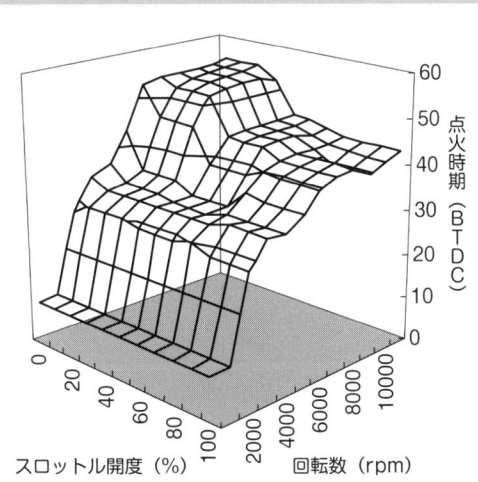

点火マップは、エンジン回転数とスロットル開度によって点火時期が決定される3次元グラフになっている。BTDCは、Before Top Dead Center(上死点前クランク角度)のこと。

POINT
◎動力を効率よく取り出すためには、燃焼ガスが完全に燃焼する時間を見越して圧縮上死点前に混合気に点火する必要があるが、燃焼時間はエンジン回転数などによって異なるため、進角装置によって点火時期を調整している

1-8 イグニッションコイルの役割と構造

点火信号をきっかけにして点火プラグに電気が流れるしくみはわかりましたが、その回路の途中にあるイグニッションコイルはどんな役割を果たしているのですか？

　点火プラグで火花を飛ばすためには数千V以上の電圧をかける必要があります。**点火システム**では、ACジェネレーター（発電機）やバッテリーを電源として数百Vまで昇圧させますが、そのままでは電圧が不足します。**イグニッションコイル**は、点火プラグが火花を飛ばせるように電圧を数千から数万Vまで**昇圧**（増幅）させる役割を担っています（上図）。

▌電圧を増幅するしくみ

　イグニッションコイルは2種類のコイルを使った「**変圧器**」で、**センターコア**と呼ばれる鉄芯に2種類のコイルを巻きつけています。この2本のコイルは1次コイルと2次コイルと呼ばれ、1次コイルは0.5〜1.0mmの銅線を200〜300回程度巻いてあり、2次コイルは0.05〜0.1mmの銅線を1次コイルの60〜100倍程度巻いてあります。

　1次コイルに電流を流すと、2次コイルも含めて磁界が発生します。ここで電流を遮断すると**自己誘導作用**（上図の枠内）により1次コイルに数百Vの電圧が生まれ、同じように2次コイルにも数千から数万Vの高い電圧が誘起されます（**相互誘導作用**）。2次コイルに発生する電圧は1次コイルと2次コイルの巻数に比例します。つまり2次コイルの巻数が1次コイルの100倍であれば、100Vの電圧は10000Vに増幅されるわけです。

　2次コイルに発生した高圧の電流は**ハイテンションコード**（プラグコード）から**プラグキャップ**を通って点火プラグに供給されます。

▌ダイレクトイグニッションでシリンダーごとに点火時期を調整

　最近は、プラグキャップ部に**イグナイター**（イグニッションコイル1次側に流す電流をECU（エンジンコントロールユニット）からの信号によって制御する）やイグニッションコイルを取り付けたダイレクトイグニッションが増えています。

　ダイレクトイグニッションはプラグコードがないため電気抵抗による電圧低下が抑えられ、より強い火花を飛ばすことが可能で、ECUからの信号によってシリンダーごとに点火制御を行います。ただし、電気回路部がシリンダーヘッドに取り付けられているため、熱によるトラブルが発生しやすくなります（下図）。

第4章 動力発生の生命線【エンジン電装系編】

イグニッションコイルの構造と点火までの流れ

イグニッションコイルで増幅された高圧電流は、ハイテンションコードを通って点火プラグに供給される。

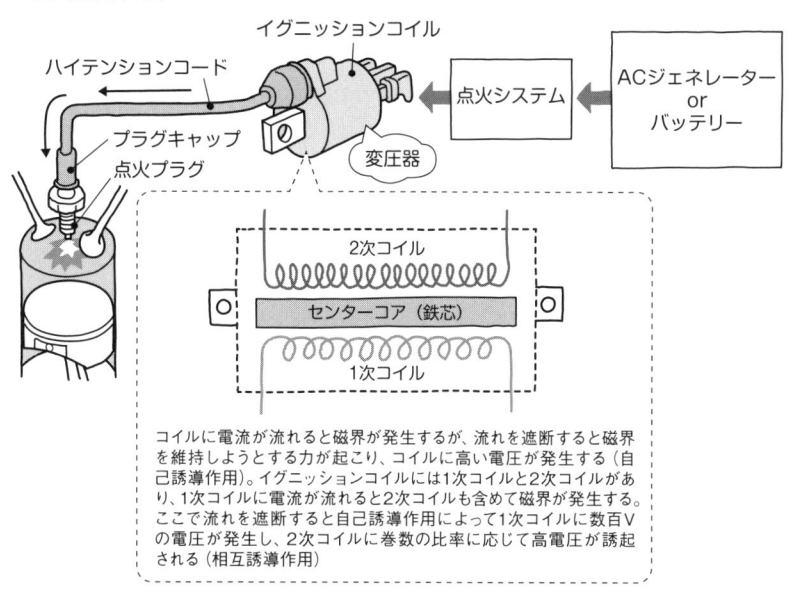

コイルに電流が流れると磁界が発生するが、流れを遮断すると磁界を維持しようとする力が起こり、コイルに高い電圧が発生する（自己誘導作用）。イグニッションコイルには1次コイルと2次コイルがあり、1次コイルに電流が流れると2次コイルも含めて磁界が発生する。ここで流れを遮断すると自己誘導作用によって1次コイルに数百Vの電圧が発生し、2次コイルに巻数の比率に応じて高電圧が誘起される（相互誘導作用）。

ダイレクトイグニッション

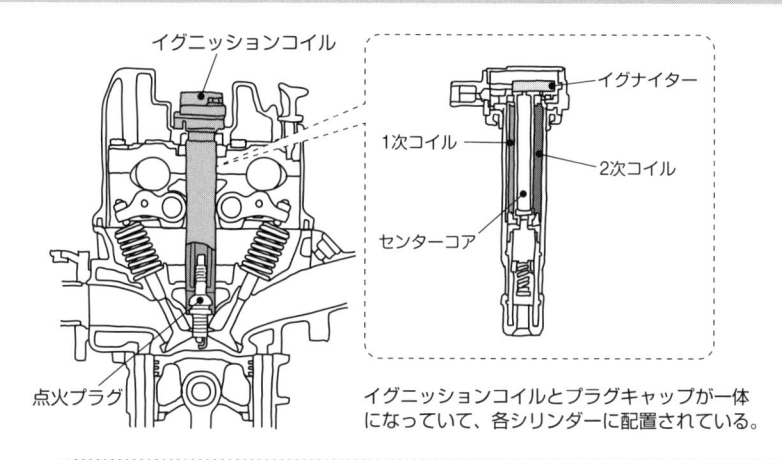

イグニッションコイルとプラグキャップが一体になっていて、各シリンダーに配置されている。

POINT
◎イグニッションコイルは1次、2次の2つのコイルによって電圧を昇圧し、点火に必要な高電圧を点火プラグに供給している
◎ダイレクトイグニッションにより、電圧の降下が改善された

1-9 点火プラグの役割と構造

点火システムの流れについては整理できましたが、最終的に混合気に火花を飛ばす（点火する）点火プラグはどのような構造をしているのですか？ また、どのようにして火花を飛ばすのでしょうか？

点火プラグ（スパークプラグ）の基本的な構造は上図の通りです。中心電極の先端部分には**プラグキャップ**を結合するためのターミナルナットが取り付けられています。中心電極は周辺をセラミックスの絶縁体でカバーされており、高圧電流がシリンダーヘッド部などに漏電しないように工夫されています。

▰点火のしくみと点火プラグの特徴

火花は、高圧電流がプラグ中心部を貫通する**中心電極**（プラスの電極）に流れると、シリンダーヘッドのプラグ取り付けネジ部を通じてマイナス側にアースしている**接地電極**との間（**火花ギャップ**）で放電が起こって発生します（上図）。

点火プラグの役割は、シリンダー内で圧縮された混合気に火花を飛ばして燃焼（爆発）させるきっかけをつくることです。したがって、つねに高温・高圧の燃焼ガスにさらされながら毎分500回から6000回前後の割合で正確に火花を飛ばし続ける必要があり、耐熱性や耐震性はもちろん、燃焼ガスが外部に漏れないように気密性も高くなければなりません。

▰点火プラグの冷えやすさ=熱価

点火プラグは、電極部の温度が500～900℃の範囲で使用するように決められています。この温度内であれば自己洗浄作用により電極部の汚れが焼き切られ、つねに良好な火花が飛ばせます。しかし、混合気の**空燃比**が濃い状態や低・中回転での使用時間が多いとプラグの温度は低くなり、空燃比が薄い状態や高回転での使用時間が多いとプラグの温度が高くなるなど、混合気の燃焼状態や使用状況によって電極の温度が変化します。

電極部の温度が450℃以下の場合、カーボン（混合気の燃えカス）が付着、堆積して火花が飛びにくくなり、950℃以上になると火花を飛ばす前に熱によって混合気が自然着火する**プレイグニション**と呼ばれる異常燃焼が起こります。

このため、電極部の温度を基準温度の範囲に保つように中心電極の長さを変えて**放熱性**を変化させており、この放熱性の良し悪しを**熱価**によって表して分類しています（下図）。また、燃焼室の小型化に伴い小径プラグや電子制御機器への影響を防ぐ抵抗入りプラグなどもあります。

第4章 動力発生の生命線【エンジン電装系編】

点火プラグの構造と点火のしくみ

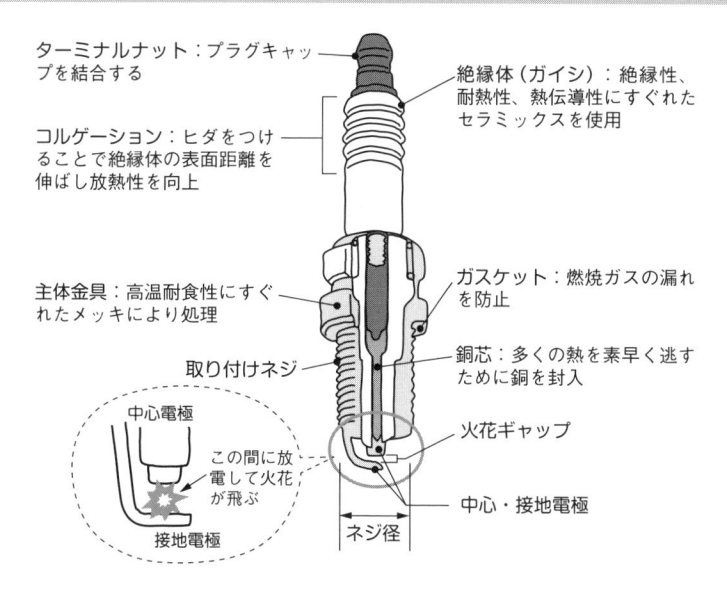

- ターミナルナット：プラグキャップを結合する
- コルゲーション：ヒダをつけることで絶縁体の表面距離を伸ばし放熱性を向上
- 主体金具：高温耐食性にすぐれたメッキにより処理
- 取り付けネジ
- 絶縁体（ガイシ）：絶縁性、耐熱性、熱伝導性にすぐれたセラミックスを使用
- ガスケット：燃焼ガスの漏れを防止
- 銅芯：多くの熱を素早く逃すために銅を封入
- 火花ギャップ
- 中心・接地電極
- ネジ径

中心電極
この間に放電して火花が飛ぶ
接地電極

熱価と点火プラグの種類

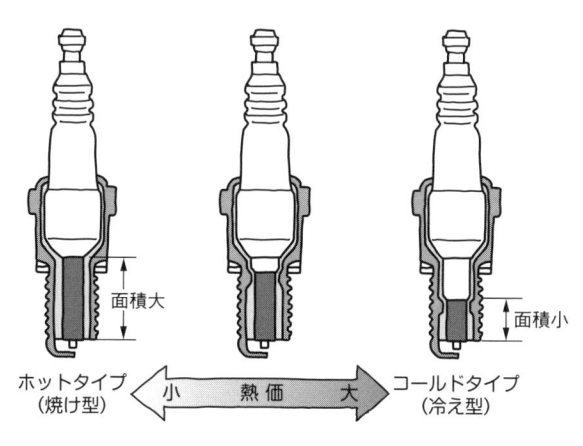

面積大　面積小

ホットタイプ（焼け型） ← 小　熱価　大 → コールドタイプ（冷え型）

コールドタイプ（冷え型）は放熱性にすぐれ焼けにくく、ホットタイプ（焼け型）は放熱性が悪く焼けやすい。放熱性の良さ（冷えやすさ）は熱価で表され、数字が大きいほどコールドタイプ、小さいほどホットタイプとなる。

POINT
◎点火プラグは、中心電極（プラス側）に非常に高い電圧をかけることでマイナス側になる接地電極との間に放電現象を発生させて混合気に点火する
◎点火プラグは、冷えやすさ（熱価）によって温度調節をしている

2. 電子制御によるバイクのコントロール

2-1 電子制御システムの概要

「クルマだけでなく、最近はバイクも電気仕掛けになってきた」という意味の言葉をよく耳にしますが、バイクを電子制御するしくみはどうなっているのでしょうか？

最新のバイクでは、次項で解説する**トラクションコントロール**や**ABS**（186頁参照）などが電子制御されていますが、これらは、①車速やタイヤの回転数、スロットル開度、ギヤ段数などの状態を**センサー**や**スイッチ**などで感知→②その情報をもとにECU（エンジンコントロールユニット）が車体の状況を分析・判断→③各電子制御部品が機能を発揮、という流れでバイクを効率的にコントロールしています。

▎電子制御のもとになるさまざまなセンサー

主なセンサーには以下のようなものがあり、温度や圧力、磁気、可変抵抗による抵抗値の変化を電気信号に置き換えてECUに送ります。また車種によっては加速度センサーやジャイロセンサー（角速度センサー：傾きや角度、傾き速度の変化を検出）により車体の姿勢を計測しているものもあります。

- 温度（サーモ）センサー
  冷却水温度、オイル温度、吸入空気温度、エンジン温度など
- 圧力（プレッシャー）センサー
  エンジンオイル圧力、ブレーキオイル圧力、吸入空気圧力など
- 磁気センサー
  ホイール回転数、クランク角（エンジン回転）、カム角（バルブ開閉状態）など
- 可変抵抗
  スロットル開度、サスペンションストローク量など

例えば、冷却水やオイルの温度を確認すれば始動直後かどうかの判断ができますし、ブレーキオイルの圧力変化を見ればブレーキの作動状態がわかります。また、吸入空気の圧力変化からはエンジンが吸入している空気の量が測定できますし、磁束の変化量からエンジンの回転数や回転位置が把握できます。その他、アクセルやスロットルと連動させることで、可変抵抗の変化からその開度が判断できます。

電子制御システムは、これらのセンサーやスイッチからの情報をもとにECUが車両の状態を総合的に判断して、アクセル開度に対する燃料噴射量や点火タイミングの変更、前後ブレーキへの油圧の分配比率の調整などを行い、バイクをよりコントロールしやすい状態にしています（図）。

第4章 動力発生の生命線【エンジン電装系編】

電子制御化されている主な部品・機能

機能・装置	制御内容	主な使用センサー類	計測内容または目的
燃料供給装置	燃料(供給)噴射量の調整	スロットルポジションセンサー	アクセル開度に応じた燃料噴射量の判定
燃料供給装置	燃料(供給)噴射量の調整	O_2センサー	排気ガス中の酸素濃度の計測による混合気濃度の判定
燃料供給装置	燃料(供給)噴射量の調整	吸入空気圧センサー	圧力変化の計測による噴射タイミングの判定および吸入空気量の判定および補正
燃料供給装置	燃料(供給)噴射量の調整	吸入空気温センサー	吸入空気量の計測および補正
燃料供給装置	燃料(供給)噴射量の調整	冷却水温/エンジン温センサー	コールドスタート時の燃料噴射量の補正
燃料供給装置	燃料(供給)噴射量の調整	カム角センサー	燃料の噴射タイミングの判定
点火装置	点火タイミングの調整	クランク角センサー	エンジン回転数やピストン位置の確認
点火装置	点火タイミングの調整	カム角センサー	カムの位置を確認し点火タイミングを判定
点火装置	点火タイミングの調整	スロットルポジションセンサー	アクセル開度に応じた点火タイミングの補正
点火装置	点火タイミングの調整	ギヤポジションセンサー	ギヤ段数に応じた点火タイミングの補正
アクセル/スロットル	スロットルバルブ開閉	スロットルポジションセンサー	スロットルバルブの開閉度の確認
アクセル/スロットル	スロットルバルブ開閉	クランク角センサー	エンジン回転数やピストン位置の確認
バルブタイミング機構	吸排気バルブ開閉タイミングの変更	ギヤポジションセンサー	ギヤ段数に応じた吸排気バルブの開閉タイミングの補正
バルブタイミング機構	吸排気バルブ開閉タイミングの変更	スロットルポジションセンサー	加速状態か減速状態かの判定と吸排気バルブの開閉タイミングの補正
ブレーキ装置※	タイヤロック防止	前後輪ホイールセンサー	前後タイヤの回転数の確認
トラクションコントロール	出力抑制	前後輪ホイールセンサー	前後タイヤの回転数の確認
トラクションコントロール	出力抑制	スロットルポジションセンサー	スロットル開度の確認
トラクションコントロール	出力抑制	クランク角センサー	エンジン回転数の確認
トラクションコントロール	出力抑制	スピードセンサー	車速の確認
トラクションコントロール	出力抑制	ギヤポジションセンサー	ギヤ段数の確認
サスペンション	減衰力調整 プリロード変更	スピードセンサー	車速に応じた減衰力やプリロードの調整
ステアリングダンパー	減衰力変更	スピードセンサー	車速に応じた減衰力の調整
ステアリングダンパー	減衰力変更	Gセンサー	加減速の状態を判断し減衰力を調整

※ ABS、前後輪連動ブレーキシステム、スタビリティコントロールなど

POINT
◎電子制御システムは、各種センサーやスイッチなどからの情報をもとに、燃料系や点火系、ブレーキ系などを総合的にコントロールし、より安全にバイクを走らせることができるように各部の機能を調整している

2-2 トラクションコントロール

最近スポーツモデルを中心に搭載されるようになったトラクションコントロールは、ホイールスピンを制御するシステムですが、どのようなしくみで作動しているのですか？

前項で述べたように、電子制御システムの主なものとしては**トラクションコントロール**と**ABS**（186頁参照）があります。また、**電子制御サスペンション**を搭載しているバイクの中にはこれらと連動して減衰力やプリロードを調整（162頁参照）することで、より車体を安定させる働きをする車種もあります。

■タイヤの空転を抑えるトラクションコントロール

66頁のフューエルインジェクションの項でも少し触れましたが、トラクションコントロールは各種センサーからタイヤの空転状態を検知して、リヤタイヤの**スピン**（**空転**）を防止するものです。**センサー**は、前後輪の速度センサー、アクセルポジションセンサー、クランク角センサーなど多岐にわたっていて、リヤタイヤのホイールスピンを検知すると点火タイミングやスロットルバルブの開度を制御してエンジン出力を抑え、**グリップ力**（路面をつかむ力、摩擦力）を回復させます。

さらに高度なシステムでは、リヤタイヤのスピンをグリップの悪い路面でのスピン防止（スタビリティコントロール）とエンジン出力がタイヤのグリップ力を超えた場合のスピン防止（トラクションコントロール）に分けて制御しています。

一般的にタイヤはある程度スリップ（20～30％程度）しているときにグリップ力が最大になるため、あらかじめ**バンク角**（バイクの傾き具合）ごとにスリップ率を設定し、その値を超えた場合にトラクションコントロールを介入させます。また介入レベルを複数設定して、ライダーが技量に応じてレベルを選択します（図①）。

その他、あらかじめスリップ率を設定せず、前後タイヤの回転速度やエンジン回転数、アクセル開度、ギヤ段数などの情報を0.005秒ごとに計測し、基本パターンと比較することで、ECUが事前予測を行いながらグリップ力が最大になるスリップ率を維持するように小刻みにエンジン出力を制御する車種もあります（図②）。

スタビリティコントロールは、コーナーでの最適なブレーキングと加速を可能にし、安全性を向上させるシステムで、ABSのシステムをベースにしています。**ホイールロック**を検知すると、油圧ブレーキ回路の圧力モジュレーターが作動してブレーキ圧が制御され、各車輪をロックさせることのないように"必要なブレーキ圧だけ"を正確に加えることができます。

第4章 動力発生の生命線【エンジン電装系編】

⚙ トラクションコントロールのシステム作動例

①高度なシステム

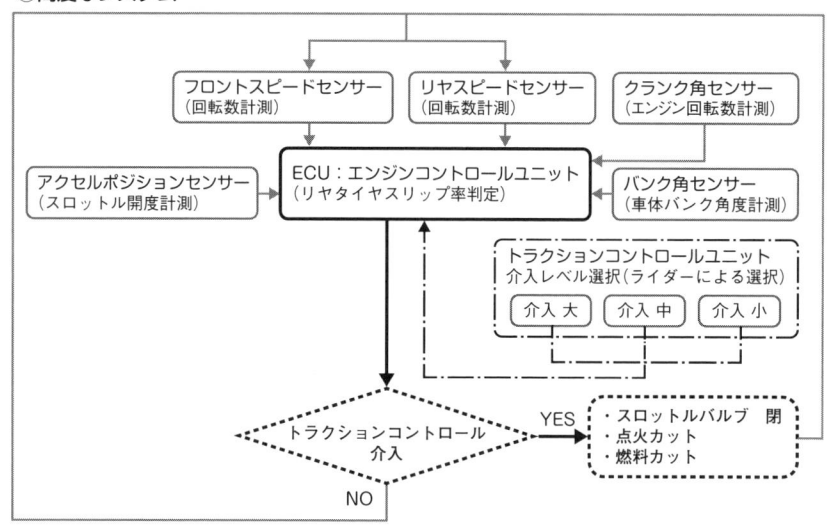

- フロントスピードセンサー（回転数計測）
- リヤスピードセンサー（回転数計測）
- クランク角センサー（エンジン回転数計測）
- アクセルポジションセンサー（スロットル開度計測）
- ECU：エンジンコントロールユニット（リヤタイヤスリップ率判定）
- バンク角センサー（車体バンク角度計測）
- トラクションコントロールユニット 介入レベル選択（ライダーによる選択）： 介入大 / 介入中 / 介入小

トラクションコントロール介入
- YES → ・スロットルバルブ 閉 ・点火カット ・燃料カット
- NO

②最新のシステム

- フロントスピードセンサー（回転数計測）
- リヤスピードセンサー（回転数計測）
- クランク角センサー（エンジン回転数計測）
- アクセルポジションセンサー（スロットル開度計測）
- ギヤポジションセンサー（ギヤ段数計測）
- ECU：エンジンコントロールユニット（車両の走行状態の把握）
- バンク角センサー（車体バンク角度計測）

ECUに記憶したアクセル開度やギヤ段数、駆動トルクなど車両状態をもとにした車両特性マップと走行中のセンサーからの情報を比較し、スリップ率を予測

トラクションコントロール介入
- YES → ・スロットルバルブ 閉 ・点火カット ・燃料カット
- NO

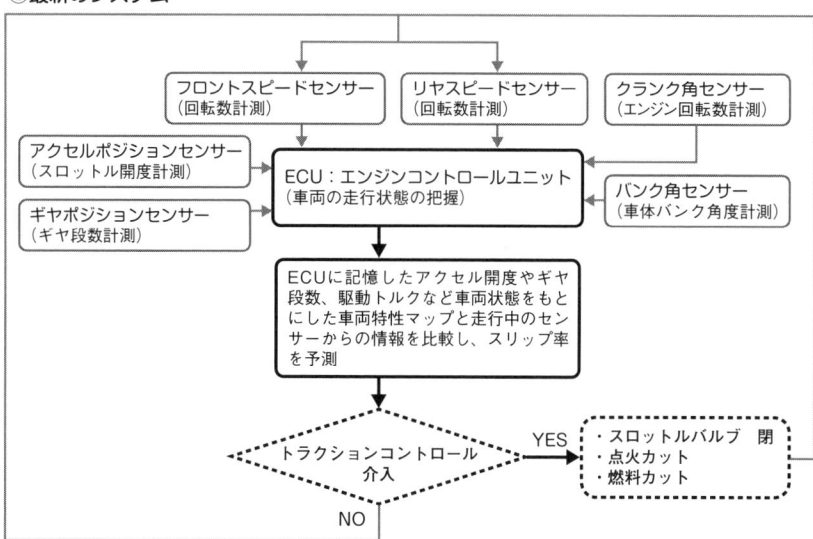

POINT ◎トラクションコントロールは、センサーで計測した前後タイヤの回転数差、スロットル開度、エンジン回転数などから車体の状態をECUが判断し、燃料噴射制御や点火カットによってスピンを抑制している

COLUMN 4

安全なライディングのために《その4》
的確な状況判断を心がける

「コラム1」で、安全なライディングのためには「先を読む」ことが重要であると述べましたが、先を読むためには、周囲の状況を確認したうえで的確な判断をする必要があります。

走行中、ライダーの視線は安全確認をしながら数多くの情報を脳に送り込んでおり、その情報をどう判断するかによって安全確認の意味が大きく異なってきます。

例えば、停車中のクルマの横を走り抜ける場合、単に「前方にクルマが停まっているので避けよう」と考えるのと、「車内にドライバーがいるのではないか」「クルマの陰から何か飛び出してくるのではないか」と考えるのとでは、判断の結果が大きく異なってきます。

もしクルマの中にドライバーがいるのであれば、急に発進したり、ドアを開けて外に出てくる可能性がありますし、クルマの窓越しに人影が見えるのであれば、いきなり歩行者が走り出してくるかもしれません。

このような例はいくらでも考えられますが、よくあるのは次のようなケースです。

◎自分の前をタクシーが走っている→→「乗客がいるのであれば、降車のために急停車するかもしれない」「前方で手を挙げている人がいたら、その人を乗せるために停まるかもしれない」

◎コンビニ、スーパーマーケット、大型ディスカウントショップなどの近くを走行中→→「前を走るクルマが急にハンドルを切って駐車場に入るかもしれない」「駐車場からクルマやバイクが飛び出してくるかもしれない」

このように、単に周囲を確認するだけでなく、得られた情報をもとにさらに的確な判断をして次の行動につなげることが、安全なライディングを可能にします。

第5章

動力を伝える
【動力伝達機構編】

The chapter of
power transmission system

1．動力をタイヤに伝える動力伝達機構

1-1 動力伝達の流れと各システムの役割

エンジンで発生した動力を駆動輪に伝えるシステムを動力伝達機構といいますが、動力はどのような経路をたどってリヤタイヤ（駆動輪）まで伝えられるのですか？

動力伝達機構とは、エンジンでつくられた動力をリヤタイヤまで伝えるもので、**1次減速機構**、**クラッチ**と呼ばれる動力断続機構、**トランスミッション**と呼ばれる変速装置、**2次減速機構**で構成されています。

一般的なバイクのエンジンでは、アイドリング時で毎分1000回転程度、最高回転時には毎分10000回転を超えているため、その回転をそのままリヤタイヤに伝えると回転数が高すぎて、クラッチやトランスミッションなどへの負荷が大きくなります。また駆動力のもとになる発生トルクも、数百kgもあるバイクを動かすほどには大きくありません。

そのため、動力伝達機構の各システムの働きによって、①エンジンのパワーをムダなく伝える、②エンジンのパワーを必要に応じて伝えない、③エンジンのパワーを必要に応じて変換する、④前後輪にパワーを伝える、の各機能を果たせるようにしています。

◤**動力伝達機構を構成するシステムの役割**（図①②）

（1）1次減速機構

クランクシャフトから動力を取り出すときに、大小のギヤを使って回転数を下げるとともに、**減速作用**（次項参照）により**トルク**（**回転力**）を増加させます。

（2）クラッチ

1次減速機構で減速した動力をトランスミッションに伝えるとともに、状況に応じて断続させます。

（3）トランスミッション

走行状態（坂道を登る、高速走行するなど）に合わせて**ギヤ比**を変える（＝**変速**する）ことで駆動力を変化させます。

（4）2次減速機構

1次減速機構やクラッチ、トランスミッションを経た動力を**減速**しながらリヤタイヤに伝えるシステムで、その役割から**最終減速機構**とも呼ばれます。エンジン側にドライブギヤ（回す側）、ホイール側にドリブンギヤ（回される側）をもち、その間をチェーンやコグドベルト、シャフトなどを使って減速しながら動力を伝達します。

第5章 動力を伝える【動力伝達機構編】

動力の伝達経路と各システムの役割

①動力伝達のイメージ図

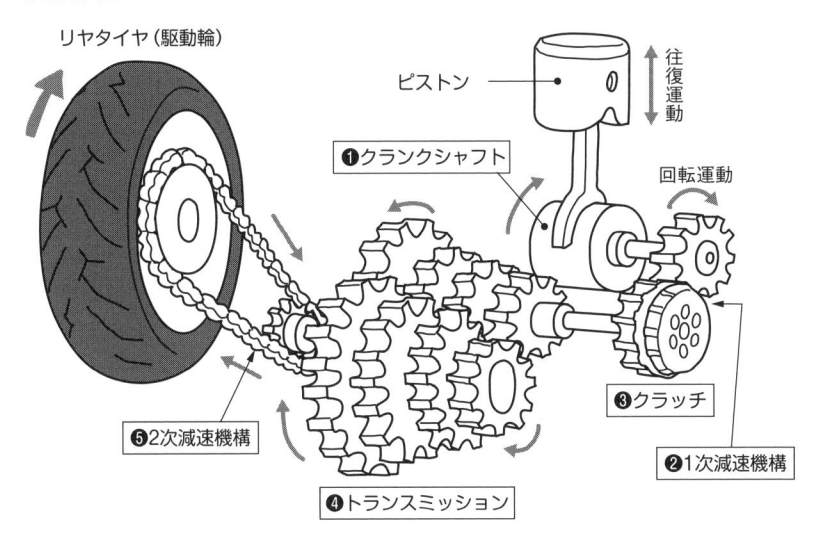

- リヤタイヤ（駆動輪）
- ピストン
- 往復運動
- ❶クランクシャフト
- 回転運動
- ❺2次減速機構
- ❹トランスミッション
- ❸クラッチ
- ❷1次減速機構

②動力伝達機構各システムの役割

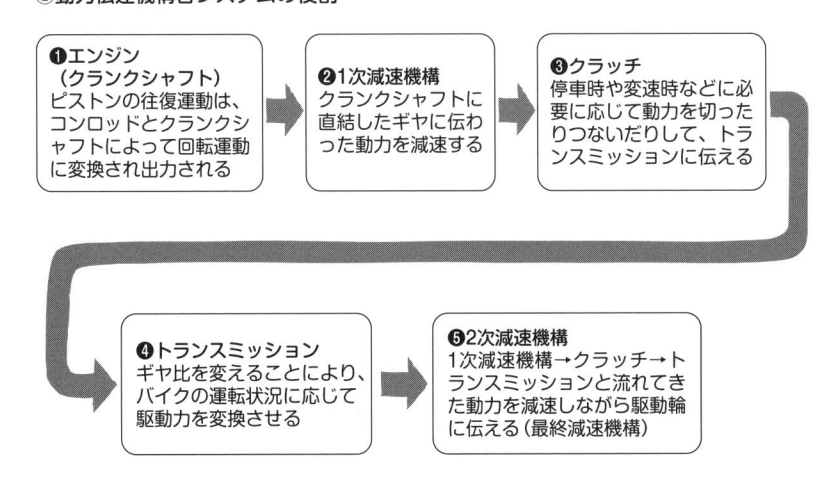

❶エンジン（クランクシャフト）
ピストンの往復運動は、コンロッドとクランクシャフトによって回転運動に変換され出力される

❷1次減速機構
クランクシャフトに直結したギヤに伝わった動力を減速する

❸クラッチ
停車時や変速時などに必要に応じて動力を切ったりつないだりして、トランスミッションに伝える

❹トランスミッション
ギヤ比を変えることにより、バイクの運転状況に応じて駆動力を変換させる

❺2次減速機構
1次減速機構→クラッチ→トランスミッションと流れてきた動力を減速しながら駆動輪に伝える（最終減速機構）

POINT
◎動力はクランクシャフトの回転力として出力された後、減速機構やクラッチ、トランスミッションで状況に応じた回転数や駆動トルクに調整されてリヤタイヤまで伝えられる

1-2 減速作用の効果

前項で、随所に「減速作用」という言葉が出てきました。文字通り「速度(回転数)を下げる」という意味なのはわかりますが、実際の減速作用とはどのようなものなのですか?

減速作用とは、歯数の異なるギヤやプーリー(滑車)を組み合わせてエンジン回転数を下げることによって**トルク(回転力)**を増加させることをいいます。減速作用による回転数とトルクの増減の関係は、自転車の例がわかりやすいでしょう。

■自転車の変速とギヤの関係

3段ギヤの自転車で発進するとき、通常は上図①のようなギヤの状態でスタートします。ペダル側のギヤよりもタイヤ側のギヤのほうが大きく、楽にこげる代わりにペダルを多く回転させなければなりません(ペダルが1回転してもタイヤは1回転しない)。

平坦路になって変速すると、ペダル1回転に対してタイヤもほぼ1回転するようになりますが、スピードを出そうとすればペダルの回転を速くする必要があります(上図②)。

そして、高速走行をしようとリヤを一番小さいギヤに変速した場合、ペダル1回転でタイヤは1回転以上するようになります。つまり、ペダルの回転数よりタイヤの回転数を上げてスピードを出しているわけです(上図③)。

■回転数を落として回転力を上げる減速作用

ここで、減速比と減速作用について考えてみます。下図①のように、入力側のギヤの歯数を12、出力側のギヤの歯数を24とすると、24のギヤが1回転する間に12のギヤは2回転することになります。つまり、24のギヤの回転数は12のギヤの2分の1で、逆に回転する力(回転力=トルク)は2倍になります(理論上、回転数×トルクはつねに一定になる)。

回転数を2分の1にすることによって2倍のトルクが得られたわけですが、この減速する比率を**減速比**といいます。減速比は、入力側と出力側2つのギヤの回転数の比、およびギヤの歯数の比で表されます。

→減速比=出力側歯数÷入力側歯数

バイクの動力伝達機構では、この減速作用を利用して**1次減速機構→トランスミッション(変速機)→2次減速機構**の3段階で減速して、そのときの状況に合ったトルクが得られるようにしています。

第5章 動力を伝える【動力伝達機構編】

自転車の変速とギヤ

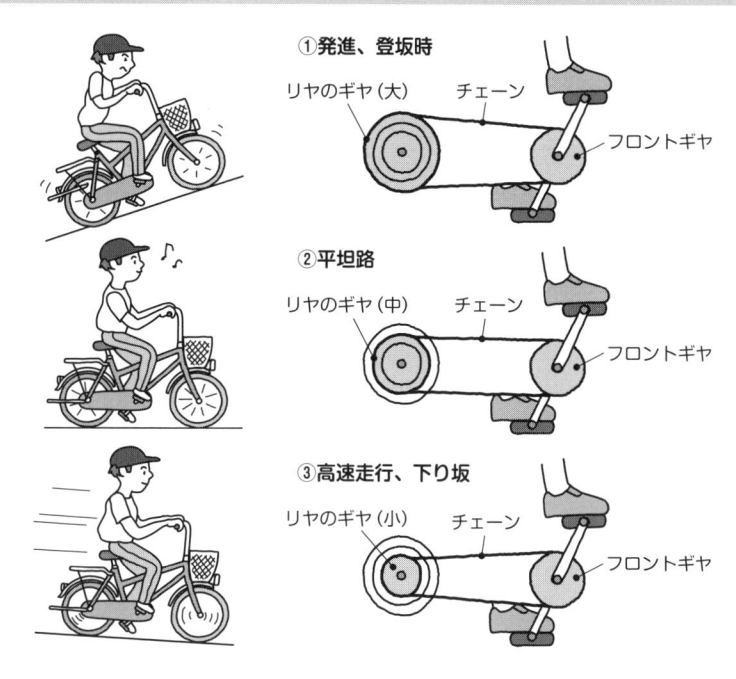

①発進、登坂時
リヤのギヤ（大）　チェーン　フロントギヤ

②平坦路
リヤのギヤ（中）　チェーン　フロントギヤ

③高速走行、下り坂
リヤのギヤ（小）　チェーン　フロントギヤ

ギヤの組み合わせと減速比

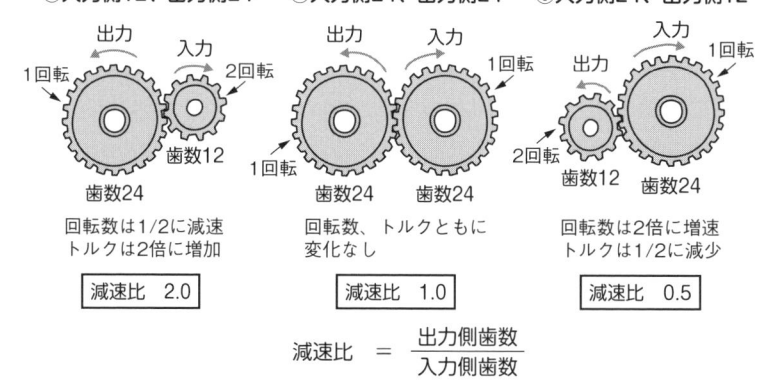

①入力側12、出力側24
出力　入力
1回転　2回転
歯数24　歯数12
回転数は1/2に減速
トルクは2倍に増加
減速比　2.0

②入力側24、出力側24
出力　入力
1回転
歯数24　歯数24
1回転
回転数、トルクともに変化なし
減速比　1.0

③入力側24、出力側12
入力　1回転
出力
2回転
歯数12　歯数24
回転数は2倍に増速
トルクは1/2に減少
減速比　0.5

$$減速比 = \frac{出力側歯数}{入力側歯数}$$

POINT
◎ギヤの組み合わせによって回転数を下げ、トルク（回転力）を上げることを減速作用という
◎減速比＝出力側歯数÷入力側歯数

1-3 １次減速機構の種類と構造

118頁で、クランクシャフトから取り出された動力(回転力)はまず１次減速機構で減速されるとありましたが、この部分はどのような構造をしているのですか？

１次減速機構は、クランクシャフトに設けられた**プライマリードライブギヤ**（動力を伝える側）でクラッチハウジングなどに取り付けられた**プライマリードリブンギヤ**（動力を伝えられる側）を回転させることで減速しながら動力を伝達します（上図）。伝達方式には一般的なギヤ式やチェーン（ベルト）式、チェーンとギヤの併用式があり、エンジンの構造などによって使い分けられています。

１次減速機構の**減速比**はエンジン仕様や２次減速比との関係などで異なりますが、1.5〜4.5程度に設定されています。例えばエンジン回転数が毎分5000回転で発生トルクが50N・mの場合、減速比2の１次減速機構を経由すると、**減速作用**により回転数は半分の2500回転に低下し、トルクは倍の100N・mに増加します（前項参照）。

■１次減速機構の種類

（１）ギヤ式

ギヤ式はクランクシャフトのプライマリードライブギヤが**クラッチハウジング**外周部などに取り付けられたプライマリードリブンギヤを直接駆動するもので（上図）、コンパクトで動力を効率よく伝えることができるため高回転に向いています。ただし、ギヤの加工に高い精度が必要であるとともに、ギヤとギヤが直接接触するためギヤノイズが発生しやすくなります。

（２）チェーン（ベルト）式

プライマリードライブギヤとプライマリードリブンギヤをチェーンやベルトを介して連結しているもので、ノイズが少なく、スプロケットを使用するため工作精度も低くできます。ただし、ギヤ式ほど減速比を大きくできないため高回転には向きません。また、広いスペースや定期的なチェーンのメンテナンスが必要になります。

（３）チェーン・ギヤ併用式

クランクシャフトからの動力を、一旦チェーンを使ってジャックシャフトと呼ばれる動力の出力軸に伝達します。ジャックシャフトに伝達された動力は、ここに設けられたギヤとクラッチハウジングなどのドリブンギヤで減速します（下図）。

チェーン・ギヤ併用式は、設計上の自由度が高くエンジンの構造上や配置上ギヤ式が採用できない場合に採用されます。ただし構造が複雑で重量も重くなります。

第5章 動力を伝える【動力伝達機構編】

1次減速機構(ギヤ式)のイメージ図

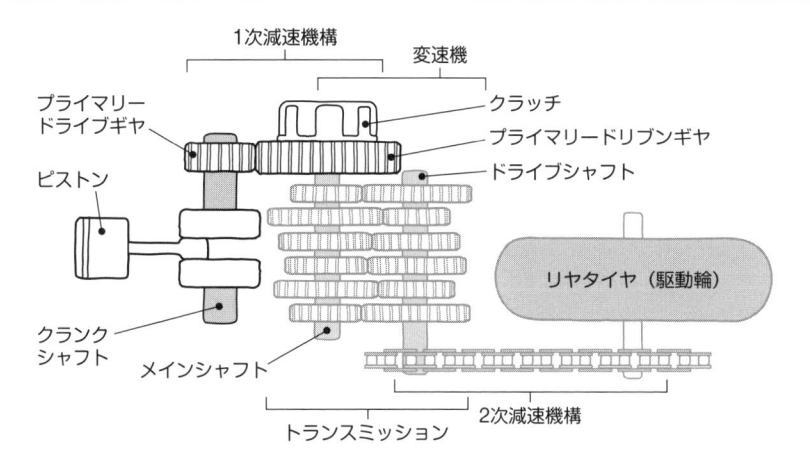

(図：プライマリードライブギヤ、プライマリードリブンギヤ、クラッチ、ドライブシャフト、ピストン、クランクシャフト、メインシャフト、トランスミッション、2次減速機構、リヤタイヤ（駆動輪）、1次減速機構、変速機)

チェーン・ギヤ併用式の1次減速機構

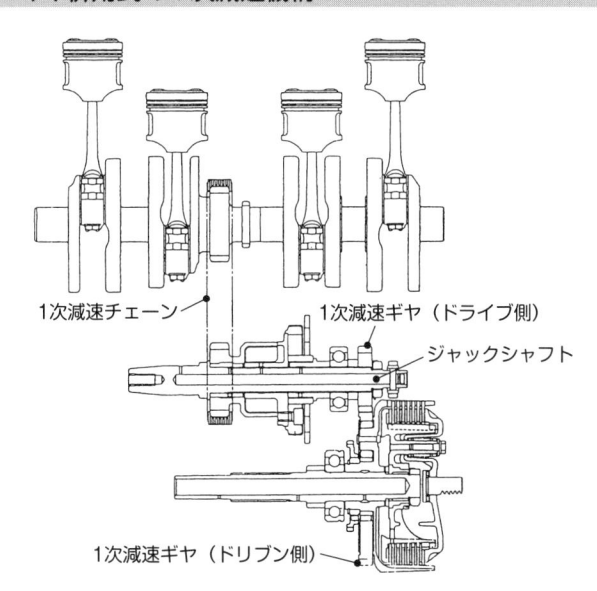

(図：1次減速チェーン、1次減速ギヤ（ドライブ側）、ジャックシャフト、1次減速ギヤ（ドリブン側）)

POINT
- ◎1次減速機構はクランクシャフトの回転をクラッチの前で大きく減速する
- ◎1次減速機構は主にギヤ式が使用されているが、チェーン(ベルト)式、ギヤ・チェーン併用式があり、エンジン構造などに応じて使い分けられている

123

1-4 クラッチの種類と多板クラッチの構造

エンジンからの動力を伝えたり、切ったりするクラッチの役割はたいへん重要ですが、クラッチにはどのような種類があって、どんな構造をしているのでしょうか？

118頁で、**クラッチ**の役割は「1次減速機構で減速した動力をトランスミッションに伝えるとともに、状況に応じて断続させる」と述べましたが、クラッチがつながっている状態をイメージすると上図①のようになります。密着しているので、Aの回転がBに伝わっていきます。一方、クラッチを切った状態は上図②のようになります。完全に切れているので、Aの回転はBに伝わりません。半クラッチは、両者の中間の軽く触れ合っている状態をイメージしてください。

◤クラッチの種類と特徴

バイクで使われるクラッチには**多板式、単板式、遠心式**（128頁参照）などがあり、多板式には湿式と乾式があります。**湿式**はクラッチを冷却するためにエンジンオイルやミッションオイルで潤滑しており、多くのバイクは湿式多板クラッチを使用しています。**乾式**はロードレーサーや一部の市販車で使われており、走行風でクラッチを冷却するため、クラッチ本体がエンジン外部に露出しています。

湿式の利点は冷却性、耐熱性、耐摩耗性にすぐれ、スタート時の半クラッチ操作が容易な点で、欠点はオイルに浸かっているためクラッチの切れが悪くなる点です。逆に乾式はクラッチの切れがよく、オイルによる滑りがない分伝達効率にすぐれますが、走行風で冷却するため汚れに対するメンテナンスが必要で冷却性も劣ります。

◤多板クラッチの構造

ここでは、現在主流となっている**湿式多板クラッチ**の構造を見てみます。多板クラッチは土台となるクラッチハウジングとクラッチボス、動力を断続するフリクションプレート（摩擦材）やクラッチプレート（金属製）、プレッシャープレート、クラッチスプリング、レリーズ機構などで構成されています。

クラッチハウジングの外周部には1次減速機構の**プライマリードリブンギヤ**が取り付けられていて、**クランクシャフト**からの動力が伝達されます（前項参照）。一方、**クラッチボスはトランスミッション**と直結しています。クラッチハウジングとボスとの間にはクラッチハウジングと嵌合（はめ合う）した**フリクションプレート**と、クラッチボスと嵌合した**クラッチプレート**が交互に組み付けられており、**クラッチスプリング**によって**プレッシャープレート**に押しつけられています（下図）。

124

第5章 動力を伝える【動力伝達機構編】

クラッチの役割

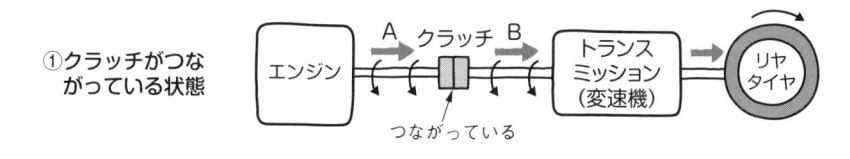

①クラッチがつながっている状態

エンジン → A クラッチ B → トランスミッション(変速機) → リヤタイヤ

つながっている

②クラッチが切れている状態

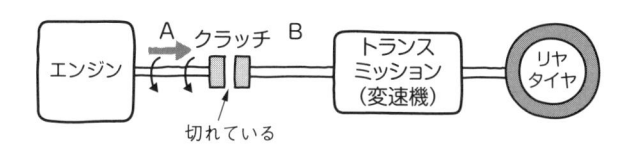

エンジン → A クラッチ B トランスミッション(変速機) → リヤタイヤ

切れている

湿式多板クラッチの構造

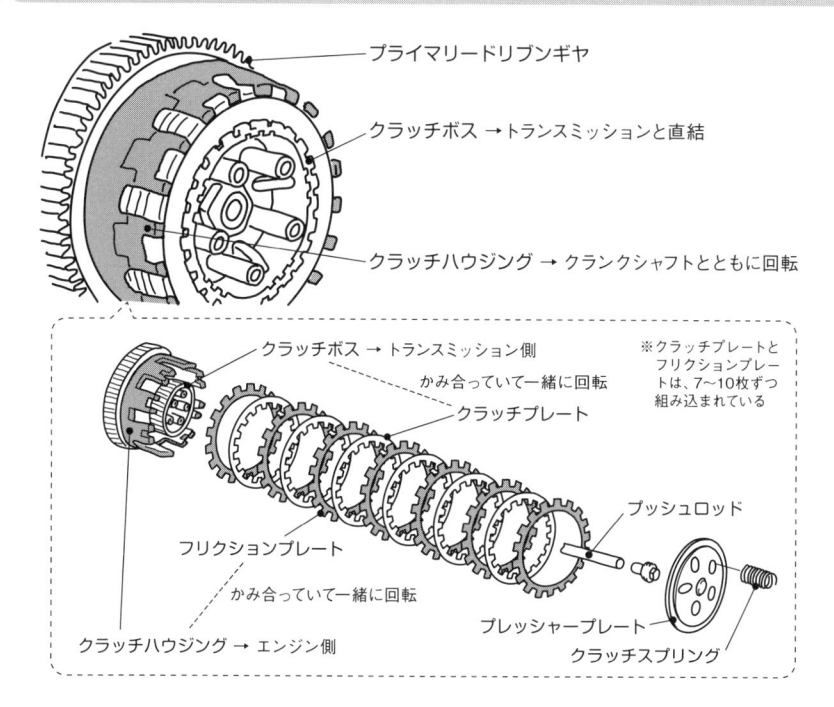

プライマリードリブンギヤ

クラッチボス → トランスミッションと直結

クラッチハウジング → クランクシャフトとともに回転

クラッチボス → トランスミッション側
かみ合っていて一緒に回転
クラッチプレート

※クラッチプレートとフリクションプレートは、7〜10枚ずつ組み込まれている

プッシュロッド

フリクションプレート
かみ合っていて一緒に回転
クラッチハウジング → エンジン側

プレッシャープレート
クラッチスプリング

POINT
◎クラッチはエンジンからの動力をミッションに伝えたり切ったりしている
◎クラッチはエンジンからの動力によって回転するフリクションプレートをトランスミッション側のクラッチプレートに押しつけて動力を伝達する

1-5 多板クラッチの動作

クラッチの構造については理解できましたが、クラッチレバーの操作によってエンジンからの動力を切ったりつないだりするしくみはどのようになっているのですか？

前項でも述べましたが、クラッチハウジングとクラッチボスの間には、動力を断続するためのフリクションプレート（クラッチハウジングと嵌合）とクラッチプレート（クラッチボスと嵌合）が組み付けられ、クラッチスプリングによってプレッシャープレートに押しつけられています。

■クラッチを断続するしくみ

クラッチがつながった状態では、フリクションプレートとクラッチプレートが密着しているため、動力は**クラッチハウジング**から**フリクションプレート、クラッチプレート**を経て、**クラッチボス**へと伝わり、クラッチハウジングとクラッチボスは一緒に回転することになります。こうして動力は**トランスミッション**へ伝わります（上図①、中図①）。

クラッチレバーを握ると、クラッチまで伸びているワイヤーが引かれてプッシュロッドという棒を押します。すると**プレッシャープレート**が押し出されて**クラッチスプリング**が圧縮されることになり、スプリングの力がフリクションプレートとクラッチプレートに加わらなくなります。このため、両プレートの間にすき間ができて、動力はクラッチボスに伝わらなくなります。これがクラッチを切った状態です（上図②、中図②）。クラッチはこのフリクションプレートとクラッチプレートのすき間を微調整することで動力の伝達量を調整しています。

■クラッチレバーの動きがクラッチに伝わるしくみ

クラッチは、**クラッチレバーの動き**（握る、はなす）が**レリーズ機構**に伝えられてプレッシャープレートを押し込むことで断続をしています。レリーズ機構にはワイヤー（機械）式と油圧式があります。

油圧式は、クラッチレバー部に**マスターシリンダー**というシリンダーとピストンからなる部品を取り付けてあり、クラッチレバーを握るとピストンを押し込んで**油圧**を発生させます。この油圧はオイルホースを通ってクラッチ部のレリーズシリンダーに伝わり、プッシュロッドを介してプレッシャープレートを押し上げます。こうしてフリクションプレートとクラッチプレートの間にすき間ができ、動力が伝わらなくなります（下図）。

第5章 動力を伝える【動力伝達機構編】

多板クラッチを断続するしくみ

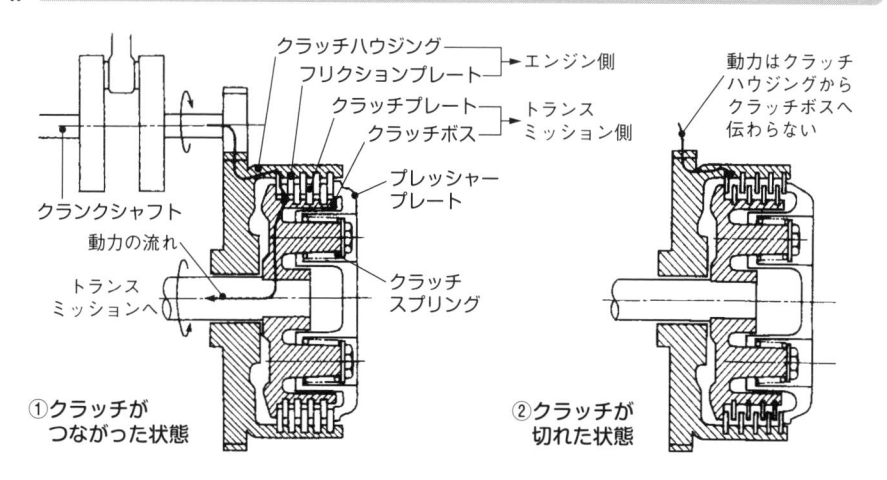

クラッチハウジング → エンジン側
フリクションプレート
クラッチプレート → トランスミッション側
クラッチボス
クランクシャフト
プレッシャープレート
動力の流れ
トランスミッションへ
クラッチスプリング

①クラッチがつながった状態

動力はクラッチハウジングからクラッチボスへ伝わらない

②クラッチが切れた状態

多板クラッチ断続のイメージ図

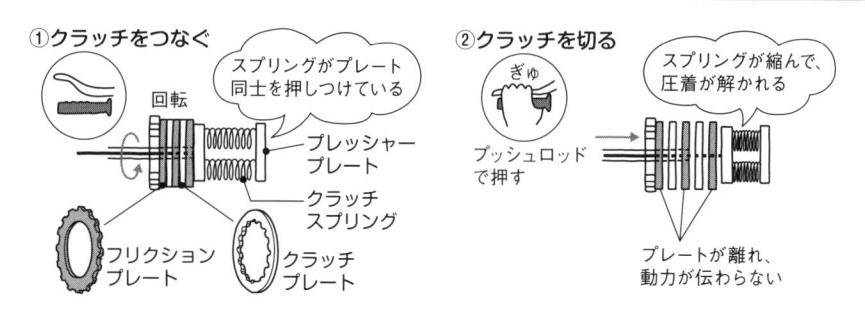

①クラッチをつなぐ
スプリングがプレート同士を押しつけている
回転
プレッシャープレート
クラッチスプリング
フリクションプレート
クラッチプレート

②クラッチを切る
ぎゅ
スプリングが縮んで、圧着が解かれる
プッシュロッドで押す
プレートが離れ、動力が伝わらない

油圧式クラッチの動作

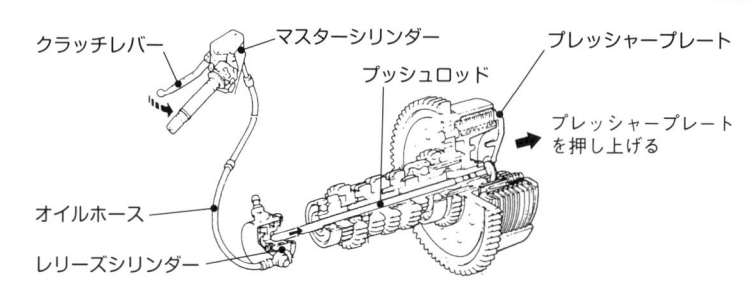

クラッチレバー
マスターシリンダー
プッシュロッド
プレッシャープレート
プレッシャープレートを押し上げる
オイルホース
レリーズシリンダー

POINT
◎クラッチは、エンジンからの動力によって回転するフリクションプレートをトランスミッション側のクラッチプレートに押しつけて動力を伝達する
◎クラッチハウジングはエンジンと、クラッチボスはミッションとつながっている

1-6 遠心式クラッチの構造と動作

遠心式クラッチというと、スクーターなどで使われている操作が不要なものを思い浮かべますが、遠心式クラッチにも種類があるのですか？　また、どのようなしくみになっているのでしょうか？

　遠心式クラッチは、文字通りエンジン回転に応じたおもりの「遠心力」を利用して動力を断続しています。

■遠心式・湿式多板クラッチの動作

　実用車など、マニュアルトランスミッション車の遠心式クラッチは、通常のクラッチのようにハンドルに**クラッチレバー**がありません（シフトペダルはあります）。

　クラッチの構造は湿式多板クラッチと似ていますが、クランク軸上におもり（振り子）が取り付けられていて、この働きで動力を伝達します（上図）。

　スタート時、エンジンの回転数が上がると、クランク軸の回転によって遠心力が働くようになります。すると、おもりが**クラッチプレート**と**フリクションプレート**を押しつけて接続することになり、動力が伝わって発進します。スタート時は、クラッチが滑っているいわば半クラッチの状態ですが、さらにエンジン回転数が上がると滑りがなくなり、動力をすべて伝えるようになります。

　一方、エンジン回転数が下がり遠心力が弱くなると、クラッチプレートとフリクションプレートを押しつける力が弱まりプレートの間にすき間をつくります（クラッチ切断）。また変速をする場合は、シフトペダルを操作するとクラッチリフターによりおもりがクラッチから離れることになり、動力を遮断、接続します。

■遠心式・湿式シュークラッチの動作

　遠心式（Vベルト式）無段変速車（136頁参照）の場合、エンジンの動力はベルトによって**ドライブプーリー**から**ドリブンプーリー**に伝えられますが、ドリブンプーリーに取り付けられた**クラッチ**も一緒に回転します（下図）。

　クラッチにはスプリングでつながれた**クラッチシュー**が取り付けられており、クラッチの回転数が高くなると、おもりを兼ねたクラッチシューに遠心力が働き外側に広がろうとします。さらに回転数が高くなると、遠心力がスプリングの力に勝ってクラッチシューが外側に広がり、ドライブシャフトとつながっている**クラッチアウター**と密着して動力を伝達します（下図の枠内①）。逆に回転数が低くなると遠心力が小さくなり、スプリングの力のほうが大きくなるためクラッチシューとクラッチアウターにすき間ができ動力が遮断されます（下図の枠内②）。

第5章 動力を伝える【動力伝達機構編】

遠心式・湿式多板クラッチの動作イメージ

クランク軸上の遠心多板クラッチ
（発進＋変速クラッチ兼用）

クランク軸からの出力

1次減速後の出力をミッションギヤへ

変速時：シフトペダルの動きからクラッチリフターを作動させてクラッチディスクを押し、切断、接続する

発進時：エンジンの回転を上げると、クランク軸の回転による遠心力でおもり（振り子）がクラッチディスクを接続し発進する

①エンジン回転が低いとき

クラッチプレート
フリクションプレート

②エンジン回転が高いとき

遠心力の働きでおもりがクラッチプレートとフリクションプレートを押しつける

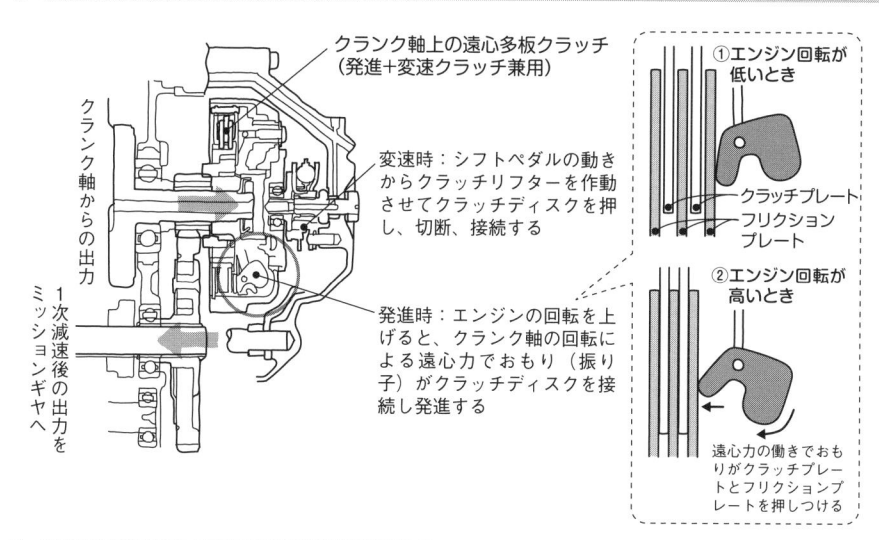

遠心式・湿式シュークラッチの動作イメージ

ドライブプーリー

クラッチ：ドリブンプーリーと一緒に回転

クラッチアウター：ドライブシャフトとつながっている

遠心力

遠心力

遠心力

①回転時

②停止時

クラッチシュー
クラッチアウター
スプリング

ドリブンプーリー

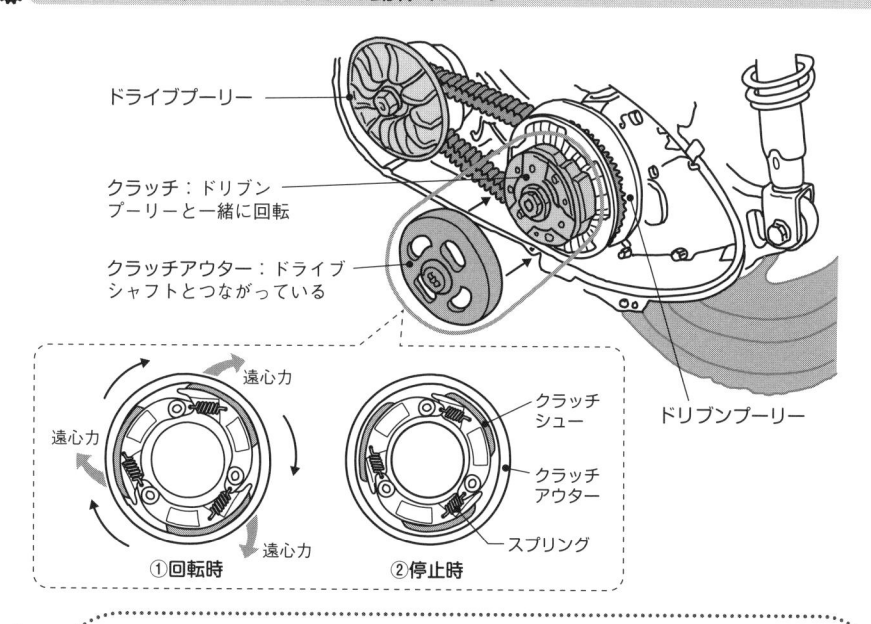

POINT
◎マニュアルトランスミッションで使用される遠心式クラッチは、動力の断続にあたる部分を自動化し、無段変速機で使用される遠心式クラッチは、クラッチプレートやフリクションプレートなどの動力を伝達する部分を自動化している

1-7 バックトルクを制御するスリッパークラッチ

4サイクルエンジンで、急激なシフトダウンによって起こるエンジンブレーキのショックを緩和するのはバックトルクリミッターですが、スリッパークラッチも同様のものなのですか？

走行中に急激なシフトダウンを伴う減速をすると、エンジンブレーキによってリヤタイヤがロックしたり、跳ねたりすることがあります（**バックトルク**）。

■エンジンブレーキとバックトルクリミッター

エンジンブレーキとは、アクセルを閉じたときに発生するエンジン内部の回転抵抗のことです。エンジンブレーキは、エンジンの回転数が高ければ大きくなりますが、これは1速だけシフトダウンした場合と、一気に2、3速シフトダウンした場合では、バイクに伝わる減速（抵抗）感がまったく違うことでも理解できます。

通常走行時、エンジンは混合気を燃焼させることでクランクシャフトを回転させ、その回転力がリヤタイヤに伝わっていますが、エンジンブレーキがかかると、逆にリヤタイヤの回転力がクランクシャフトに伝わります。そのため、急激なシフトダウンをすると車速（＝タイヤ回転数）とエンジン回転数のズレが大きくなり、タイヤがロックしたり跳ねたりします。これを緩和するのが**バックトルクリミッター**で、エンジン内の内部抵抗を減少させるものや**半クラッチ**の状態をつくり出すものなどがあります。ここでは、後者の1種である**スリッパークラッチ**について説明します。

■スリッパークラッチの構造と動作

エンジンブレーキ時、リヤタイヤの回転はエンジンの回転力（トルク）とは正反対の方向に伝わっていきます。そこで、リヤタイヤ側からエンジン側に回転力が加わった場合、クラッチを滑らすことで自動的に半クラッチの状態をつくり出し、回転力の一部だけをクランクシャフトに伝えるようにします。図はスリッパークラッチの一例ですが、その動作は次のようになっています。

①**通常時**：加速側トルク（クランクシャフト発生トルク）により、プレッシャープレート側の回転力がクラッチセンター側のそれを上回ると、アシストカムがプレッシャープレートを引き込み、フリクションプレートとクラッチプレートの押しつけ力を増幅させます。

②**エンジンブレーキ時**：減速側トルク（リヤタイヤからのバックトルク）により、クラッチセンター側の回転力がプレッシャープレート側のそれを上回ると、スリッパーカムがプレッシャープレートを押し出し、減速側トルクを逃します。

第5章 動力を伝える【動力伝達機構編】

スリッパークラッチの動作例

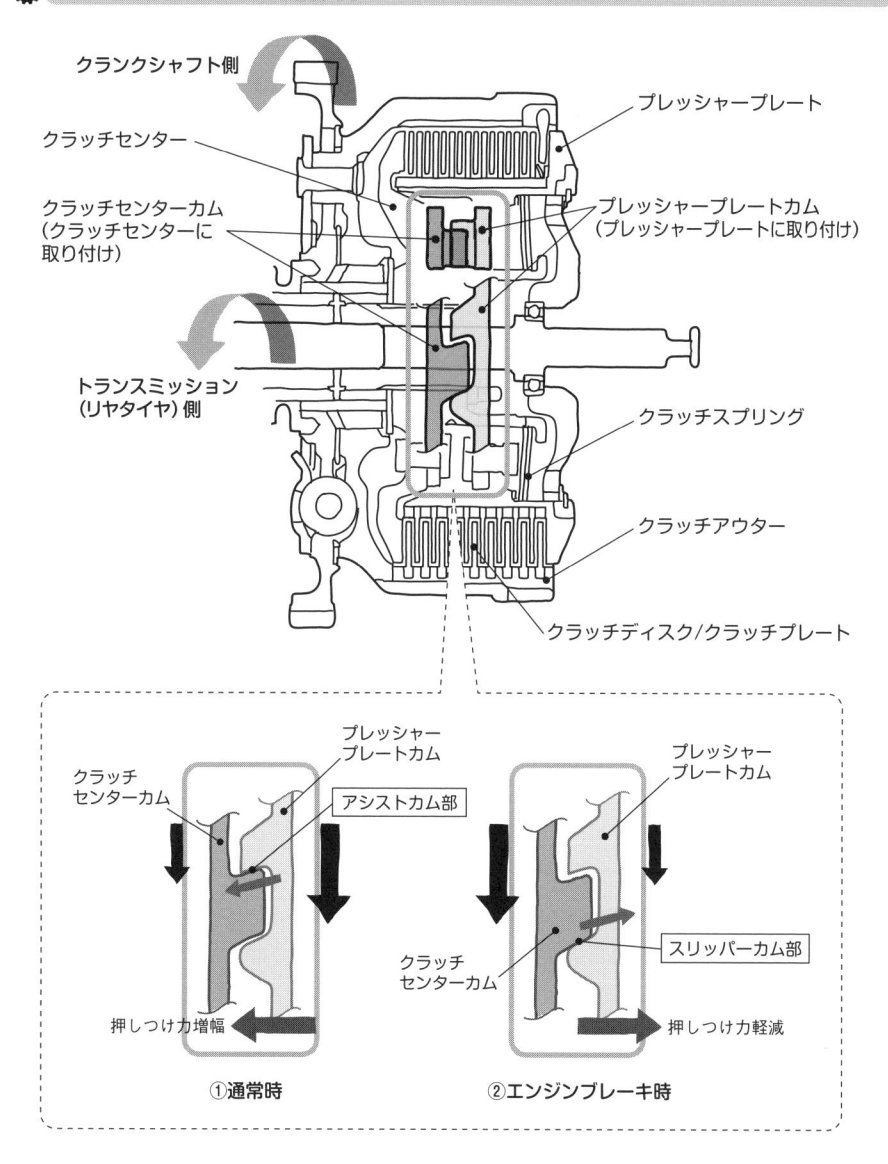

クランクシャフト側

- クラッチセンター
- クラッチセンターカム（クラッチセンターに取り付け）
- トランスミッション（リヤタイヤ）側
- プレッシャープレート
- プレッシャープレートカム（プレッシャープレートに取り付け）
- クラッチスプリング
- クラッチアウター
- クラッチディスク/クラッチプレート

①通常時
- クラッチセンターカム
- プレッシャープレートカム
- アシストカム部
- 押しつけ力増幅

②エンジンブレーキ時
- プレッシャープレートカム
- クラッチセンターカム
- スリッパーカム部
- 押しつけ力軽減

POINT
◎バックトルクリミッターはエンジンブレーキのショックを緩和する
◎スリッパークラッチは、自動的に半クラッチの状態をつくり出して、急激なシフトダウンによって起こるバックトルクを緩和する

1-8 トランスミッションの役割と構造

バイクにはシフトペダルを操作して変速するマニュアル車とアクセル操作だけで変速するオートマチック車がありますが、それぞれの構造はどうなっているのですか？

　トランスミッションの構造について解説する前に、その役割について確認しておきましょう。

◼︎走行状態に合わせて変速するトランスミッション

　自転車でスタートするときや加速するとき、あるいは坂道を登るときには、大きな力でペダルをこぐ必要があります。反対に、下り坂や平坦路を一定の速度で走っているときは、大きな力は必要ありません。これはバイクについても同様です。発進するときや坂道を登るときは大きなトルク（駆動力）が必要になり、下り坂や平坦路では小さなトルクで十分です（上図）。

　このことからもわかるように、**トランスミッション（変速機）** は走行状態に応じてギヤの組み合わせを変えることで駆動力と回転数を変化させるもので、ライダー自身がシフトペダルを操作して変速するマニュアルタイプ（＝**マニュアルトランスミッション**）と、エンジン回転数や車速に応じて自動的に変速する遠心式オートマチックタイプ（＝**遠心式無段変速機**）があります。

◼︎マニュアルトランスミッションはシフトペダルで操作

　バイクのマニュアルトランスミッションは、中図のように**メインシャフト**と**ドライブ（カウンター）シャフト**、各シャフトにはめ込まれた数組のギヤ（変速段数に対応）からなる**ギヤ部**と、シフトペダルの操作によってギヤの段数を切り替える**変速機構**で構成されており、ギヤがつねにかみ合っているので**常時かみ合い式**といいます。ギヤは通常5〜6速の段数をもち、小排気量や高回転型エンジンなど、有効なトルクを発生するエンジン回転数の範囲がせまいエンジンほど段数は多くなります。

◼︎遠心式無段変速機は無段階に変速

　遠心式無段変速機は、エンジン側とリヤタイヤ側に取り付けられた**プーリー**と**ドライブベルト**で構成されており、この両者の接触面の径を変化させることで変速比を無段階に変化させます（下図）。

　エンジン側ドライブプーリーの内側には遠心力によって横方向にスライドするおもりが取り付けられていて、エンジン回転数に応じてプーリー幅を変化させます（136頁参照）。

第5章 動力を伝える【動力伝達機構編】

トランスミッションの必要性

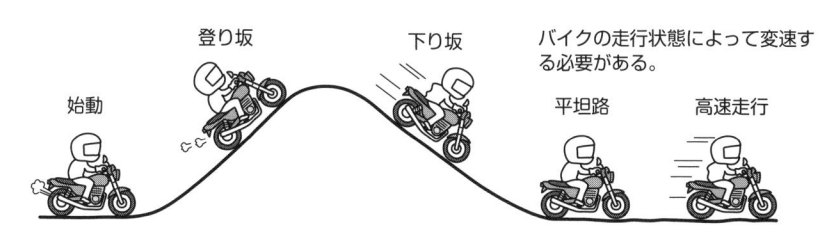

始動　登り坂　下り坂　平坦路　高速走行

バイクの走行状態によって変速する必要がある。

マニュアルトランスミッション

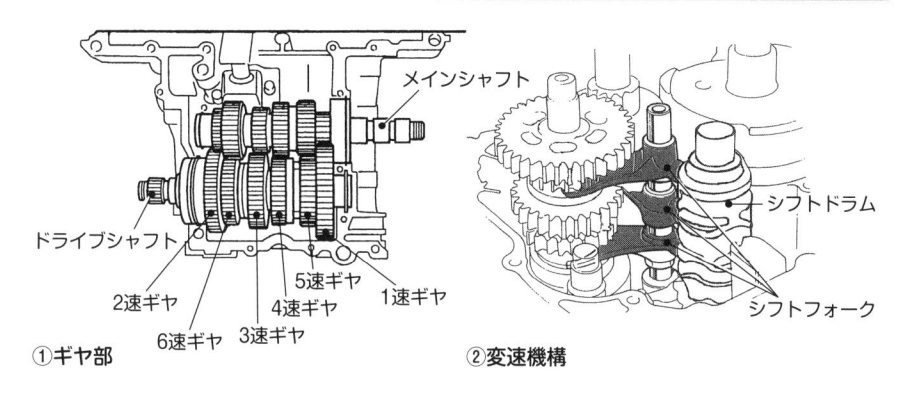

メインシャフト
ドライブシャフト
2速ギヤ
6速ギヤ
5速ギヤ
4速ギヤ
3速ギヤ
1速ギヤ
シフトドラム
シフトフォーク

①ギヤ部　②変速機構

遠心式無段変速機

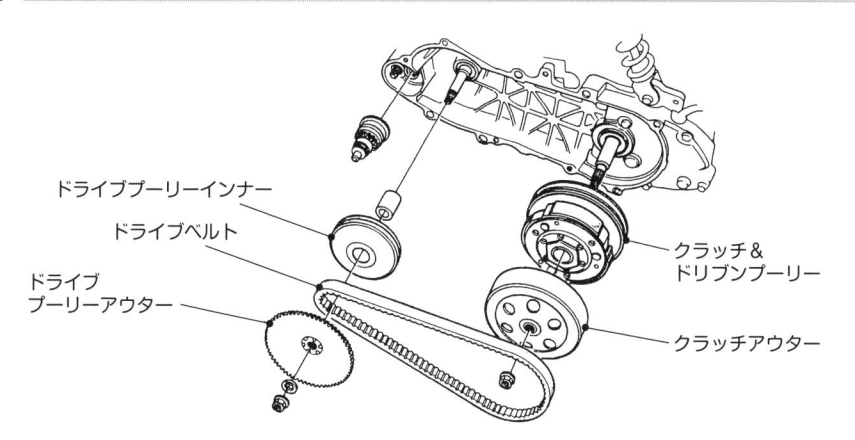

ドライブプーリーインナー
ドライブベルト
ドライブプーリーアウター
クラッチ＆ドリブンプーリー
クラッチアウター

POINT
◎トランスミッションは走行状況に応じて駆動トルクや回転数を変化させている
◎トランスミッションには、シフトペダルを操作してギヤの組み合わせを変えるマニュアルタイプと、遠心力を利用して変速するオートマチックタイプがある

133

1-9 マニュアルトランスミッションの構造と動作

マニュアルトランスミッションが、ギヤの組み合わせによって成り立っていることはわかりましたが、シフトペダルを操作して変速をするしくみはどうなっているのですか？

前項でも見たように、ギヤ部は**メインシャフト**、**ドライブシャフト**の2本のシャフトと、それぞれに配された変速段数分の**ギヤ**で構成されています。

■マニュアルトランスミッションの構造と動作

上図のように、1対のギヤは、どちらか一方が空転（シャフトと一緒に回らない：図中Ⓐ）し、もう一方はシャフトと一緒に回転するようになっていて、この2種類がセットになって各シャフトに組み込まれています。

シャフトと一緒に回転するギヤのうち、**スプライン**と呼ばれる縦溝によってシャフトと嵌合（はめ合っている）しているギヤ（図中Ⓑ）の側面には**ドッグ**と呼ばれる部分があり、スプラインに沿ってギヤがスライドするとドッグが隣の空転するギヤ側面の穴にかみ込みます。また、このギヤには実際にシフトペダルの動きに合わせてギヤをスライドさせる**シフトフォーク**が入る溝が切ってあります。

バイクの変速は**シフトペダル**を操作して行います。シフトペダルを踏み込むと**シフトドラム**が回転し、ドラムの溝に沿ってシフトフォークがスライドします。シフトフォークのもう一方の端はギヤⒷの溝にはまっているため、これに合わせてギヤが移動し変速が行われます。このように、シフトペダルの動きをギヤに伝えて変速を行うのが**変速機構**です。

ギヤの段数は**変速比**（**減速比**：120頁参照）をもとに決定します。もっともトルクを必要とするスタート時のローギヤの変速比が一番高くなり、最高速度を出すトップギヤが一番低くなります。

■マニュアルトランスミッションの変速のしくみ

ここで変速のしくみについて見てみます。下図①がニュートラルの場合です。ギヤ同士はかみ合っていますが、どちらか一方が空転しているので駆動力は伝わりません。次に1速（ローギヤ）の場合です（下図②）。1速にシフトするとbギヤが左にスライドしてaギヤと連結します。すると、空転していたaギヤがシャフトとともに回るようになり、メインシャフト1速ギヤの回転がドライブシャフトに伝わるようになります。これが変速の基本で、2速以上の場合もシフトフォークによってスライドするギヤ（上図Ⓑ）の働きによって同様に変速します。

第5章 動力を伝える【動力伝達機構編】

マニュアルトランスミッション・ギヤ部のイメージ図

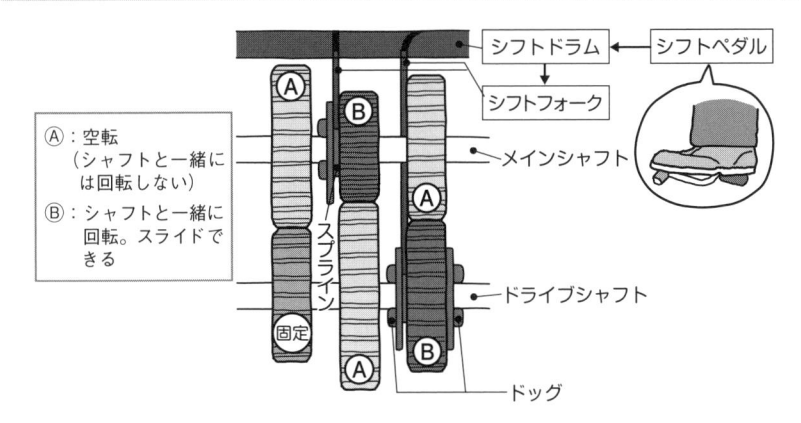

- Ⓐ：空転
  （シャフトと一緒には回転しない）
- Ⓑ：シャフトと一緒に回転。スライドできる

シフトドラム
シフトペダル
シフトフォーク
メインシャフト
スプライン
ドライブシャフト
固定
ドッグ

変速のしくみ

※ギヤの並びは一般的なものではありませんが、わかりやすくするためにこのようにしています

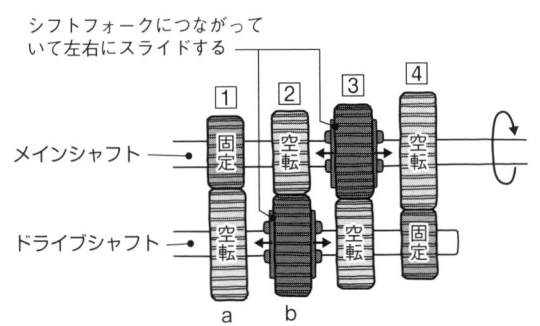

シフトフォークにつながっていて左右にスライドする

メインシャフト
ドライブシャフト

1　2　3　4
固定　空転　空転　空転
　　　a　　b
空転　　　空転　固定

①ニュートラルの場合

ギヤ同士はかみ合っているが、一方が空転しているので駆動力は伝達されない

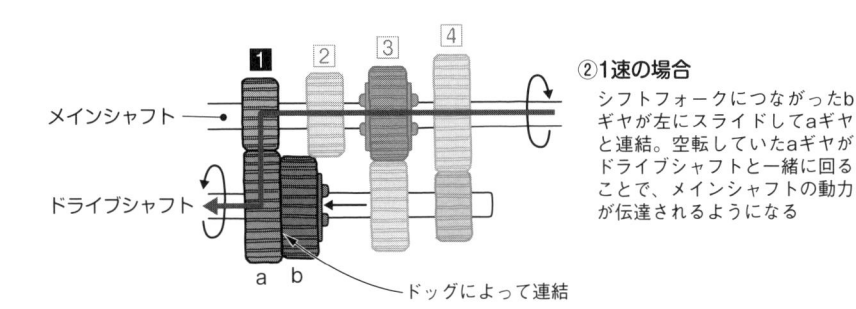

②1速の場合

シフトフォークにつながったbギヤが左にスライドしてaギヤと連結。空転していたaギヤがドライブシャフトと一緒に回ることで、メインシャフトの動力が伝達されるようになる

ドッグによって連結

POINT
◎「シフトペダルを操作→シフトドラムが回転→シフトドラムの溝に沿ってシフトフォークがスライド→シャフトとスプラインで勘合しているギヤが移動→空転しているギヤと連結→動力が伝達」という流れで変速している

1-10 遠心式無段変速機の構造と動作

スクーターにはシフトペダルがなく、アクセル操作だけで自動的にスムーズな変速をすることができますが、その構造としくみはどうなっているのでしょうか？

　遠心式無段変速機（Vベルト式無段変速機）は、エンジン側に取り付けられたドライブプーリーとリヤタイヤに取り付けられたドリブンプーリー、この2つのプーリーをつなぐドライブベルト（Vベルト）で構成されています（133頁下図参照）。

▮遠心式無段変速機の構造

　前後のプーリーは円錐形をした2枚のプレートを向かい合わせに取り付けた構造をしており、横方向にスライドすることでプーリーの幅を変化させます。

　ドライブプーリーの内側には外周方向に溝を切ったベース部に複数のローラー状のおもりが取り付けられ、外周部に近いほどすき間が狭くなるカバー（ランププレート）で抑えられています（上図）。またプーリーの外側にはエンジンに冷却風を送るファンが取り付けられています。

　ドリブンプーリーの外側にはプーリーの幅が広がらないようにするスプリングと動力を断続する遠心式クラッチが取り付けられています（129頁下図参照）。

　前後のプーリーをつなぐベルトは強化繊維と耐熱性の高いゴムでできており、断面形状がV型をしたVベルトが使用されています。またベルト内側に横溝を設けたコグドベルトになっており、屈曲性能を高めています。

▮遠心式無段変速機の変速のしくみ

①**高速時（減速比小）**：エンジン回転数が高くなるとドライブプーリーのおもり（ウェイト）に加わる遠心力も大きくなり、外周方向に移動しようとします。このとき、外周部分の高さはカバーにより低く抑えられていてそのままでは移動できないため、プーリーをスライドさせながら外周部に移動します。その結果、ドライブプーリーの幅が狭くなり、取り付けられたベルトは外周方向に押し出されます。また、ベルトの長さは変わらないため、ドリブンプーリー側のベルトはプーリーの幅を広げながら、中心方向に引っ張られます（下図①）。

②**低速時（減速比大）**：エンジン回転数が低くなると遠心力も小さくなります。すると今度は、ドリブンプーリーのスプリングの力のほうが勝ることになり、プーリーの幅が狭くなってベルトは外周方向に押し出されます。同時に、ドライブプーリーのベルトはプーリーの幅を押し広げながら、中心方向に引っ張られます（下図②）。

第5章 動力を伝える【動力伝達機構編】

ドライブプーリーの構造

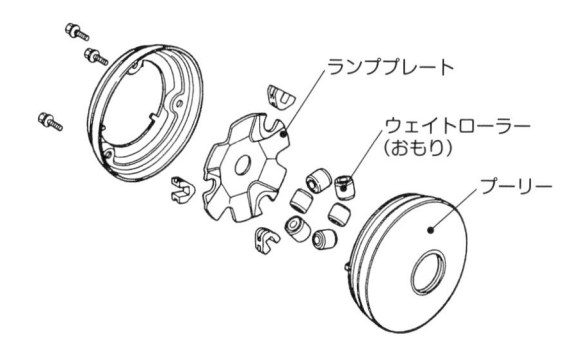

ランププレート
ウェイトローラー（おもり）
プーリー

遠心式無段変速機の変速のしくみ

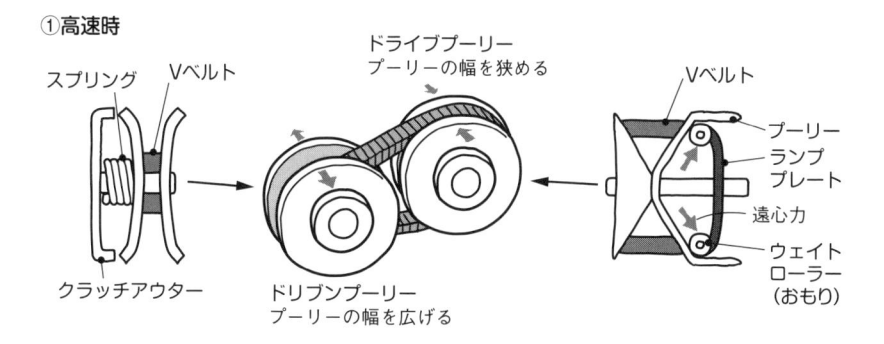

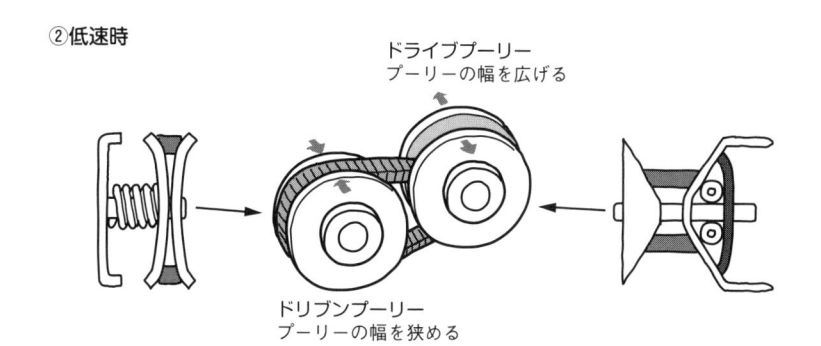

①高速時

スプリング
Vベルト
クラッチアウター

ドライブプーリー
プーリーの幅を狭める

ドリブンプーリー
プーリーの幅を広げる

Vベルト
プーリー
ランププレート
遠心力
ウェイトローラー（おもり）

②低速時

ドライブプーリー
プーリーの幅を広げる

ドリブンプーリー
プーリーの幅を狭める

POINT
◎遠心式無段変速機は、ドライブプーリーのおもり（ウェイト）に働く遠心力とドリブンプーリーのスプリングの力を利用してプーリーの幅を変化させることで、減速比を無段階に変えてスムーズな変速を実現している

1-11 2次減速機構の種類

これまで1次減速機構からはじまって動力伝達機構について見てきましたが、最終的にリヤタイヤに動力を伝える2次減速機構にはどのような種類があるのですか？

118頁でも述べたように、バイクのエンジンは構造上一度に大きな減速比が取れないため、**1次減速機構→トランスミッション→2次減速機構**の3段階で減速しています。リヤタイヤに動力を伝える2次減速機構は**最終減速機構**とも呼ばれ、動力伝達方式によって4種類に分けられます。

(1) チェーンドライブ式

チェーンドライブ式は、バイクの2次減速機構の中でもっとも一般的なもので、ドライブスプロケット、チェーン、ドリブンスプロケットで構成されています（図①）。

この方式は①構造が簡単で減速比の変更が容易にできる、②チェーン自体がたわむので、リヤタイヤが上下に動くことで発生するドライブギヤとドリブンギヤとの軸間距離の変化に対応しやすく衝撃吸収性も良い、という利点がある反面、①最終減速比をあまり大きくできない、②振動や騒音が出やすくチェーンの張り調整や注油などの定期的なメンテナンスが必要となる、という欠点があります。

(2) ベルトドライブ式

ベルトドライブ式は、歯付きプーリーとコグドベルト（ベルトの内側に歯のような段差がある）を使って動力を伝達します（図②）。

チェーン式に比べて伸びや騒音が少なく、注油の必要がないためメンテナンスの手間が減ります。また、重量もチェーン式の約1/4と軽量です。しかし、ベルトとプーリーが外部に露出している場合のゴミのかみ込み問題や、コストが割高なことから、あまり一般的には使用されていません。

(3) シャフトドライブ式

シャフトドライブ式は、ベベルギヤとユニバーサルジョイント、ドライブシャフトなどで構成され、ドライブシャフト部がスイングアーム（148、172頁参照）の片側を兼ねています（図③）。

この方式は耐久性や静粛性にすぐれ、チェーン式のような調整や注油などのメンテナンスの必要がない反面、構造が複雑で重量も重くなり操縦性に影響があります。

このほか、4つめの2次減速機構としては、スクーターなどの遠心式無段変速機（前項参照）で使用される**ギヤ式**があります。

第5章 動力を伝える【動力伝達機構編】

2次減速機構の種類

①チェーンドライブ式

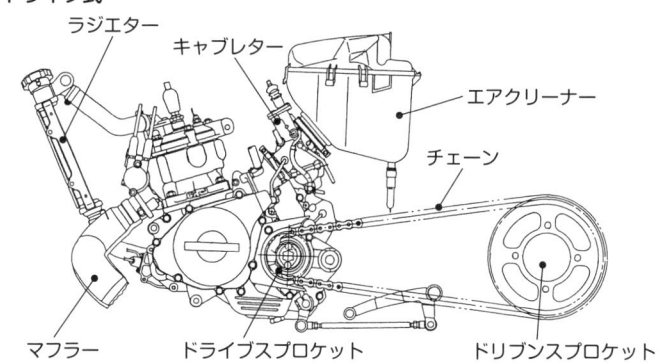

ラジエター / キャブレター / エアクリーナー / チェーン / マフラー / ドライブスプロケット / ドリブンスプロケット

②ベルトドライブ式

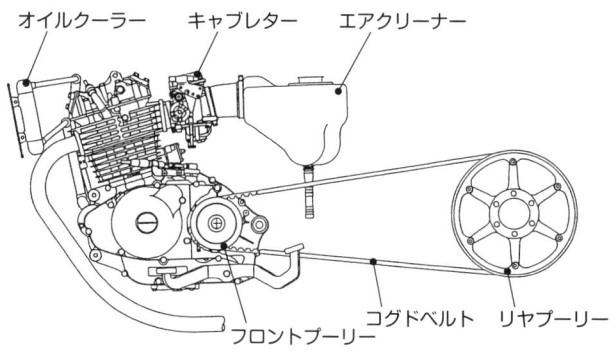

オイルクーラー / キャブレター / エアクリーナー / フロントプーリー / コグドベルト / リヤプーリー

③シャフトドライブ式

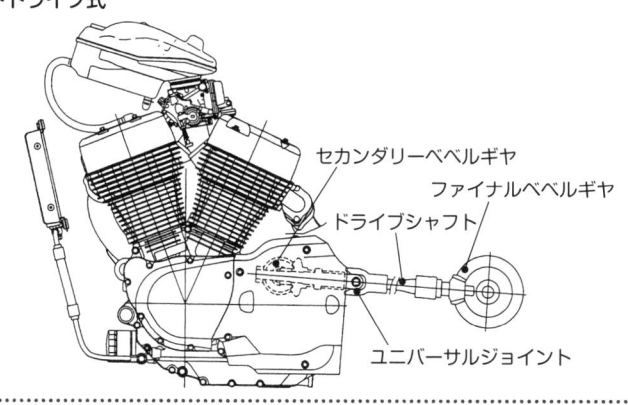

セカンダリーベベルギヤ / ファイナルベベルギヤ / ドライブシャフト / ユニバーサルジョイント

POINT
- ◎2次減速機構はトランスミッションとリヤタイヤの間で最終的な減速をする
- ◎チェーンドライブ式、ベルトドライブ式、シャフトドライブ式、ギヤ式があり、それぞれの特徴とバイクの種類や構造に応じて使い分けられている

139

2. 進化するトランスミッション

2-1 デュアルクラッチトランスミッション

進化するトランスミッションの代表ともいえるデュアルクラッチトランスミッションは、どのような構造をしているのですか？ またどんな効果があるのでしょうか？

デュアルクラッチトランスミッションは、一部の自動車でも採用されているシステムで、**マニュアルトランスミッション**の伝達効率の良さ＋ダイレクト感と**オートマチックトランスミッション**の手軽さを両立させています。

■デュアルクラッチトランスミッションの構造

デュアルクラッチトランスミッションの特徴は、奇数側の変速段（1-3-5速）と偶数側の変速段（2-4-6速）を、インナーメインシャフト、アウターメインシャフトの同軸上に配し、それぞれにクラッチを装備している点です（図）。奇数段のギヤで走行中に偶数段のギヤの準備を行い、変速時には奇数段から偶数段へクラッチを切り替えるだけで変速できるようにして、動力の伝わらない時間が短いスムーズな変速を実現します。また、変速の電動化およびクラッチの断続を油圧化することで、オートマチックトランスミッションと同様の操作が可能になっています。

ライダーはハンドル部のスイッチを操作することで、自動的に変速を行うATモードやマニュアル車と同様にシフトペダルを操作して変速をするMTモードなど、好みのモードを選ぶことができます。

■デュアルクラッチトランスミッションの動作

1速から2速に変速する場合、ECU（エンジンコントロールユニット）が変速を検知すると、2速に予備変速を行い、2速ギヤの偶数段側クラッチを準備します。変速時には1速ギヤの奇数段側クラッチを切り離すと同時に2速ギヤのクラッチを接続することで、ショックのない変速を実現しています。同様に、2速にシフトアップすると同時に奇数段側のギヤは3速へのシフトアップの準備を始めます。

シフト機構は、マニュアル車と同様にシフトドラムの回転でシフトフォークを動かします。シフトドラムの回転はモーターにより駆動され、シフトアップかシフトダウンかの判断は、各センサーからの情報をもとにECUが推測して設定します。ライダーがシフト操作を行った場合はそちらを優先します。

クラッチの断続は、制御用油圧ピストン室にリニアソレノイドバルブから油圧がかかってプレッシャープレートが移動し、クラッチディスクを押しつけたり離したりすることで行っています（図の枠内）。

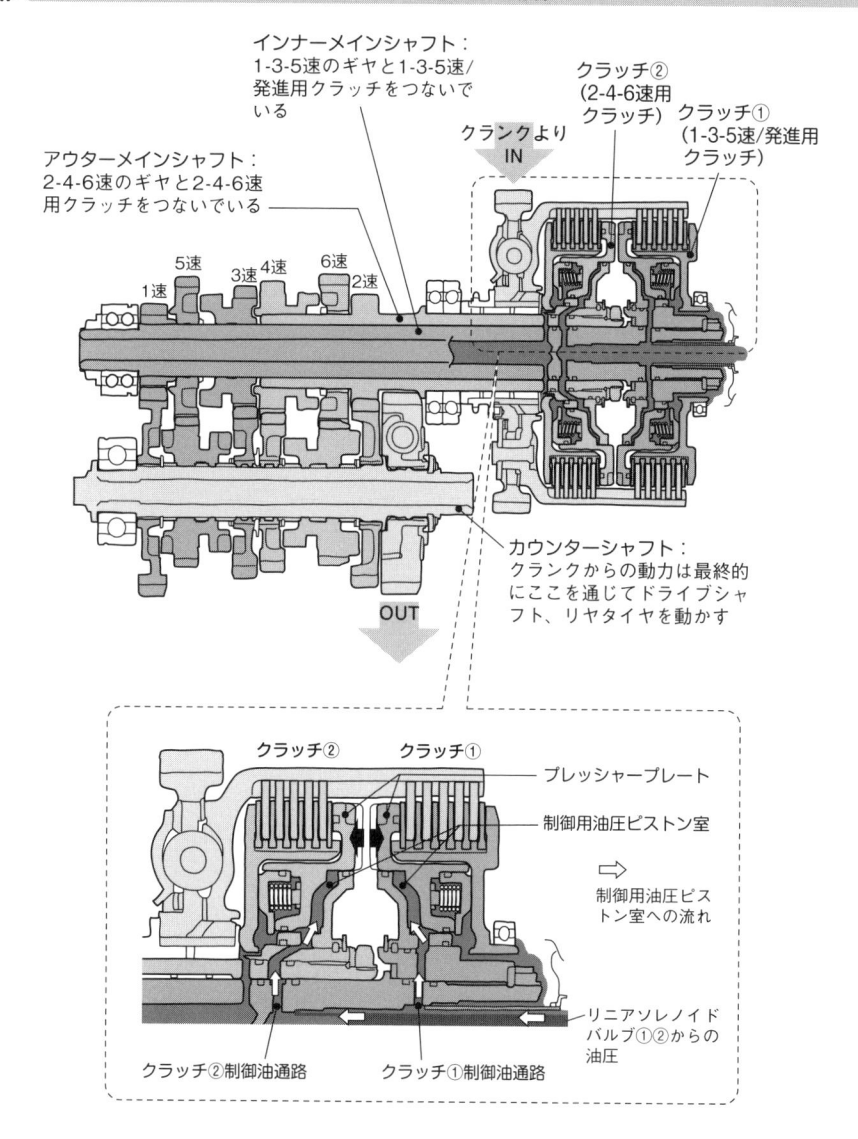

第5章 動力を伝える【動力伝達機構編】

デュアルクラッチトランスミッションの構造と動作

インナーメインシャフト：
1-3-5速のギヤと1-3-5速/発進用クラッチをつないでいる

クラッチ②
(2-4-6速用クラッチ)

クラッチ①
(1-3-5速/発進用クラッチ)

クランクより
IN

アウターメインシャフト：
2-4-6速のギヤと2-4-6速用クラッチをつないでいる

5速　3速　4速　6速　2速
1速

OUT

カウンターシャフト：
クランクからの動力は最終的にここを通じてドライブシャフト、リヤタイヤを動かす

クラッチ②　クラッチ①

プレッシャープレート

制御用油圧ピストン室

⇒ 制御用油圧ピストン室への流れ

リニアソレノイドバルブ①②からの油圧

クラッチ②制御油通路　クラッチ①制御油通路

POINT

◎デュアルクラッチトランスミッションは、トランスミッションを偶数段と奇数段に分けてそれぞれにクラッチを設け、事前に次のギヤの準備を行うことにより変速時にはクラッチを切り替えるだけで変速ができるようにしている

2-2 油圧機械式無段変速機（HFT）

オートマチックトランスミッションには、遠心式無段変速機のほかに油圧機械式無段変速機というシステムがありますが、これはどのような構造としくみ、特徴をもっているのですか？

　油圧機械式無段変速機（HFT：ヒューマン・フレンドリー・トランスミッション）はオートマチックトランスミッションの1つで、遠心式無段変速機とは違った方法でスムーズな変速を可能にしています。

■油圧機械式無段変速機の構造

　構造は建設機械などで使用されている油圧ポンプとモーターを一体化したもので、エンジンの動力でピストンを動かして油圧を発生させ、その油圧をモーターが回転運動に変換して出力軸に伝達しています。上図のように、**オイルポンプ**、**オイルモーター**ともにピストンと「**斜板**」をもっており、**シリンダー**にはポンプ側、モーター側のピストン部分が組み込まれて**出力軸**と一体化しています。

■モーター斜板の傾きによって変速

　ポンプ斜板はエンジンの動力によって回転します。斜板にはピストンが接触していて、斜板の回転に合わせて**ピストン**が往復し**油圧**を発生させます。

　アイドリング時は発進クラッチにあるクラッチバルブが閉じており、オイルはポンプ内を循環します。エンジン回転数が高くなると、遠心力によってクラッチバルブが開き、油圧が上昇してポンプピストンが押される力が伝わります。

　ポンプ斜板がピストンを押し込む力が、シリンダーおよび出力軸を回転させます（下図①）。ポンプ斜板が**ポンプピストン**を押し込むことでオイルを押し出し**モーターピストン**に送ります。そして、シリンダーから押し出されたモーターピストンが**モーター斜板**を押して下向きの力を発生させ、この両方の力によって大きなトルクを生み出します（下図②）。変速は、モーター斜板の傾きによって行います（ポンプ斜板の傾きは固定）。傾きが最大のとき、伝達トルク（出力軸を回転させる力）も最大となり、傾きが小さくなるとともに伝達トルクも小さくなります（上図の枠内）。そして傾きがない場合は、オイルモーターからの伝達トルクはなくなり、オイルポンプからのみとなってオイルポンプの回転数と出力軸の回転数が同じになります。

　油圧機械式無段変速機は電子制御されていて、スロットル開度、エンジン回転数、出力回転数などから車両の状態を判断し、モーター斜板の角度をシフトコントロールモーターで変化させて出力軸に発生するトルクを調整しています。

第5章 動力を伝える【動力伝達機構編】

油圧機械式無段変速機の構造

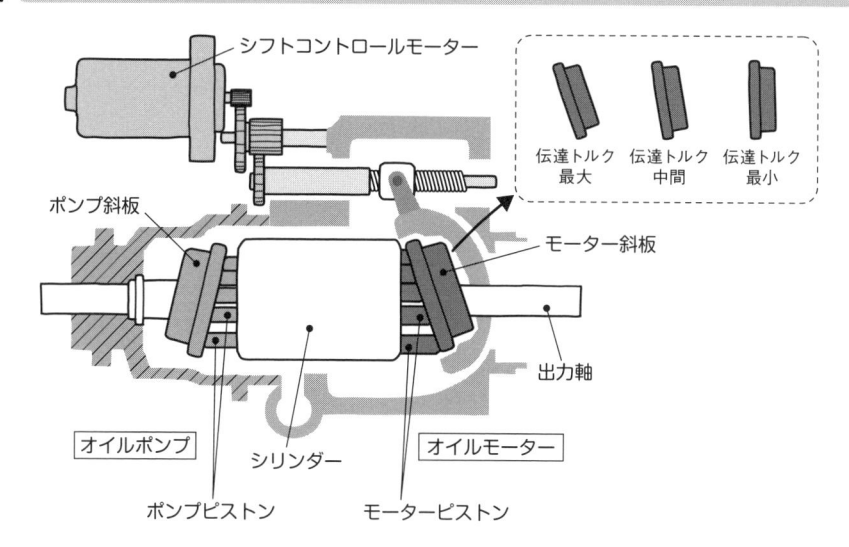

- シフトコントロールモーター
- ポンプ斜板
- モーター斜板
- 出力軸
- オイルポンプ
- シリンダー
- オイルモーター
- ポンプピストン
- モーターピストン

伝達トルク最大　伝達トルク中間　伝達トルク最小

油圧の流れと出力

①ポンプ斜板が回転してピストンを押し込む力でシリンダー（出力軸）が回転

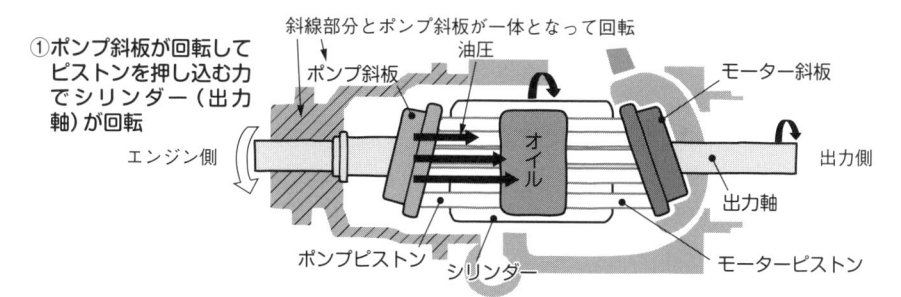

斜線部分とポンプ斜板が一体となって回転
ポンプ斜板　油圧　モーター斜板
エンジン側　オイル　出力側
ポンプピストン　シリンダー　出力軸　モーターピストン

②モーター斜板を押して下向きの力を発生させ、大きなトルクを発生

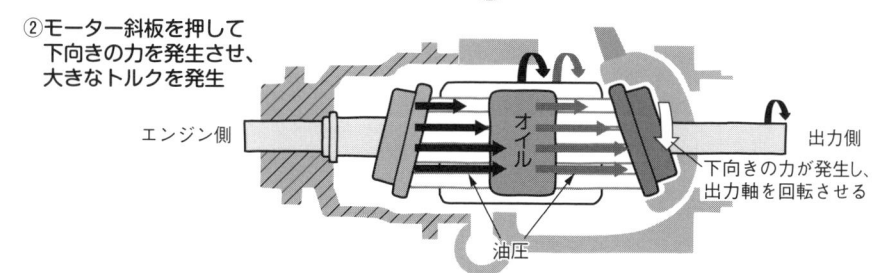

エンジン側　オイル　出力側
下向きの力が発生し、出力軸を回転させる
油圧

POINT
◎油圧機械式無段変速機は、エンジン動力で駆動する油圧ポンプと、その油圧を動力に変換するモーターで構成されている
◎変速は、モーター側の斜板の角度によって出力軸に働く圧力を変化させて行う

COLUMN 5

安全なライディングのために《その5》
悪天候時の注意点①

　雨の日のライディングは、バイクにとっては厳しい条件が重なって、非常に難しいものになります。
　とくに夕暮れ時から夜間にかけての走行は、その危険性を考えるとできるだけ避けたほうが賢明です。しかし、ツーリング先で雨に降られ、どうしてもその日のうちに帰らなければならないなど、走らざるを得ない場合もあります。
　ここでは、悪天候下で走行するときの基本的な注意点について考えてみます。
（1）スリップに注意する
　雨が降って路面が濡れると、タイヤのグリップ力（路面をつかむ力、摩擦力）が極端に低下してスリップしやすくなります。とくに降り始めは、道路に溜まったホコリや砂などが雨水によって流されるため、これらがタイヤと路面の間でコロのような働きをして非常に滑りやすくなります。
　また、マンホールや横断歩道の白線などは摩擦係数が低く、排水性も悪いため、タイヤが載った瞬間にスリップして転倒することもあります。
　このようなことから、雨の日は急激な操作を控えて、できる限りスムーズなライディングを心がけるようにします。
（2）視界を確保する
　雨が降ると、ヘルメットのシールドやバックミラーの表面に水滴が付着して、著しく視界が損なわれます。こんなときは、自動車用品店やホームセンターなどで売られている自動車ガラス用撥水コーティング剤を塗布しておけば、ある程度は視界を確保することができます。
　また、頭髪が濡れたままでヘルメットをかぶると、シールドの内側が瞬く間に曇ってきます。視界確保のため、雨天時はシールド内側に曇り止め剤を塗布し、ヘルメットを脱いでいるときは帽子をかぶるなど、できるだけ頭髪を濡らさないようにします。息がシールドにかからないようにする専用マスクを着用するのも有効です。

第6章

バイクの走りを支える
【フレームと足回り編】

The chapter of
frame & undercarriage

1. バイクを支えるフレーム

1-1 フレームの役割と種類（1）

車体の中心にあって、バイクの性格を決めているフレームにはどんな種類があるのですか？ また、それらはどのような構造と特徴をもっているのでしょうか？

　フレームはバイクの車体を構成する骨格となるもので、主要な部品を保持する役割を果たしており、エンジンやサスペンションが取り付けられる**メインフレーム部**とシートなどが取り付けられる**シートレール部**に分けられます（上図）。フレームはバイク全体のサイズや前後タイヤへの重量バランス、**ホイールアライメント**（152頁参照）などを決定づけるため、バイクの特性を左右する重要な部品といえます。

　フレームには、エンジンや路面からの振動、衝撃などに耐えうる強度が求められるだけでなく、走行中にフレームに加わる曲げやねじれなどの力に対する剛性も必要となります。フレームの材質はスチールかアルミが一般的で、形状はパイプ状のものやプレス成形されたものなどがありますが、最近はパイプ径を大きくしたり角状にしたり、材質に強度の高い炭素鋼管や高張力鋼管、アルミ合金を使用することにより、強度や剛性を高めるとともに軽量化が追求されています。

■フレームの種類と特徴

　フレームの形状は、それぞれのバイクに求められる特性に応じて選択されますが、その主なものは次の通りです。

①**クレードルフレーム**：クレードルとは"ゆりかご"の意味で、フレーム全体でエンジンを包み込む形をしているのが特徴です。高い強度と剛性があり、フレームの中でもっとも一般的なもので、エンジン前部のパイプ（**ダウンチューブ**）を2本にして強度を上げた**ダブルクレードルフレーム**と、軽量化のためにダウンチューブが途中から2本になる**セミダブルクレードルフレーム**に分けられます（下図①②）。

②**ダイヤモンドフレーム**：クレードルフレームのダウンチューブがないタイプで、エンジンをフレームの一部として使用することで、強度化と軽量化を図っています（下図③）。

③**バックボーンフレーム**：エンジンをフレームの一部とするのはダイヤモンドフレームと同様ですが、メインになる部分がパイプではなく、鋼板プレス成形しているのが特徴で、このメイン部分の背骨のような太いフレームに、エンジンが吊り下げられるように配置されています。構造が簡単で大量生産が可能となるため、実用車や小排気量車などに多く採用されています（下図④）。

第6章 バイクの走りを支える【フレームと足回り編】

フレームの基本構造

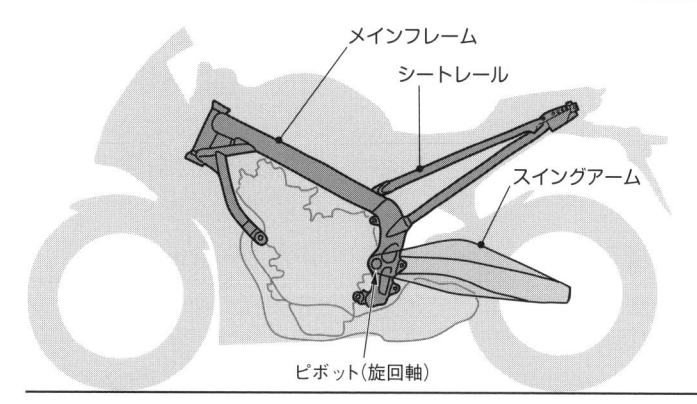

メインフレーム
シートレール
スイングアーム
ピボット（旋回軸）

フレームの種類

①ダブルクレードルフレーム
シートレール
タンクレール
ヘッドパイプ
ダウンチューブ
ピボット

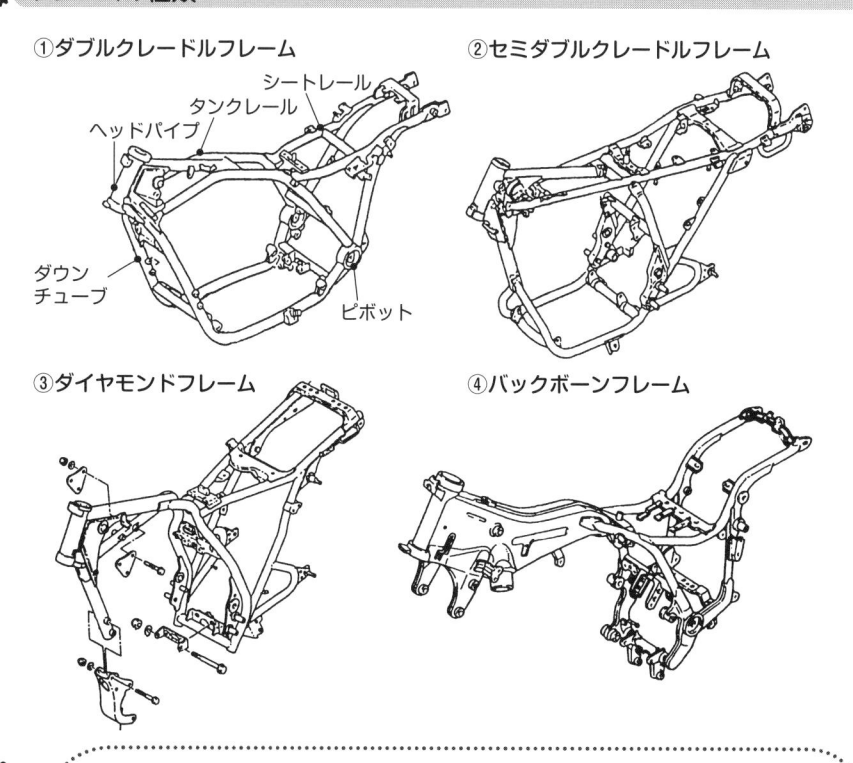

②セミダブルクレードルフレーム

③ダイヤモンドフレーム

④バックボーンフレーム

POINT
◎フレームはバイクの車体を構成する骨格となり、主要部品を保持している
◎フレームには、クレードル、ダイヤモンド、バックボーン、トラス、ツインスパーなどの種類があり、求められる特性、用途、目的によって選択される

1-2 フレームの役割と種類（2）

前項に引き続いてフレームの種類について教えてください。また、フレームのほかにスイングアームはリヤホイールを支持しながら他の機能も果たしているようですが、その構造はどうなっているのですか？

前項に続くフレームの種類について説明します（番号は前項の続き）。

④**トラスフレーム**：パイプを用いてフレームのメイン部分をトラス（架橋）構造にしたもので、各部にかかる力を分散させることで、剛性を高めるとともに軽量化も図っています。ただし、構造が複雑になりコストがかかるのが難点です（上図⑤）。

⑤**ツインスパーフレーム**：メインとなる2本の太いフレームがエンジンを抱え込んでいるような形が特徴です。このメインフレームには、断面が日の字や目の字になったアルミ合金製の押し出し材が使用されることが多く、軽量で高い剛性を得ることができるため、多くの高性能車種に採用されています（上図⑥）。

このほか、フレームをボックス型にして外板全体で力を受けることによって剛性を高めた**モノコックフレーム**は、エンジンそのものを車体の構造体として取り込む発想から設計されています。

また、エンジン自体をメインの強度部材としているのが**フレームレス構造**のバイクです。ダイヤモンドフレームの変形タイプで、メインのフレームをもたず、エンジンやミッションユニットなど重量のあるパーツを集中させ、低重心化を図っているのが特徴です。

▰リヤサスペンションとして機能するスイングアーム

スイングアームはリヤホイールと車体をつなぐ部品で、**リヤサスペンション**としての役割も担っています（172頁参照）。スイングアームの前端部はフレームの**ピボット**に（147頁上図参照）、後端部はリヤホイールに支持されており、スイングアームがピボットを中心に上下に動くことに加え、スイングアームとフレームの間に備えられているリヤサスペンションの働きによって振動や衝撃などを吸収します（中図）。

スイングアームの形状は、両持ち式と片持ち式の2種類に分けられ、**両持ち式**は構造が簡単で剛性を確保しやすく、左右のバランスもすぐれている点が、**片持ち式**はタイヤ交換が簡単で、軽重量化が可能な点が特徴です（下図）。材質はスチール製とアルミパイプ製があり、アルミ鋳造製や押し出し材を使用したもの、アルミパネルを溶接して組み立てたものもあります。また、理想的なマフラーの形状に対応するため、両持ち式の片側が大きく湾曲したタイプも見られます。

第6章 バイクの走りを支える【フレームと足回り編】

フレームの種類（前項の続き）

⑤トラスフレーム

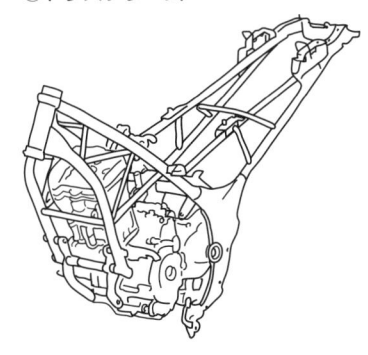

⑥ツインスパーフレーム

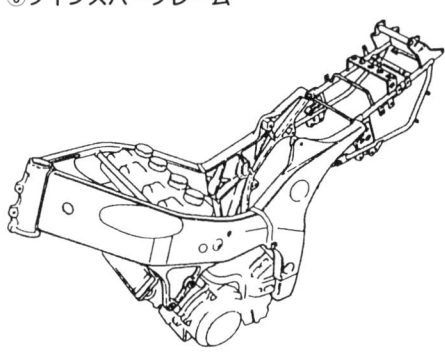

スイングアーム

リヤサスペンション

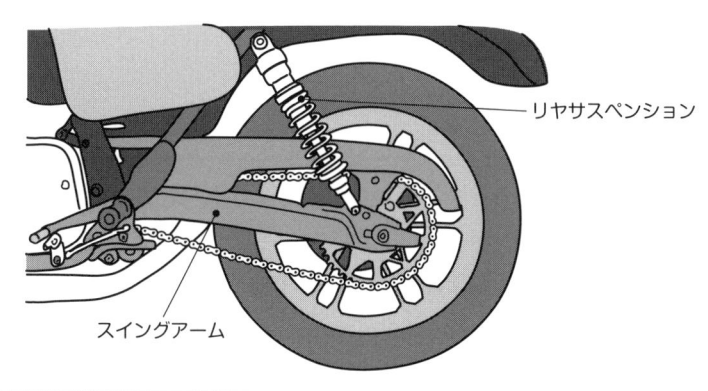

スイングアーム

スイングアームの種類

①両持ち式

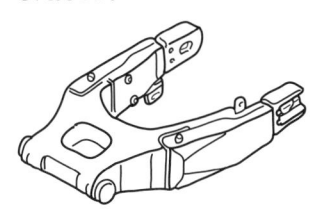

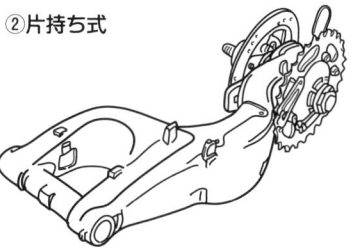

②片持ち式

POINT
- ◎スイングアームは、リヤホイールと車体をつなぐとともにリヤサスペンションとしても働き、振動や衝撃などを吸収している
- ◎スイングアームには両持ち式と片持ち式の2種類がある

2.「曲がる」をつかさどるステアリング機構

2-1 バイクの旋回とステアリングの役割

バイクでコーナーを曲がるときには、車体を大きく傾けますが、これにはどんな意味があるのですか？ また、ステアリング操作とコーナリングはどのような関係にあるのでしょうか？

　バイクは自動車のステアリングと違い、体重移動などにより車体をバンクさせる（傾かせる）ことでフロントタイヤに舵角を与えて**旋回力**を生み出します。

▍セルフステアリングとジャイロ効果

　これはバイクには傾けた方向に自動的にハンドルが切れる**セルフステアリング**という効果が備わっているためで（上図）、バンクの角度が深くなるほどフロントタイヤの舵角が大きくなり、旋回力が高まります。セルフステアリングの効果は、平地で自転車をゆっくりと寝かしていくときのフロントタイヤの動きで体感できます。

　また、高速で回転するホイールには**ジャイロ効果**が働きます。これは、回転する物体の回転軸の回転方向に対して直角に力が働き、物体が回転している間はその回転軸の向きを保とうとするというもので、回転する物体が重く、回転する速度が速いほど強くなります。走行中のバイクは、前後のホイールはもちろん、エンジン内部で回転する部品や駆動系部品などでもこの効果による力が働きます（中図）。

　ジャイロ効果はセルフステアリングによってハンドルが切れたときにも発生し、例えば走行中にハンドルを右に切ると、反対側にハンドルを切る（バイクを倒そうとする）力が生まれます。したがって、スムーズにコーナーを曲がるためには、ジャイロ効果に打ち勝つ力でバイクを傾ける必要があります。

▍旋回力を生む力

　バイクは車体をバンクさせることで、セルフステアリング以外にも「旋回力を生み出す力」が発生します。バイクはハンドルを左右に切るとフロントタイヤを正面から見て斜め方向の傾斜がつきます。この傾斜角を**キャンバー角**といい、旋回時に発生する遠心力と反対方向のコーナリングフォースを発生させて遠心力を打ち消します。キャンバー角とハンドルの切れ角との関係は、サイドスタンドを立ててハンドルを左右に切るとバイクの傾きが変化することで実感できます（次項参照）。

　そのほか、タイヤの形状によるものもあります。バイクのタイヤは断面がラウンド形状になっており、センター部とサイド部の直径を比較するとサイド部のほうが小さくなっています。このため、バイクがバンクするとタイヤの接地面に外周差が生まれ、直径の小さい側に向かって曲がっていきます（下図）。

第6章 バイクの走りを支える【フレームと足回り編】

セルフステアリングの概念

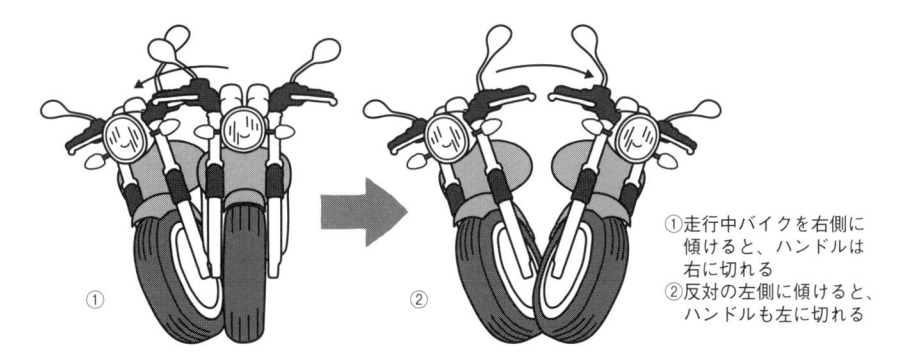

①走行中バイクを右側に傾けると、ハンドルは右に切れる
②反対の左側に傾けると、ハンドルも左に切れる

バイクのジャイロ効果

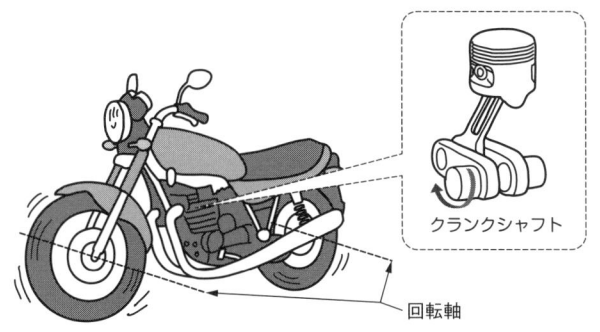

ジャイロ効果は、回転軸の向きを保とうとする性質をもつ。

クランクシャフト

回転軸

タイヤの旋回力

センター部
サイド部

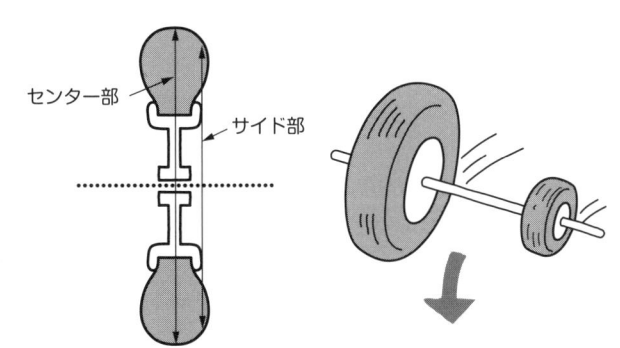

バイクを傾けると、タイヤのサイド部とセンター部が同時に接地するため、接地面の直径に差が生じ、小さい側に曲がっていく。これは、1本の軸に直径の違う2つのタイヤをつけて転がした場合、直径の小さいタイヤ側に曲がっていくことでもわかる。

POINT
◎バイクは、セルフステアリングやジャイロ効果などさまざまな要因が重なって旋回する。ステアリング機構は、これらの作用をスムーズに発生させるとともに走行中のバイク全体をコントロールする働きをしている

2-2 ホイールアライメント

ホイールアライメントという言葉をよく耳にしますが、バイクの操縦性に大きな影響を与えるといわれるホイールアライメントとはどのようなものなのでしょうか？

　ホイールアライメントは、車体あるいは路面に対するタイヤの取り付け角度のことで、バイクの操縦性に大きな影響を与えます。ホイールアライメントに正解はなく、それぞれのバイクに合った操縦性を得るためにバイクごとに設定されています。

（1）キャスター角とキャンバー角（上左図、上右図）

　キャスター角は、フロントフォークを取り付けている回転軸（**ステムシャフト**）の角度をいいます。キャスター角が小さければハンドルを切ったときのフロントタイヤの舵角が大きくなり旋回性が良くなります。反対に大きければ、ハンドルを切ったときのフロントタイヤの舵角が小さくなり直進安定性が増します。

　キャスター角は、スポーツモデルで24°前後に設定され、直進安定性を求めるアメリカンタイプのバイクでは35°前後に設定されるものもあります。

　キャンバー角は、フロントタイヤを前方から見たときの路面に対する傾斜角を表し、旋回力に影響します。キャンバー角とキャスター角、実舵角は密接に関係しており、例えばキャスター角が0°の場合、ハンドル切れ角と実舵角は同じになります。キャスター角が大きくなるに従って、ハンドルを切ったときのキャンバー角も大きくなり、実舵角は小さくなります。

（2）トレール（上左図、下左図）

　トレールとは、ステムシャフト中心から地面への延長線とフロントタイヤの接地点との距離をいいます。トレールが大きくなると直進安定性が増しますが、ハンドルは重くなります。逆に小さいと旋回性が良くなり、ハンドルは軽くなります。

（3）フォークオフセット（上左図、下左図）

　フォークオフセットは、ステムシャフト中心と左右フロントフォーク中心を結んだ線の長さをいい、これによってトレールの長さを調整します。

（4）ホイールベース（下右図）

　ホイールアライメントとは直接関係ありませんが、操縦性を左右する大きな要素です。**ホイールベース**はフロントタイヤの中心からリヤタイヤの中心までの距離をいい、これが長ければ、直進安定性は向上し旋回性は悪くなります。反対に短かければ、旋回性は向上し直進安定性は悪くなります。

第6章 バイクの走りを支える【フレームと足回り編】

● キャスター角、トレール、フォークオフセット

● ハンドル切れ角と実舵角

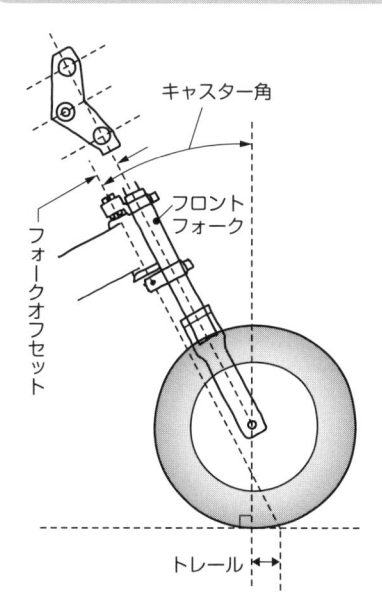

キャスター角が0°であると仮定すると、ハンドル切れ角＝実舵角となる。ハンドル切れ角に対する実舵角の値は、キャスター角が大きくなるにつれて小さくなる。

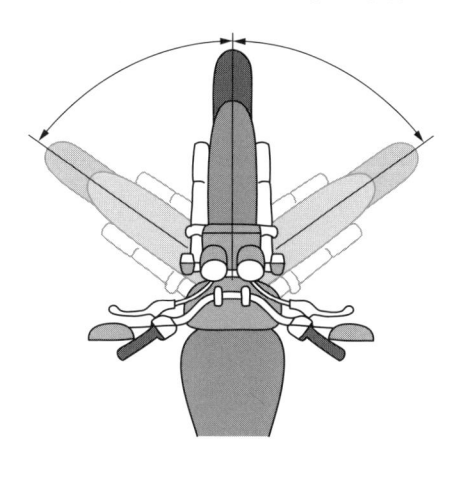

● トレールとフォークオフセット

● ホイールベース

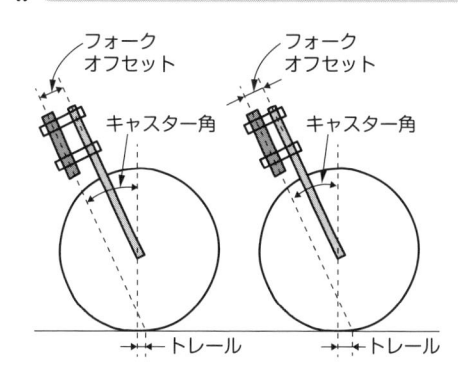

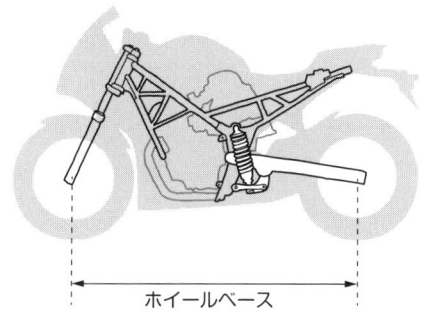

※トレールは、キャスター角、タイヤ径によっても変化するが、ここでは同じものとする

POINT
◎ホイールアライメントはキャスター角とトレールが基本となる
◎トレールはフォークオフセットやタイヤ径によっても変化するため、それぞれが関係し合ってホイールアライメント＝バイクの操縦性を決定している

2-3 ステアリング機構の種類

バイクのステアリングは基本的にどれも同じように見えるのですが、実際にはどのような種類があるのですか？　またそれぞれどんな特徴をもっているのでしょうか？

　現在バイクの**ステアリング機構**としては**フロントフォーク式**が主流です（上図①）。これは、**フロントフォーク**を固定する**アッパーブラケット**にハンドルを取り付け、**ヘッドパイプ**部を中心に回転することでハンドル操作をタイヤに伝えるとともに（157頁上図参照）、衝撃を吸収する**サスペンション**の役目も兼ねています（164頁参照）。

◼️フロントフォーク式ステアリング機構の種類

　フロントフォーク式ステアリング機構には2種類があります。**テレスコピック式**はアウターチューブとインナーチューブが望遠鏡（テレスコープ）のように伸縮する構造で、内部に**ダンパー室**を備えています（164頁参照）。ねじれや曲げに対する強度が高くサスペンションとしての機能も高いため、多くのバイクで使用されています（中図①）。**ボトムリンク式**はフォークの下端にアームを取り付け、その先端でフロントタイヤを支持するもので、サスペンションがその間に置かれています（中図②）。構造が簡単で低コストなため、スクーターや実用車に使用されています。

◼️フロントフォーク式以外のステアリング機構

　フロントフォーク式以外には**リンク式ステアリング機構**があります（上図②）。ステアリング機構とサスペンション機構を分離して双方の機能をより高めることを目的としていて、フロントホイールはスイングアームによって支えられ、サスペンションを設けて路面からの衝撃を吸収します。また、ハンドルの動きはステアリングロッドによってステアリングハブに伝えられます。リンク式は構造が複雑で重く、フロントフォークの性能が向上していることなどから現在はほとんど見られません。

　このほかに、フロントフォーク式とリンク式の中間的な構造をもつテレレバー（デュオレバー）と呼ばれるステアリング機構があります。**テレレバー式**は、フロントフォークと似た構造をもつ固定チューブとスライディングチューブでフロントタイヤを支持してハンドルの動きを伝えます。サスペンションユニットはフレームから固定チューブに伸びた2本のアームによってフロントタイヤの動きが伝えられて機能します（下図①）。**デュオレバー式**はテレレバー式のフォーク状のチューブ構造ではなく、リヤスイングアーム状のトレーリングリンクでフロントタイヤを支持し、ハンドルの動きやフロントタイヤの上下動をリンクを介して伝えます（下図②）。

第6章 バイクの走りを支える【フレームと足回り編】

ステアリング機構の種類

- アッパーブラケット
- フロントフォーク
- ステムシャフト（ヘッドパイプに挿入されている）
- ステアリングロッド
- アッパーアーム
- ロアアーム
- ステアリングハブ
- サスペンションユニット

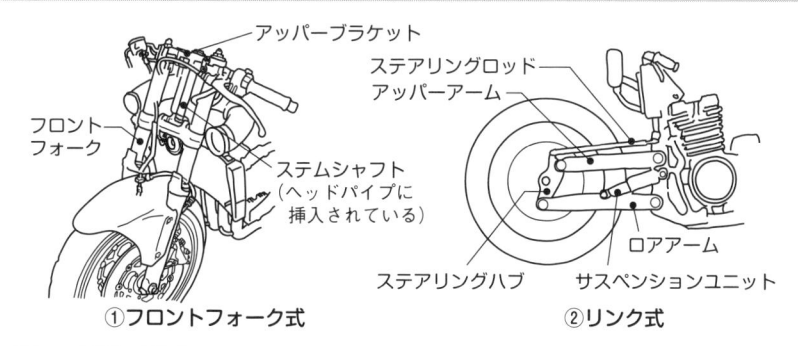

①フロントフォーク式　　②リンク式

フロントフォーク式ステアリング機構の種類

- インナーチューブ
- アウターチューブ
- フォーク
- （トレーリング）アーム
- サスペンションユニット

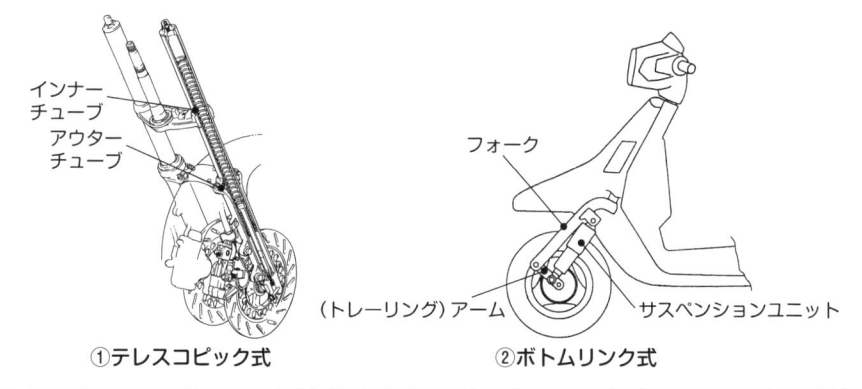

①テレスコピック式　　②ボトムリンク式

テレレバー式とデュオレバー式

①テレレバー式
- スライディングチューブ
- サスペンションユニット
- 固定チューブ
- Aアーム

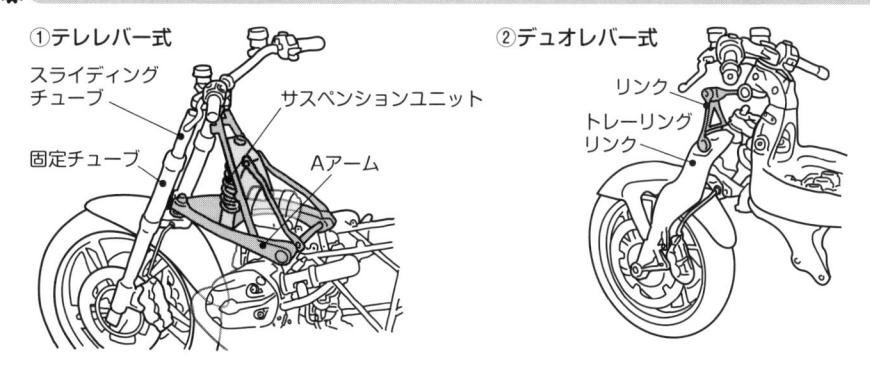

②デュオレバー式
- リンク
- トレーリングリンク

POINT
◎バイクのステアリング機構にはフロントフォーク式とリンク式があり、それぞれにメリット・デメリットがあるが、コストや構造などの面からほとんどの車両でフロントフォーク式が採用されている

2-4 ステアリング関連部品の構造と役割

ステアリング機構の種類についてはわかりましたが、現在主流となっているフロントフォーク式はどのような構造をしているのですか？また、どんな特徴があるのでしょうか？

　一般的な**フロントフォーク式ステアリング機構**は、ハンドル、フレームに設けられたヘッドパイプ部、フロントフォークを固定するアンダーブラケット、アッパーブラケットなどで構成されます。

◤フロントフォーク式ステアリング機構の構造

　アンダーブラケットには、ステアリング機構の回転軸になる**ステムシャフト**が挿入され、**ヘッドパイプ部**にボールベアリングやテーパーローラーベアリングを介して取り付けられています（上図）。一部のスーパースポーツではヘッドパイプ部やステムシャフトに偏芯機能をもたせることで、一般公道とサーキット走行など状況に応じてキャスター角やフォークオフセットを変更できるものもあります。(152頁参照)

　アッパーブラケットはステムシャフトの上部に取り付けられ、ハンドルやイグニッションキーを固定する土台の役割をします。アッパーブラケットに取り付けられるハンドルは**セパレートハンドル**と**パイプハンドル**があります（中図）。ハンドルの端部（バーエンド）には、走行中の振動を吸収する防振ダンパーが備えられています。

　アンダーブラケットやアッパーブラケットはアルミ鋳造でつくられており、以前はコーナリング時の応力によりフロントフォークがねじれることを防ぐため、より強固なものが使用されていましたが、最近のスーパースポーツなどではフロントフォークの高剛性化やフロントホイールのアクスルシャフトの強度が高くなったため、アッパーブラケットは穴開け加工や薄板化などにより強度を落とし、ステアリング機構全体の強度のバランスを取る方向に変化しています。

◤ムダな振動を吸収するステアリングダンパー

　そのほか、一部のスポーツモデルでは、走行時の振動や路面のわだちなどによって発生するハンドルの振れを抑える**ステアリングダンパー**が備えられています。ステアリングダンパーはサスペンションの**オイルダンパー**と同様に無駄な振動を吸収する働きをしており、振動や振れの程度に合わせてロッドを回転させてピストンのオリフィス径（次項参照）を変化させ減衰力を調整する機能をもつタイプもあります（下図）。またスポーツモデルでは**電子制御式ステアリングダンパー**が採用されており、車速やアクセル開度に応じて自動的に減衰力（次項参照）を調整します。

第6章 バイクの走りを支える【フレームと足回り編】

● フロントフォーク式ステアリング機構

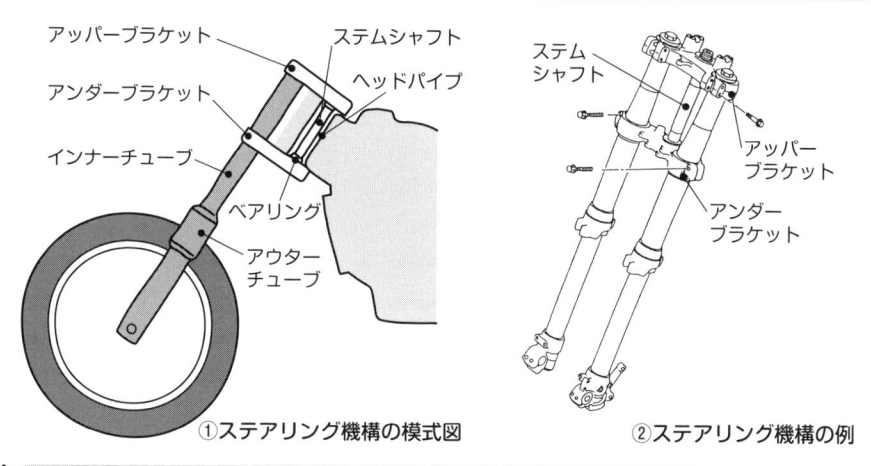

アッパーブラケット
ステムシャフト
アンダーブラケット
ヘッドパイプ
インナーチューブ
ベアリング
アウターチューブ

ステムシャフト
アッパーブラケット
アンダーブラケット

①ステアリング機構の模式図　　②ステアリング機構の例

● ハンドルの種類

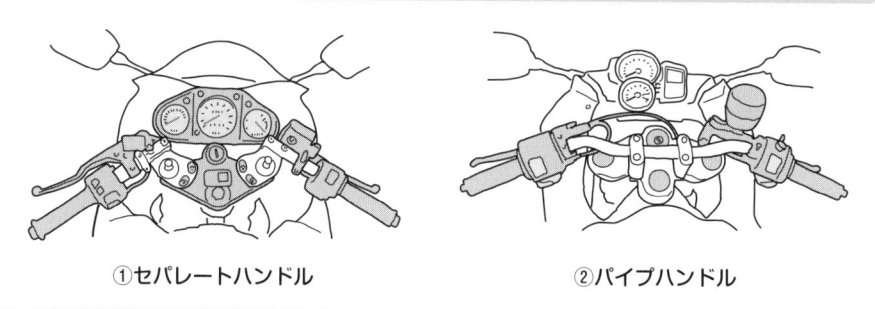

①セパレートハンドル　　②パイプハンドル

● ステアリングダンパーの例

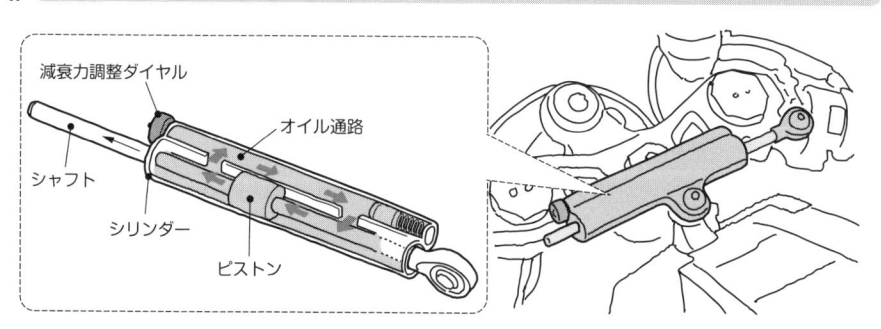

減衰力調整ダイヤル
オイル通路
シャフト
シリンダー
ピストン

POINT
◎ステアリング機構の中心はフレームのヘッドパイプ部とステムシャフト
◎ステムシャフトはヘッドパイプの上下にベアリングを介して固定されている
◎バイクのハンドルにはセパレートハンドルとパイプハンドルがある

157

3. 走りを支えるサスペンション

3-1 サスペンションの役割と構造

よく「バイクの乗り心地はサスペンション次第で大きく違ってくる」という話を聞きますが、サスペンションはどのような働きをしているのですか？ また基本的な構造はどうなっているのでしょうか？

走行中に路面の段差やわだちなどを乗り越えると、タイヤやホイールを介して大小さまざまなショックが車体、あるいはライダーに伝わってきます。

ショックを吸収するサスペンションの構造

この路面からの衝撃を吸収して安定した走りを実現しているのが**サスペンション**です。サスペンションは、このほかにも「バイクを支える」「コーナリングやブレーキング時にタイヤの接地性を高める」という役割も果たしています。

サスペンションは、上図のように前後ともホイールと車体の間に設けられていて、基本的に**スプリング**と**ダンパー（ショックアブソーバー）**で構成されています（中図）。バイクのサスペンションに使用されるスプリングは、バネ材と呼ばれる鋼線をコイル状に巻いた金属バネが主流です。バネの反発力を利用してバイクを支えるとともに、伸縮することで路面からの振動や衝撃を吸収します。スプリングには空気や窒素ガスなど気体を圧縮するときに発生する反発力を利用しているものもありますが、通常は単体で使用せず、金属バネと組み合わせて使われています。

伸縮運動を抑えるダンパーの役割

スプリングは一旦伸縮運動が始まるとなかなかおさまらず、操縦性や安定性に悪影響を与えます（下左図）。このため、サスペンションにはスプリングの伸縮運動を抑えるダンパーと呼ばれる**減衰装置**が組み合わされています。ダンパーは、**シリンダー**とその内部で抵抗力を発生させる**ピストン＋オイル**で構成されており、スプリングの伸縮に合わせてシリンダー内のピストンが移動して、オイルがピストンとシリンダーのすき間や、ピストンに開けられた**オリフィス**と呼ばれる通路を通るときに発生する**抵抗力**を利用して、スプリングのムダな動きを抑えます（中図）。

この抵抗力を**減衰力**といい、オリフィスの径やオイルの粘度、ピストンの移動速度によって変化します。オリフィス径の違いによる減衰力の変化は、水鉄砲で水を押し出すとき、穴が小さいほど大きな力を必要とすることで理解できるでしょう（下右図）。また、減衰力はピストンの移動速度の2乗に比例しますが、この減衰力特性ではピストンのスピードが速いときの減衰力が大きすぎるため、オリフィスに制御バルブを設けて減衰力を調整しています。これについては次項で解説します。

第6章 バイクの走りを支える【フレームと足回り編】

前後のサスペンション

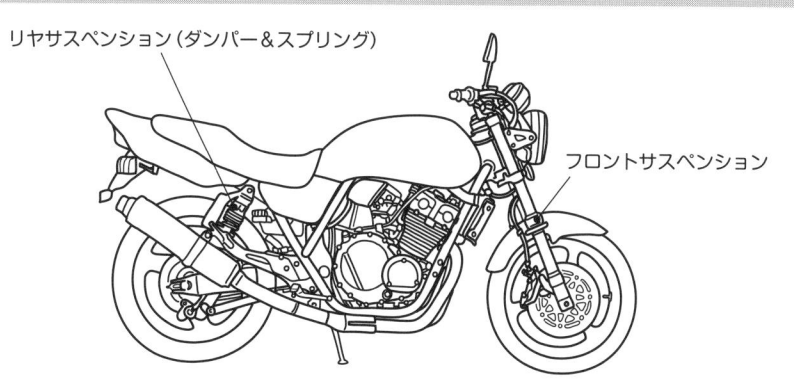

リヤサスペンション（ダンパー＆スプリング）

フロントサスペンション

サスペンションの構成とダンパーの基本構造

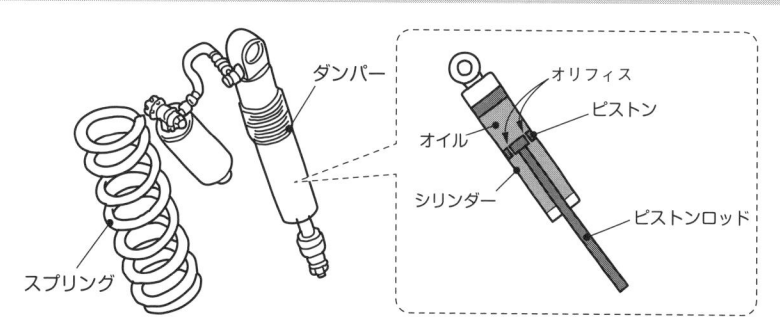

ダンパー
オリフィス
ピストン
オイル
シリンダー
ピストンロッド
スプリング

ダンパーの有無による違い

ダンパーを加えると2回目以降のバウンシング（上下に弾むこと）に変化が見られると同時に、収拾時間も早まる。

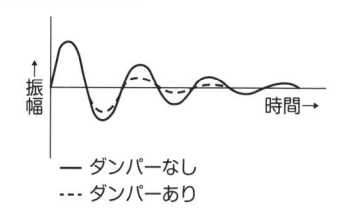

振幅 ↑
時間 →

― ダンパーなし
--- ダンパーあり

減衰力の考え方

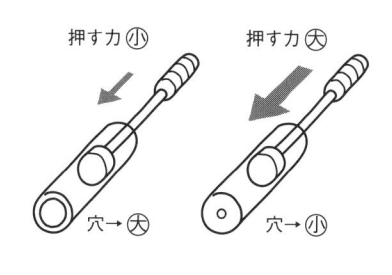

押す力 小
押す力 大

穴→大
穴→小

①減衰力小
②減衰力大

POINT
◎サスペンションは路面からの衝撃を吸収するとともにバイクを支えている
◎サスペンションは衝撃を吸収するスプリングと、スプリングのムダな収縮を抑えるダンパーで構成され、前後ともホイールと車体の間に設置されている

3-2 ダンパーの基本構造

サスペンションはスプリングのみでは成立せず、減衰力を発生するダンパーが必要なことはわかりましたが、ダンパーはどのような構造をしていて、どんな方法で減衰力を調整しているのですか？

　前項でも述べましたが、ダンパーの**減衰力**はオイルの詰まったシリンダー内をピストンが移動するときに、ピストンに開けられた**オリフィス**やシリンダーとピストンのすき間にオイルが流れることで生じる「**抵抗**」によって発生します。

▌減衰力の調整

　ピストン部分に開けられているオリフィスがオイルの流路となりますが、サスペンションが圧縮するときにはスプリングが反発する方向に作用するため、オイルの流路は比較的大きな面積が確保され減衰力も弱くなっています。逆に伸びるときにはスプリングの反力が伸び方向に働くため、流路を小さくして強い減衰力を発生させるようにしています（上左図）。また、減衰力はピストンスピードによって大きく変化するため、オリフィスに浮動して開閉する**バルブ**や薄いシム（金属板）を重ねたバルブを設け、ピストンスピードが速くなり内部の油圧が高くなるとバルブの開閉によって流路の面積を大きくして、減衰力を調整します（上右図）。

▌ガスを封入する理由

　ダンパーが作動するうえで問題になるのが、圧縮されるときに起きるシリンダー内の容積変化です。通常のダンパーでは、ピストンが圧縮方向に動くとピストンとともに**ピストンロッド**もシリンダー内に入り込むため、シリンダー内の容積が小さくなりオイルの行き場所がなくなります。また、ピストンが圧縮された状態でシリンダー内にオイルを充填すれば、ピストンロッドが引き伸ばされたときにシリンダー内の圧力が下がりダンパーは正常に作動しなくなります（中図）。このため、ダンパー内部にはオイルとともに空気や**窒素ガス**が封入してあり、ダンパーが縮むときにこれらの気体が圧縮されることで、シリンダー内の容積変化に対応しています。

▌ダンパーの分類（170頁参照）

　下図①はシリンダーを上にして上端にガス室を設けており、これを**倒立型**といいます。下図②は**正立型**で、倒立型を逆に使用するとピストン部分が作動油に完全に浸された状態にならず正常な減衰作用が果たせないため、外筒と内筒を設けています（複筒正立型）。下図③の**フリーピストン型**はフリーピストンを設けることで**オイル室**と**ガス室**を完全に分離しているので、倒立と正立どちらにも使用できます。

第6章 バイクの走りを支える【フレームと足回り編】

減衰力調整のしくみ

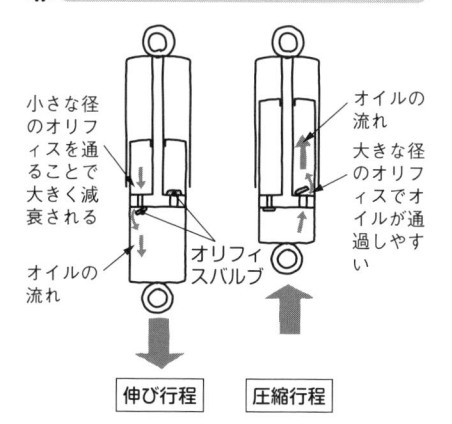

小さな径のオリフィスを通ることで大きく減衰される
オイルの流れ
オリフィスバルブ
伸び行程

オイルの流れ
大きな径のオリフィスでオイルが通過しやすい
圧縮行程

バルブの働き

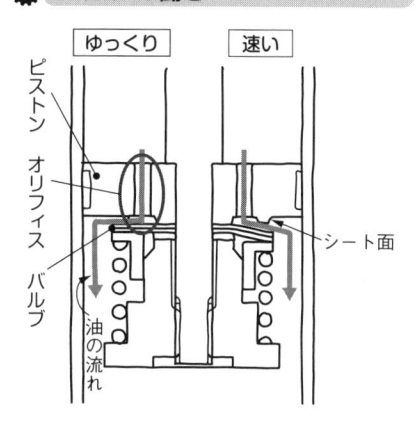

ゆっくり / 速い
ピストン
オリフィス
バルブ
油の流れ
シート面

ダンパーの状態変化

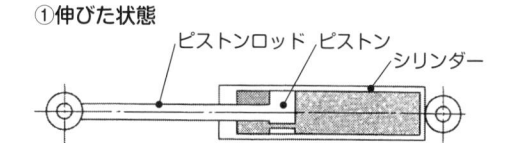

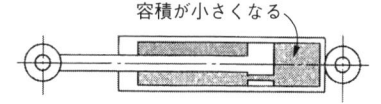

①伸びた状態
ピストンロッド　ピストン　シリンダー

②圧縮された状態
容積が小さくなる

ダンパーの分類

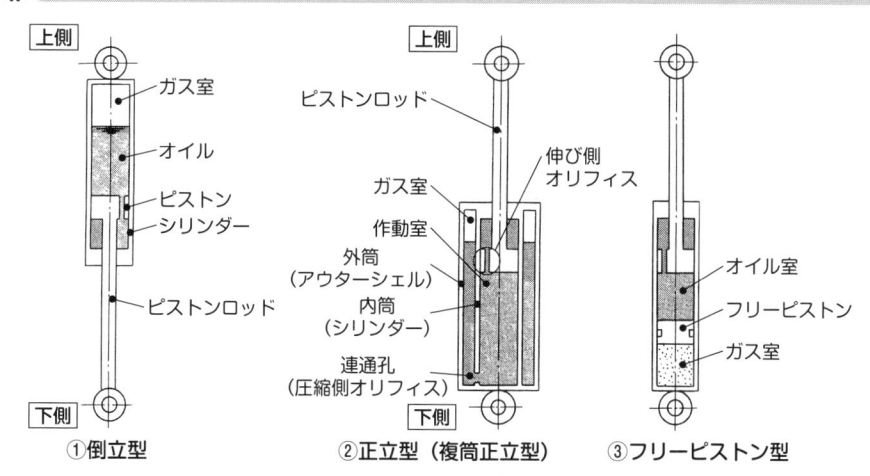

①倒立型
上側
ガス室
オイル
ピストン
シリンダー
ピストンロッド
下側

②正立型（複筒正立型）
上側
ピストンロッド
ガス室
作動室
外筒（アウターシェル）
内筒（シリンダー）
連通孔（圧縮側オリフィス）
伸び側オリフィス
下側

③フリーピストン型
オイル室
フリーピストン
ガス室

POINT
◎ダンパーはオイルの入ったシリンダー内をピストンが往復することで発生するオイルの抵抗を利用して減衰力を発生させている
◎ピストンの移動に伴う容積変化に対応するため空気やガスが封入されている

3-3 サスペンションの調整機能

サスペンションには調整機能が付いているタイプがありますが、どんな調整方法があるのですか？　また、具体的にどのような調整をするのでしょうか？

スポーツタイプやオフロード車の一部のサスペンションには、スプリングの長さやダンパーの減衰力を調整する機能が設けられていて、走行状況などに応じてサスペンションをより適切に機能させることができます。

■スプリングのプリロード(イニシャル)調整

サスペンションはその作動範囲を**サスペンションストローク量**として表します。これは荷重がない状態からどれだけ圧縮できるかを示しています。サスペンションスプリングは、バイクの重量やライダーの体重などの荷重が加わるとその重さによって全長が縮んで圧縮時のストローク量が減少します（上図）。重い荷物を積載すると有効ストローク量がさらに減少し、段差を越えたときや制動時などに正常に作動しなくなり、ストローク量の限界を超えて**底突き**（サスペンションがそれ以上縮まない状態）を起こすこともあります。一部のバイクには**プリロード調整機能**が備えられており、スプリングを縮めておくことで発生するバネ反力によって沈み込み量を減少させ、底突きを防ぎます（中図）。プリロードの調節方法にはネジ式、カム式、ジャッキ式（下左図）などがあります。

■ダンパーの減衰力調整と車高調整機能

サスペンションには、ダンパーの**減衰力特性**を変化させる**減衰力調整機能**が付いているものがあります。減衰力の調整は、オイル通路のオリフィス径やオリフィスに取り付けられたリリーフバルブの開き具合を変化させて行います。

オリフィス径を変化させるタイプは、オイルの通路にニードルバルブによる可変絞りを設けたニードル弁可変式（下右図）と、径の異なるオリフィスをもつスリーブを設け、これを回転させてオリフィス径を変えるスリーブオリフィス可変式があります。またリリーフバルブの開き具合を調節するタイプは、リリーフバルブを抑えるスプリングのプリロードを調節して開き具合を変化させます。

車高調整機能は1G状態での最低地上高やシート高を調整する機能で、スプリングのプリロード調整を行うと車高調整を行うことになります。ただし、プリロード調整を行うと、荷重が小さい場合のサスペンションのストローク量が少なくなるため、サスペンションユニットの全長を変化させて車高を調整するタイプもあります。

第6章 バイクの走りを支える【フレームと足回り編】

サスペンションの沈み込み量の変化

①：空車1Gから②：乗車1Gを引いたものがサグ寸法。空車1Gは、車体重量のみでの沈み込み量(ストローク量)。乗車1Gは、静止した状態で1名が乗った状態(ライダーの体重＋車体重量)での沈み込み量。サグ寸法が基準値内であればよい。

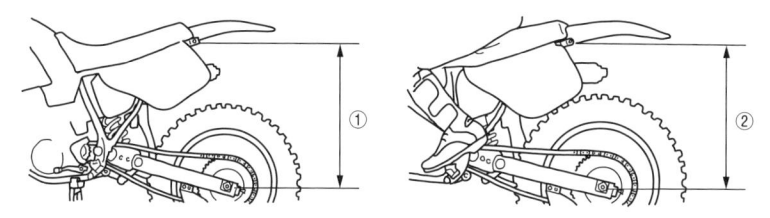

スプリングのプリロード調整と乗車1Gでのストローク量の変化

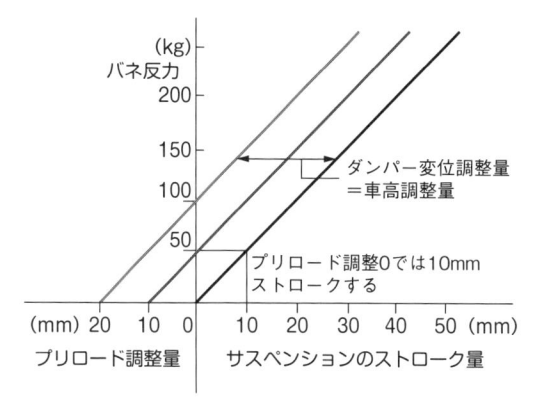

(kg) バネ反力
200
150
100
50
ダンパー変位調整量＝車高調整量
プリロード調整0では10mmストロークする
(mm) 20　10　0　10　20　30　40　50 (mm)
プリロード調整量　　サスペンションのストローク量

スプリングの硬さは、1mm縮めるのに何kgが必要なのかを示すkg/mmで表示する。例えば、5kg/mmのスプリングに50kgの荷重がかかれば、サスペンションの沈み込み量は10mmとなる。左のグラフのように、体重50kgのライダーがバイクに乗った場合、プリロード調整が0ならサスペンションは10mmストロークするが、プリロード調整でスプリングを10mm縮めると50kgの反力が生じ、ライダーが乗った状態でのストローク量は0になる。調整量を20mmにすると、荷重が100kgになるまではストロークしないことになる(バイクの重量は除く)。

油圧ジャッキ式プリロード調整機構

油圧ジャッキ部
油圧ピストン部

ニードル弁可変式減衰力調整機能

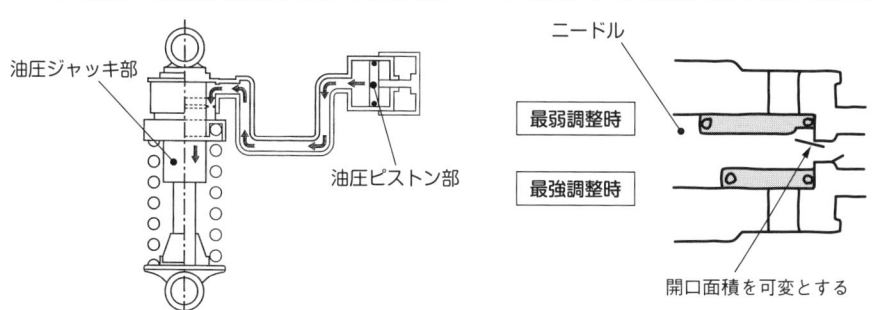

ニードル
最弱調整時
最強調整時
開口面積を可変とする

POINT
◎スポーツタイプのサスペンションにはプリロード調整や減衰力調整をする機能が設けられ、状況に応じた調整が可能となっている
◎最近は高精度化や電子制御化が進み、より精密な調整をすることができる

163

3-4 フロントサスペンションの種類と構造

154頁でも見たように、バイクのフロントサスペンションは自動車と違ってステアリング機構の一部としても機能していますが、どのような構造をしていてどんな種類があるのでしょうか？

　バイクのフロントサスペンションは通常のサスペンションと同様に金属スプリングとダンパーで構成されていますが、テレスコピック式はステアリング機構の一部としても機能するためその構造は大きく異なります。154頁で紹介したリンク式ステアリング機構を採用している車種や、フロントフォーク式ステアリング機構でもボトムリンク型を採用している車種では、ステアリング機能とサスペンション機能が独立しているため、一般的なサスペンションを使用しています（上図）。

▮テレスコピック式フロントサスペンションの構造

　現在、バイクのフロントサスペンションの主流となっている**テレスコピック式フロントサスペンション**は、径の異なる2本のパイプを組み合わせたような構造をしています（中図）。高強度なパイプを使うことでステアリング機構の構造材の一部としてタイヤを支持してハンドル操作をタイヤに伝達するとともに、組み合わせた2本のパイプが伸縮することで**サスペンションユニット**としても機能します。

　ピストンロッド（160頁参照）にあたる**インナーチューブ**の表面は摩擦抵抗を減少させるためにメッキ処理を施しており、外径が大きい鋼管を使用してより強度を高めるとともに、内部をダンパーのオイル室として利用しています。フロントフォークの伸縮によってオイル室の容積が変化すると、インナーチューブの側面やピストンに開けられた通路（**オリフィス**）を通ってオイルが移動して減衰力を発生させます。

　アウターチューブは、フロントサスペンションの強度部材になるとともに、フロントホイールやブレーキキャリパーなどの取り付け部の役割を果たすため、主にアルミ鋳物でつくられています。またサスペンションのスプリングは、構造の違いによってインナーチューブの外部または内部に取り付けられています。

▮倒立式のメリット

　ステアリング機構の一部でもあるテレスコピック式フロントフォークは、エンジンやタイヤの性能が向上するとより高い剛性が必要になり、インナーチューブの大径化が進みました。ただ、鋼鉄性で高強度材のインナーチューブが大径化すると、重量の増加や作動性が悪くなるなどの問題が発生します。そこで、外径が大きく軽量なアルミ製アウターチューブをハンドル側に配置したのが**倒立式**です（下図）。

第6章 バイクの走りを支える【フレームと足回り編】

ステアリング機能とサスペンション機能の独立

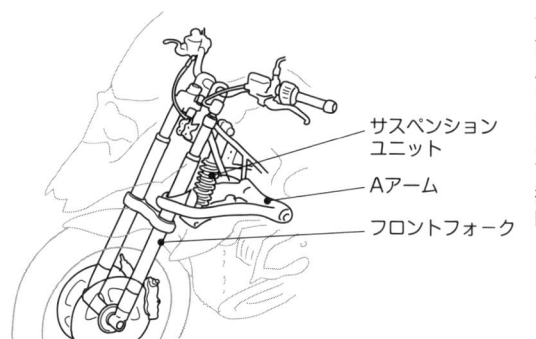

サスペンションユニット、前輪を懸架するフォーク、Aアームの3つの部分によって構成され、「衝撃吸収をする」「前輪を支える」「サスペンションの動きを支持する」という3つの仕事を独立させている(155頁下図①参照)。

- サスペンションユニット
- Aアーム
- フロントフォーク

テレスコピック式フロントサスペンション

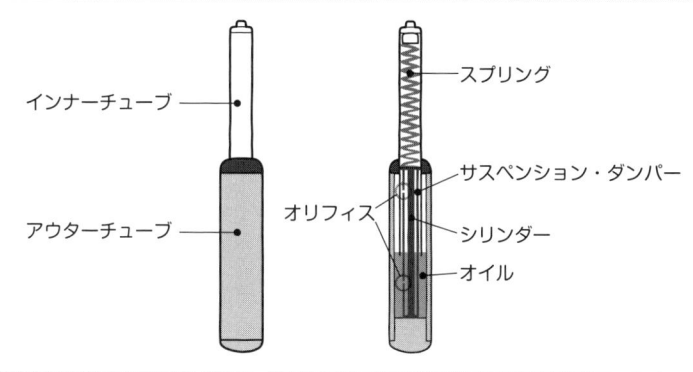

- インナーチューブ
- アウターチューブ
- スプリング
- サスペンション・ダンパー
- シリンダー
- オリフィス
- オイル

倒立式と正立式

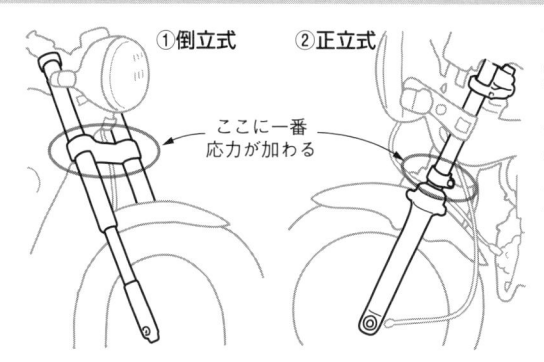

①倒立式　②正立式

ここに一番応力が加わる

アウターチューブをハンドル側に付けた倒立式は、一番応力が加わるアンダーブラケットの周辺部分を太くできるため、フォークの剛性を高められる。そのため、スーパースポーツやオフロード車で採用されている。

POINT
◎バイクのフロントサスの構造はステアリング機構の形式によって異なる
◎一般的には伸縮する2本のパイプを組み合わせたテレスコピック式が使用され、ステアリング機構として機能しながらサスペンションとしても作動する

165

3-5 テレスコピック式フロントサスペンションの種類

2本のパイプを組み合わせて伸縮させ、サスペンションとして機能するテレスコピック式フロントサスペンションは現在の主流だということですが、どのような種類があるのですか？

　前項でテレスコピック式フロントサスペンションの基本について述べましたが、これは構造の違いによってピストンメタル式とチェリアーニ式に分けられます。

■ピストンメタル式の構造と減衰力発生（上図）

　ピストンメタル式は、**インナーチューブ**と**アウターチューブ**のすき間に**オイル室**を設け、インナーチューブの伸縮によりオイル室の容積を変化させます。インナーチューブの下端にはチェックバルブを設けたピストンが取り付けられており、オイル室の容積が増える圧縮行程時にインナーチューブの**オリフィス**とともにオイル室にオイルを供給します。伸び行程時はピストン位置が高くなることでオイル室の容積が減少し、オイルはオリフィスを通過してインナーチューブの内側に移動します。

　ピストンメタル式は、インナーチューブとアウターチューブの接触部分が上部のスライドメタル部と下部のピストン部の2点のため剛性が低くなります。また、スプリングがインナーチューブ外部に取り付けられており、サスペンションストロークが150mm程度となるため、実用車など一部の車種にしか使われていません。

■チェリアーニ式の構造と減衰力発生（下図）

　チェリアーニ式は、アウターチューブ底部にシリンダーを取り付け、インナーチューブ内側とシリンダー外側とのすき間にオイル室を設けています（オイル室A、B）。オイル室A、Bはインナーチューブ内側の**フローティングバルブ**によって分割されており、インナーチューブの伸縮により各オイル室の容積が変化します。フローティングバルブとシリンダーの上部・下部には伸び側と圧縮側のオリフィスが設けられており、容積変化に伴うオイルの移動によって減衰力を発生させます。

　チェリアーニ式はオイル室をインナーチューブ内側に設けることで、インナーチューブとアウターチューブが直接摺動する構造となるため、接触面積が大きく取れるとともに外径も大きくでき剛性が高くなります。また、チェリアーニ式はスプリングがインナーチューブ内側にあるため、スプリングの取り付け長を長く取ることができ、やわらかいスプリングを使用することが可能となります。最近は軸受部材の改良と摺動抵抗の低減のため、アウターチューブ上端とインナーチューブ下端に軸受部材を設けた**ピストンスライドタイプ**が主流になっています。

第6章 バイクの走りを支える【フレームと足回り編】

ピストンメタル式の減衰力発生のしくみ

圧縮行程 / 伸び行程

- 油面
- フォークカバー
- フォークスプリング
- オイルシール
- スライドメタル
- オリフィス
- インナーチューブ
- ピストン
- アウターチューブ

接触部分
- オイル室
- チェックバルブ

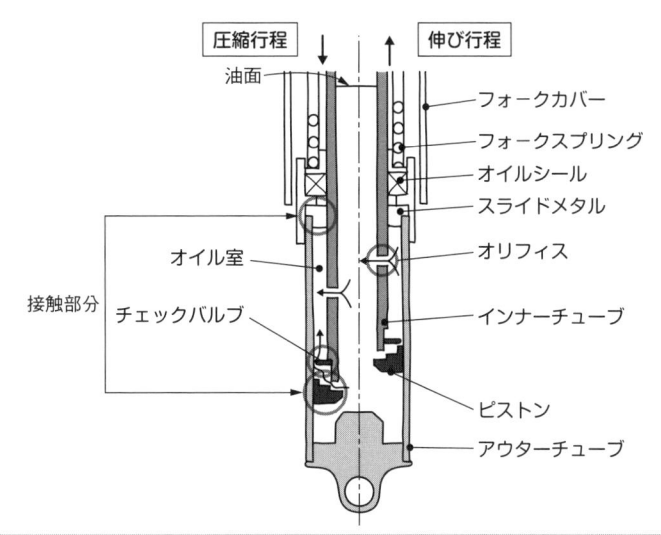

チェリアーニ式の減衰力発生のしくみ

- インナーチューブ
- バルブケース
- フローティングバルブ
- シリンダー

圧縮行程 / 伸び行程

減衰力の発生については、
◎伸び側：フローティングバルブ＋伸び側オリフィス
◎圧縮側：圧縮側オリフィスによって決められる

- 油面
- フォークスプリング
- アウターチューブ
- 伸び側オリフィス
- インナーチューブ
- オイル室A
- シリンダー
- フローティングバルブ
- 圧縮側オリフィス
- オイル室B

圧縮行程 / 伸び行程

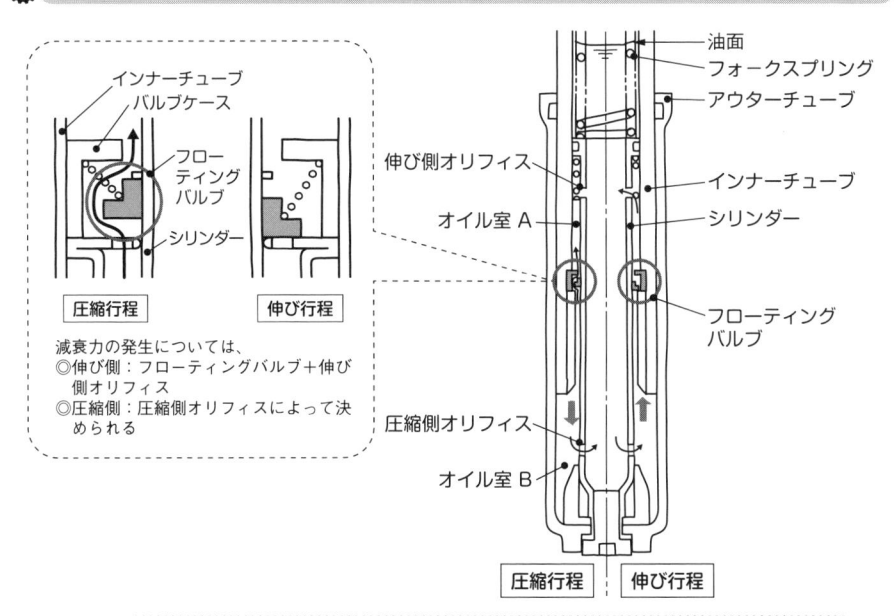

POINT ◎テレスコピック式はインナーチューブの伸縮に伴うオイル室の容積変化により減衰力を発生させる。チェリアーニ式はインナーチューブ内側にシリンダーを設け、伸び側・圧縮側のオリフィスにより細かな減衰力設定ができる

167

3-6 チェリアーニ式フロントサスペンションの進化

前項では、ピストンメタル式とチェリアーニ式について見ましたが、その後フロントサスペンションはどのような点が改善されて現在に至っているのでしょうか？

チェリアーニ式フロントサスペンションは、ピストンの移動速度に対してより適切な減衰力を発生できるように改良され続けています。

(1) インナーロッド式（カートリッジ式）

インナーロッド式は、従来のフローティングバルブに変えて薄い金属板を数枚重ね合わせた**リーフバルブ**を使用します。ピストンスピードが速くなって油圧が高くなると金属板がたわみ、オイルの通路が大きくなります。リーフバルブは、減衰力の調節範囲が広くフローティングバルブに比べてよりすぐれた減衰力特性を得ることができます。また、ピストンとシリンダー底部に伸び側と圧縮側のバルブをもち、それぞれ独立して減衰力の調整をすることができます（上図、下図①）。

(2) 分離加圧式

通常のインナーロッド式は、サスペンションが作動することで内部の空気とオイルが混ざり合って気泡が発生し（**キャビテーション**）、減衰力の低下や応答性の悪化などを招くため、フリーピストンを追加してオイル室とガス室を分離することで気泡の発生を抑えます。

(3) ビッグピストンフロントフォーク（BPF）

インナーロッド式はフォーク内部に取り付けられたシリンダーのさらに内側をピストンが往復していますが、**ビッグピストンフロントフォーク**はシリンダーを取り除き、精密に仕上げたインナーチューブの内側（内面）をピストンが直接摺動するため、ピストンの受圧面の面積を従来の3～4倍以上にできます（下図）。

受圧面積が大きくなると低い圧力でも減衰力を発生させることができ、圧力差によって発生するオイルの泡立ちなどを減少させ、作動初期の減衰力の応答性やピストンがストロークしたときの減衰力の特性も向上させることができます。

(4) セパレートファンクションフロントフォーク（SFF）

ビッグピストンフロントフォークをさらに進化させたのが**セパレートファンクションフロントフォーク**です。2本のフロントフォークのうち、片側を分離加圧型のビッグピストン式のダンパーとし、もう一方はスプリング機構のみとしており、機能を分担させることで高い性能を発揮させることができる構造です。

第6章 バイクの走りを支える【フレームと足回り編】

インナーロッド式(カートリッジ式)の減衰力発生のしくみ

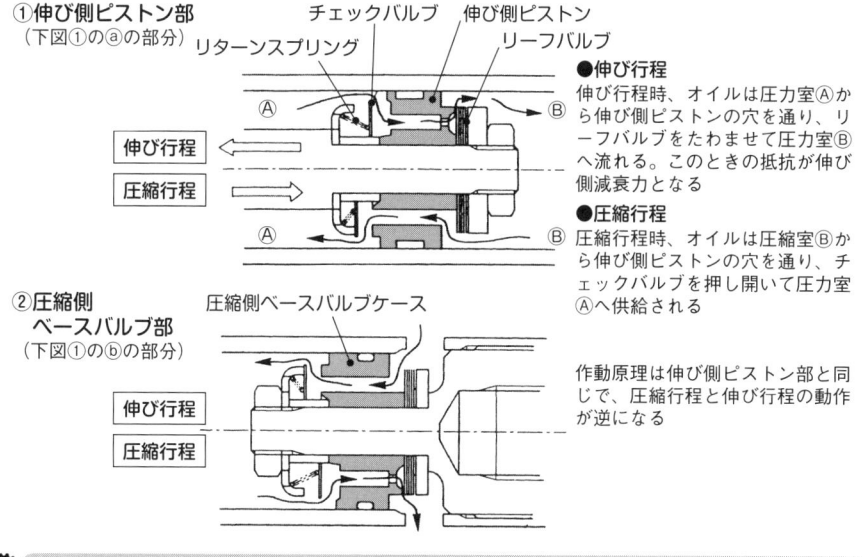

①伸び側ピストン部
（下図①の@の部分）

チェックバルブ　伸び側ピストン
リターンスプリング　リーフバルブ

伸び行程
圧縮行程

●伸び行程
伸び行程時、オイルは圧力室Ⓐから伸び側ピストンの穴を通り、リーフバルブをたわませて圧力室Ⓑへ流れる。このときの抵抗が伸び側減衰力となる

●圧縮行程
圧縮行程時、オイルは圧縮室Ⓑから伸び側ピストンの穴を通り、チェックバルブを押し開いて圧力室Ⓐへ供給される

②圧縮側
ベースバルブ部
（下図①のⓑの部分）

圧縮側ベースバルブケース

伸び行程
圧縮行程

作動原理は伸び側ピストン部と同じで、圧縮行程と伸び行程の動作が逆になる

ビッグピストンフロントフォーク(BPF)

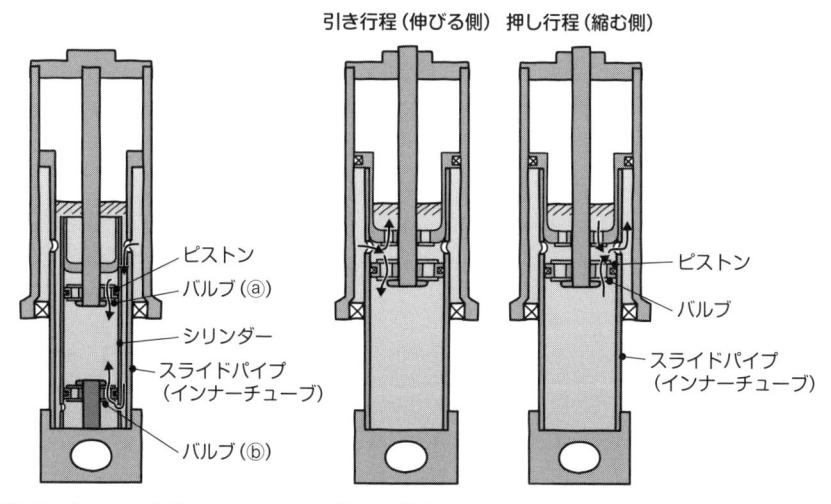

引き行程（伸びる側）　押し行程（縮む側）

ピストン
バルブ(@)
シリンダー
スライドパイプ
（インナーチューブ）
バルブ(ⓑ)

ピストン
バルブ
スライドパイプ
（インナーチューブ）

①インナーロッド式　　②ビッグピストンフロントフォーク

POINT
◎チェリアーニ式フロントサスペンションは、バルブの改良やガス室とオイル室の分離、ピストンの大型化などにより、キャビテーション発生の低減、減衰力特性の向上などさまざまな改良が加えられている

169

3-7 リヤサスペンションの構造と種類

フロントサスペンションについては理解できましたが、リヤサスペンションにはどのような特徴があるのですか？ また、どんな種類があるのでしょうか？

164頁で見たように、フロントサスペンションは**緩衝装置**としてだけでなく**ステアリング機構**としても機能しています。これに対してリヤサスペンションは、**スイングアームとフレーム**の間に取り付けられ、伸縮することでリヤタイヤからフレームに伝わるショックを吸収して、エンジンからの動力を効率よく路面に伝えています。

◢リヤサスペンションの種類

リヤサスペンションユニットに用いられるダンパーにはモノチューブ型やツインチューブ型などがあります。**モノチューブ（単筒倒立）**型はオイル室とガス室が分離していないため、オイルとガスが混ざって減衰力が不安定になる場合があります。また、上下逆に組み付けると正常に機能しなくなります（161頁下図①参照）。

ツインチューブ（複筒正立）型はシリンダーを二重にして、ピストンが作動する内側にオイルを充填、外側のシリンダー上部にガス室をもちます。外側と内側をつなぐ通路のオリフィスに圧縮側バルブをもち、ピストン部の伸び側バルブと両側で減衰力を発生します（161頁下図②参照）。

これらのタイプは取り付け方向や角度などに制限があり、一部の実用車やスクーターなどに使用されています。

小型車以上のバイクには、**フリーピストンやブラダ**と呼ばれるゴムシートなどによりガス室とオイル室を分離することで取り付け方向の制限をなくした**ド・カルボン（ガス室分離単筒）**型が使用されています（上図①、161頁下図③参照）。

ド・カルボン型は、ガス室に高圧（1～2MPa）の窒素ガスを封入しているため減衰力の応答性にすぐれています。また、減衰力を発生させるピストンは伸圧両側のバルブをもち、オリフィスを挟み込むような形でリーフバルブが設けられています。この形式には、取り付け位置の自由度を増すためにガス室とオイル室の一部を別体式にして、全長を短縮しているタイプもあります（上図②）。

◢リヤサスペンションの取り付け方法

リヤサスペンションユニットをスイングアームに取り付ける場合、左右2本取り付ける**2本サス**と、1本だけ取り付ける**モノサス**があります（下図）。これについてはさらに細分化されるので、次項で解説します。

第6章 バイクの走りを支える【フレームと足回り編】

ド・カルボン型

②のように別体式のタンクとシリンダーをホースでつないでいる場合、ホースにオイルが流れるときに抵抗が生じたり、ホースが膨張してオイルの圧力が変化することがあるため、シリンダーと別体式タンクを一体成型したタイプが主流になっている。

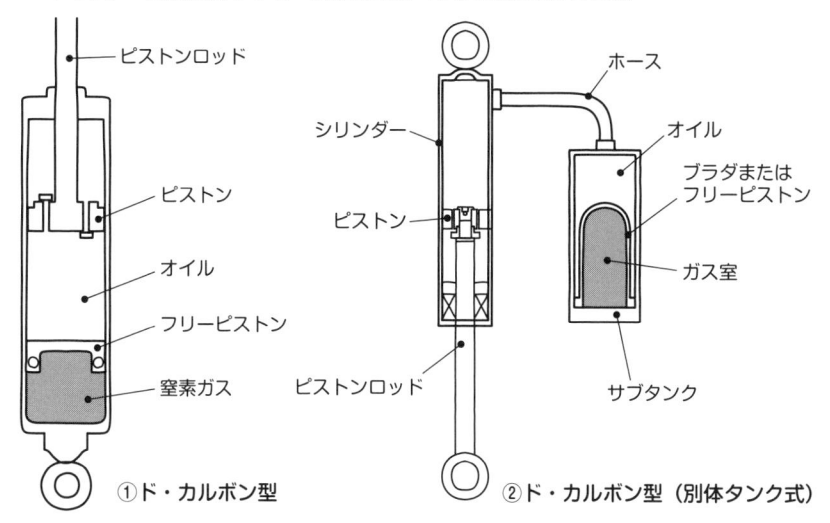

①ド・カルボン型

②ド・カルボン型（別体タンク式）

リヤサスペンションの取り付け方法

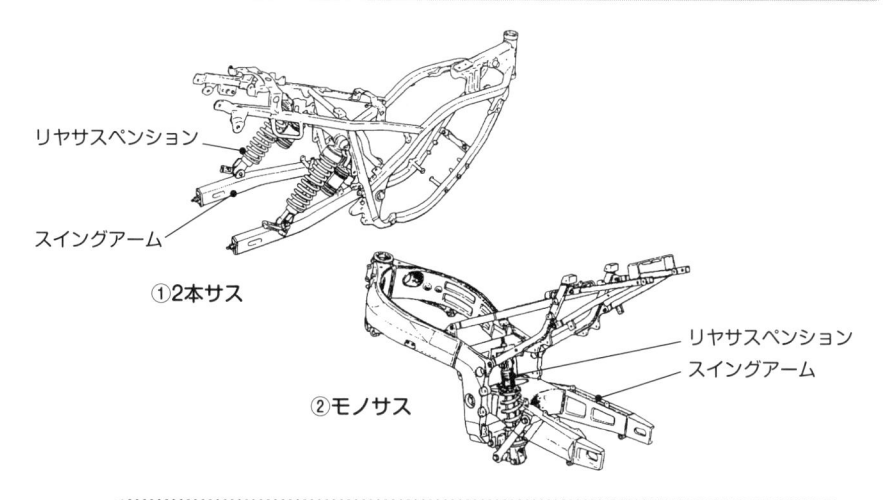

①2本サス

②モノサス

POINT
◎リヤサスペンションは、取り付け方向の自由度や安定した減衰力が必要となるため、ガス室とオイル室を分離したド・カルボン型サスペンションユニットが主流となっている

171

3-8 リヤサスペンションの取り付け方式

リヤサスペンションには2本サスとモノサスがありますが、その取り付け方には多くの方法があるようです。具体的にはどのようなタイプがあるのでしょうか？

　バイクのリヤサスペンションは、サスペンションユニットの取り付け位置とスイングアームの形状によって分類することができます。

■モノサスの取り付け位置

　サスペンションの取り付け位置については、前項で述べたようにスイングアームの左右に取り付ける**2本サス**と、1本のサスペンションユニットで車体を支える**モノサス**があります。またモノサスには2本サスの片側を取り外したものや車体のセンター付近に取り付けたもの、エンジンサイドやエンジン下側に水平方向に取り付けたものなどがあります（図①～③）。現在は、スイングアームとの連結部分に**リンク機構**を追加して、荷重の変化に合わせてサスペンションストローク量を可変させる**リンク式モノサス**が主流ですが、これについては次項で詳しく解説します。

■スイングアームの種類とリヤサスペンションの取り付け

　サスペンションを取り付ける**スイングアーム**は、前端部をフレームピボット部に支持されており、ここを中心に上下に動きます（148頁参照）。リヤサスペンションはその間で伸縮しながら路面からの衝撃やリヤタイヤのムダな動きを吸収します。

　スイングアームの形状には、リヤタイヤの支持方法で両持ち式と片持ち式があります（149頁下図参照）。**両持ち式**は構造が簡単で剛性を確保しやすく、左右が均等な形状をしているためバランスもすぐれています。最近ではマフラーを理想的な形状にするため、片側が大きく湾曲した複雑な形状をしたタイプも見られます。**片持ち式**は剛性の高さに対して重量を軽くでき、ホイールの脱着作業も簡単になります（図④）。また、スクーターではエンジン本体もスイングアームの一部として機能する**ユニットスイング式**と呼ばれるものがあります（図⑤）。

　なお、**シャフトドライブ式**では、ドライブシャフトを納めるケース（ハウジング）をスイングアームと兼用させており、両持ち式と片持ち式があります（図⑥）。

　スイングアームには大きな応力が加わります。またリヤサスペンションの一部を兼ねているため軽量でなければなりません。このためスポーツバイクでは軽量で強度を高くできるアルミ合金製が主に使用されており、鋳造製のものやアルミフレーム同様に押し出し材を使用しているものもあります。

第6章 バイクの走りを支える【フレームと足回り編】

モノサスの取り付け位置

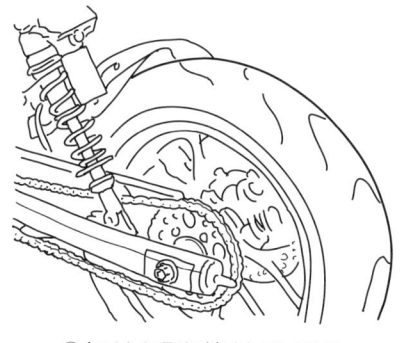

①左リヤに取り付けたモノサス

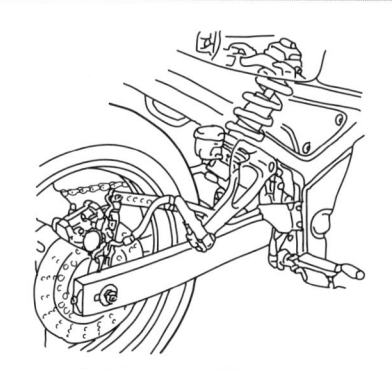

②車体センター付近のモノサス

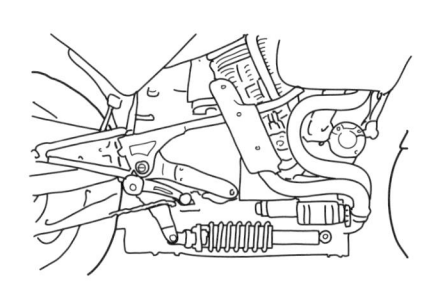

③エンジン下側のモノサス

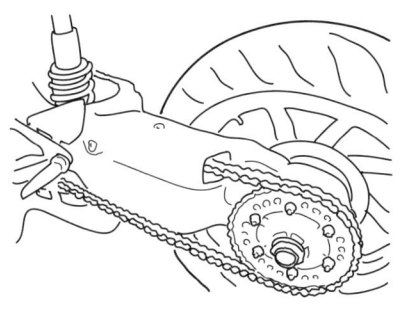

④片持ち式スイングアーム+モノサス

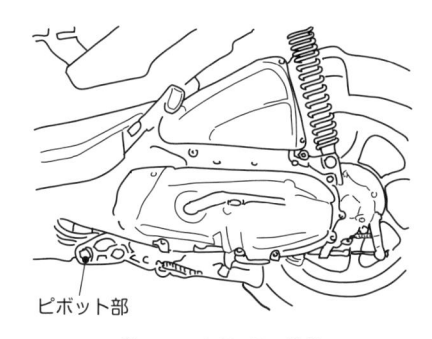

ピボット部

⑤ユニットスイング式

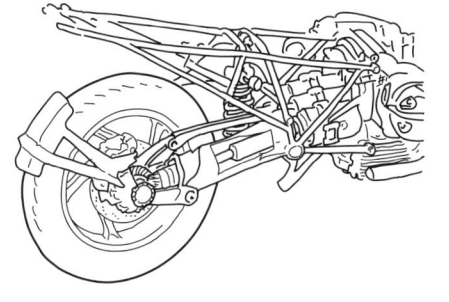

⑥シャフトドライブ式のモノサス

POINT
◎リヤサスペンションには2本サスとモノサスがあり、スポーツタイプの多くにリンク式モノサスが使用されている
◎スイングアームは両持ち式と片持ち式があり、バイクに応じて使い分けている

3-9 リンク式モノサスの特徴

現在のリヤサスペンションの主流はリンク式モノサスで、スポーツバイクにも使用されていますが、この方式にはどのような特徴(メリット)があるのでしょうか？

初期のモノサスは、カンチレバーと呼ばれる、通常のスイングアームのアクスル部からピボット部に向かって三角形をつくるように伸ばされたアームの先端にサスペンションを1本取り付けたシンプルなものでした。

◾リンク式モノサスが主流となっている理由

これに対して現在主流となっている**リンク式モノサス**は、**スイングアーム**とリヤサスペンションとの間に**リンク機構**を設けてリヤサスペンションユニットを作動させています（上図①）。リンク機構は当初シーソー型の単純なものでしたが、現在はフレームとスイングアーム、リヤサスペンションユニットの3点をリンクで結合することで、リヤホイールの移動量に対するサスペンションの移動量の比率（レバー比）を変化させて**プログレッシブ効果**を得ています（上図②）。こうすることで、初めはソフトに、徐々に硬くなり、フルストローク時には底突きしにくい特性が生まれます。モノサスのその他の特徴は次の通りです。

- 2本サスに見られる左右のアンバランスな動作の解消
- 車体中心に重量物が集中することによる運動性能の向上
- リンク機構を含めたメンテナンス性の悪化

◾リンク式モノサスの進化

リンク式は、そのリンクの位置によって**ボトムリンク式**と**トップリンク式**に分けられます（中図）。現在は、サスペンションユニットの取り付け角度など多少の差はありますが、すべてボトムリンク式になっています。とくに最近は、車体中心への重量物集中の強化や、車体構成、マフラーレイアウトの変化、ダンパーに対する排気熱の影響などの問題により、サスペンションユニットをスイングアーム上部やエンジン上部（側面）に移動させているタイプや、サスペンションユニットの高性能化による**リンクレスモノサス**なども見られます（下図）。

また、**ユニットプロリンク**と呼ばれるリヤサスペンションは、通常フレームと締結されているサスペンションユニット上部をスイングアームと締結しています。フレームとの締結をなくすことでサスペンションから加わる荷重がなくなり、フレーム設計の自由度が増してより適切な設定が可能になります。

第6章 バイクの走りを支える【フレームと足回り編】

リンク式モノサスの特徴

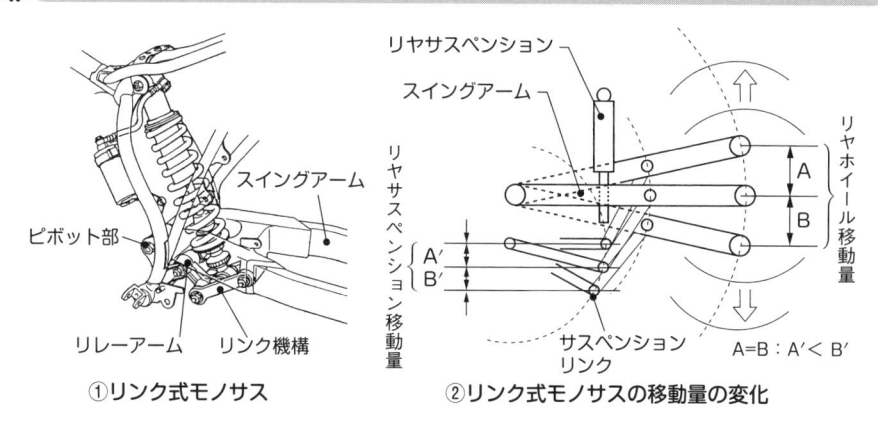

①リンク式モノサス

（図中ラベル：スイングアーム、ピボット部、リレーアーム、リンク機構）

②リンク式モノサスの移動量の変化

（図中ラベル：リヤサスペンション、スイングアーム、リヤサスペンション移動量、サスペンションリンク、リヤホイール移動量、A、B、A=B：A'＜B'）

ボトムリンク式とトップリンク式

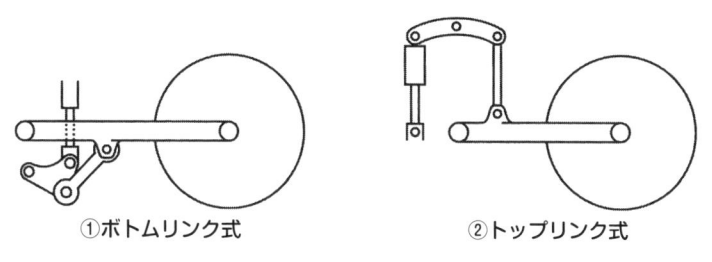

①ボトムリンク式

②トップリンク式

モノサスのバリエーション

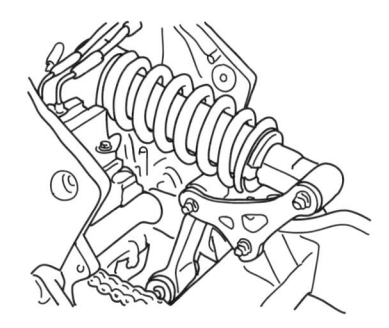

①スイングアーム上部に配置されたリンク式モノサス

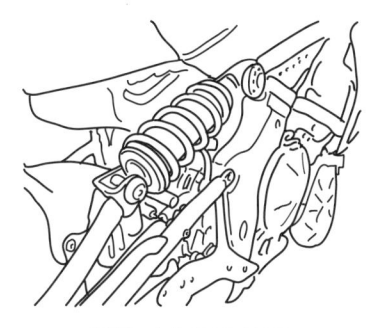

②リンクレスモノサス

POINT
◎リンク式モノサスは、2本サスに見られる左右アンバランスの解消、車体中心への重量物集中による運動性能の向上、リンク機構によるプログレッシブ効果などのメリットから、多くのスポーツバイクに採用されている

175

3-10 タイヤとホイール

タイヤとホイールは、駆動力や操舵力を地面に伝え、サスペンションの役割を担うなど重要な部品ですが、それぞれの構造はどのようになっているのですか？　また、どんな種類があるのでしょうか？

　タイヤとホイールは、一体となって車体とライダーの重量を支えながら、動力や制動力、ステアリング操作を路面に伝えます。また、タイヤ側面やホイールのスポーク部は、路面からの衝撃を吸収する働きをしています。

■タイヤの構造と特徴

　タイヤの主な構造は、路面と接する面の**トレッド部**、タイヤにかかる荷重を支えるタイヤ側面の**サイドウォール部**、タイヤをホイールにはめ込む部分の**ビード部**に分けられ、タイヤの骨格となる部分は**カーカス**といい、ナイロンやポリエステルなどの繊維をゴムで固めてつくられています（上左図）。

　タイヤには、チューブを用いて空気を保持する**チューブタイヤ**と、チューブを使用せずタイヤとリム全体で空気室を構成する（内壁に**インナーライナー**というゴムシートを貼る）**チューブレスタイヤ**の2種類があり、前者はスポークホイール車に、後者はキャストホイール車に主に使用されています（上右図、下図）。

　また、タイヤは、タイヤの骨格である**カーカス**の巻き方によって、**バイアスタイヤ**と**ラジアルタイヤ**に分けられます。前者は安価でタイヤ全体に柔軟性があるため乗り心地が良く、後者は操縦性・安定性、耐摩耗性などにすぐれています（中図）。

　さらに、タイヤのトレッド面には、**トレッドパターン**と呼ばれる溝が彫られており、排水機能とグリップ力を確保しています。発熱量、操縦性・安定性、走行騒音などにも関係するため、使用目的によって適したものを選ぶ必要があります。

■ホイールの構造と種類

　ホイールは、ブレーキの役割を兼ねるハブと、タイヤを取り付けるリム、ハブとリムをつなぐスポーク部で構成され、次の種類があります（下図）。

①**スポークホイール**：ハブとリムを鋼線のスポークでつないで組み立てたもので、軽量で衝撃の吸収にすぐれるため、実用車やオフロード車に使用されています。

②**キャストホイール**：ハブ、リム、スポーク部がアルミ合金で一体鋳造され、チューブレスタイヤを装着できるため、ほとんどのロードバイクで採用されています。

③**組立構造ホイール**：ハブとリムをつなぐスポーク部をアルミ合金や鋼板を使って組み立てるもので、衝撃吸収力が高く、メンテナンスが不要などの利点があります。

第6章 バイクの走りを支える【フレームと足回り編】

タイヤの構造

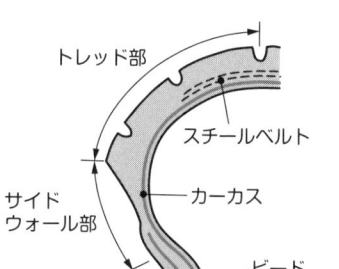

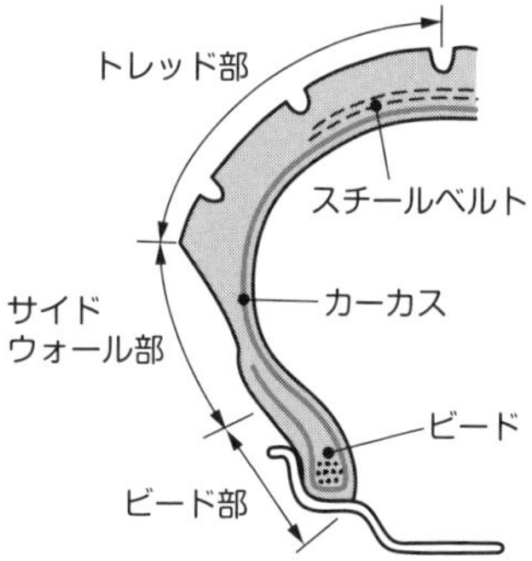

- トレッド部
- スチールベルト
- カーカス
- サイドウォール部
- ビード
- ビード部

チューブタイヤとチューブレスタイヤ

①チューブタイヤ — チューブ
②チューブレスタイヤ — インナーライナー

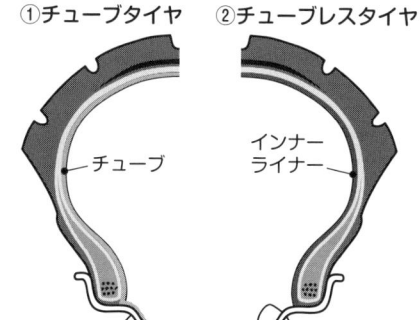

バイアスタイヤとラジアルタイヤ

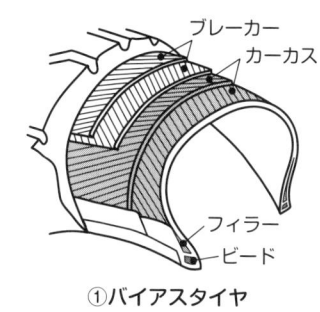

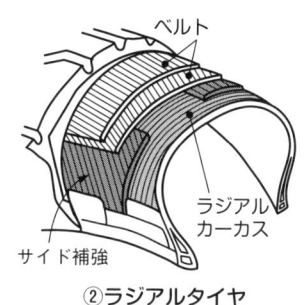

①バイアスタイヤ
- ブレーカー
- カーカス
- フィラー
- ビード

②ラジアルタイヤ
- ベルト
- ラジアルカーカス
- サイド補強

バイアスタイヤは、斜めに巻かれたカーカスがクロスするように重ねられている。ラジアルタイヤは、カーカスが放射状に巻かれてベルトで補強されている。

ホイールの種類

- チューブ
- リム
- スポーク
- ハブ
- ニップル

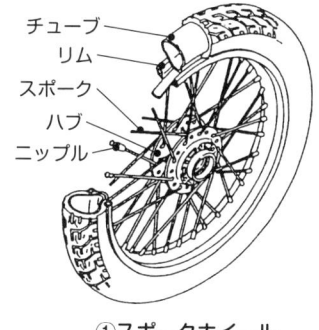

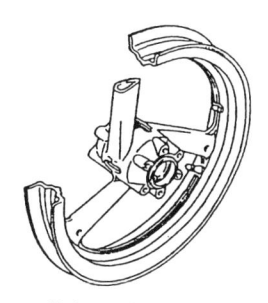

①スポークホイール　②キャストホイール　③組立構造ホイール

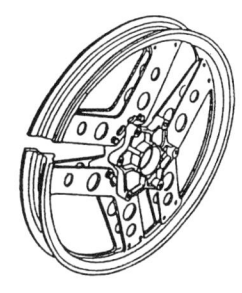

POINT
- ◎タイヤにはチューブタイヤとチューブレスタイヤがある
- ◎ラジアルタイヤは操縦性・安定性、耐摩耗性などにすぐれている
- ◎ホイールには3種類があり、それぞれの特徴によって使い分けられている

4. 安全に走るためのブレーキ

4-1 ブレーキの役割と種類

減速や停止といった重要な役割を果たすブレーキがなければ、バイクは安全に走ることができませんが、ブレーキにはどんな種類があり、どのような特徴をもっているのですか?

　高出力のエンジンをもつバイクであっても、**ブレーキの性能が低ければ**、高速で安全に走行することはできません。走るという面から考えると、ブレーキはバイクの中でもっとも重要な部品といえます。

　一般的なバイクのブレーキは、フロントタイヤ用とリヤタイヤ用が独立した2系統になっており、ブレーキレバーやペダルを操作することで前後のホイールに取り付けられた回転体に**摩擦材**を押しつけて、走行中のバイクのもつ**運動エネルギー**を**熱エネルギー**に変換することによって減速、停止を行います。この一連の動作を**制動**と呼ぶため、ブレーキは**制動装置**ともいいます。

■ディスクブレーキとドラムブレーキの作動原理

　ブレーキには、円盤形をしたブレーキディスクを両側から摩擦材で挟み込む**ディスクブレーキ**と、円筒形をしたドラムに内側から摩擦材を押しつける**ドラムブレーキ**の2種類があります。

①**ディスクブレーキ**:ブレーキレバーやペダルを操作することで、**マスターシリンダー**内のピストンを押して**油圧**を発生させ、**ブレーキキャリパー**まで導きます。油圧を受けたキャリパーピストンによって**ブレーキパッド**と呼ばれる摩擦材が**ブレーキディスク**を挟み込むことで、制動力を発生させます(上図)。

　ディスクブレーキの利点は、制動力のコントロールが行いやすく、ブレーキキャリパーやブレーキディスクが外部に露出しているため**放熱性**にすぐれていること、ブレーキパッドの交換が簡単でメンテナンス性が良いことなどがあげられます。

②**ドラムブレーキ**:ホイールと一緒に回るドラムの内側で、カムを回転させることで**ブレーキシュー(リーディングシュー、トレーリングシュー)** と呼ばれる摩擦材をドラムの内周面に押しつけ、制動力を生み出します(下図)。

　最近ではドラムブレーキは、一部のオフロード車のリヤブレーキやスクーターにしか使用されていません。それは、セルフサーボ(自己倍力)効果(182頁参照)もあってレバー(ペダル)の操作量に対する制動力の変化が大きいため制御が難しく、また密閉性が高いため放熱性が悪く、長時間使用するとドラムの熱膨張で制動力が悪くなり、さらに消耗品であるブレーキシューの交換に手間取るなどの理由によります。

第6章 バイクの走りを支える【フレームと足回り編】

ディスクブレーキの外観と作動原理

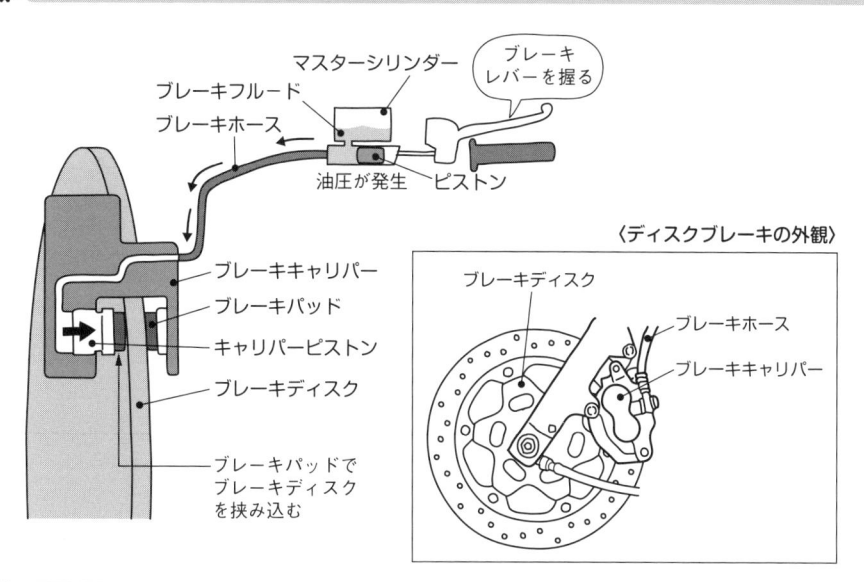

マスターシリンダー
ブレーキレバーを握る
ブレーキフルード
ブレーキホース
油圧が発生
ピストン
ブレーキキャリパー
ブレーキパッド
キャリパーピストン
ブレーキディスク
ブレーキパッドでブレーキディスクを挟み込む

〈ディスクブレーキの外観〉
ブレーキディスク
ブレーキホース
ブレーキキャリパー

ドラムブレーキの外観と作動原理

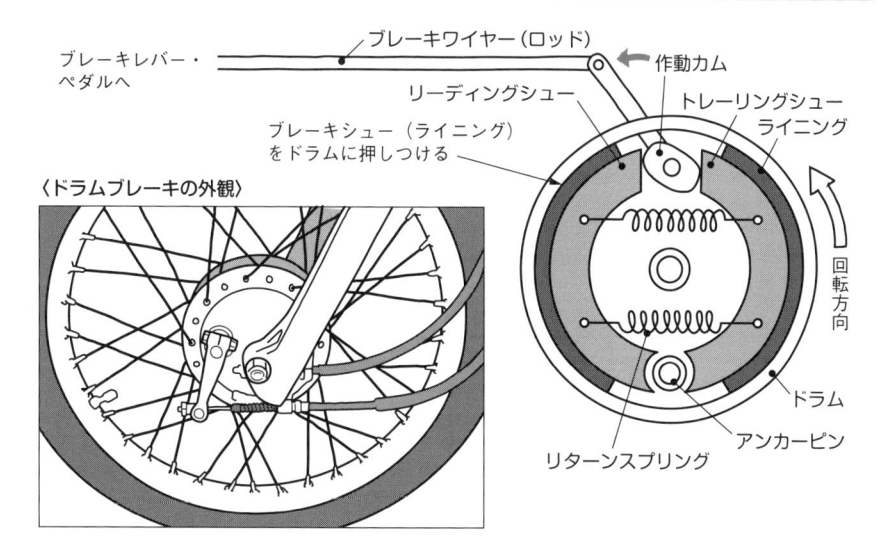

ブレーキレバー・ペダルへ
ブレーキワイヤー（ロッド）
作動カム
リーディングシュー
トレーリングシュー
ブレーキシュー（ライニング）をドラムに押しつける
ライニング
回転方向
ドラム
アンカーピン
リターンスプリング

〈ドラムブレーキの外観〉

POINT
◎ブレーキはホイールに取り付けられた回転体に摩擦材を押しつけることで、バイクの運動エネルギーを熱エネルギーに変換して減速、停止を行っている
◎バイクのブレーキにはディスクブレーキとドラムブレーキがある

179

4-2 ディスクブレーキの構造と種類

ブレーキの主流になっているディスクブレーキは、車輪とともに回転するブレーキディスクをパッドで挟み込んで制動力を発生させていますが、その構造や実際の動作はどうなっているのですか？

ディスクブレーキの主要部品はブレーキディスクとブレーキキャリパーの2つで、**ブレーキディスクはホイールと一体となって回転しています**。ブレーキキャリパーは、ブレーキレバーやペダルの操作によってマスターシリンダーで生じた油圧がキャリパーピストンを押し、ディスクとピストンの間に取り付けられている**ブレーキパッドがディスクを強い力で挟み込むしくみになっています**（179頁上図参照）。

◼ フローティング型と対向ピストン型の作動原理

ブレーキキャリパーにはフローティング型と対向ピストン型がありますが、上図は**フローティング型**の動作を示したものです。

キャリパーピストンに油圧がかかり、これが押し出されることで、まずブレーキパッドAがブレーキディスクを押しつけます。パッドAが動かない状態になると、次にキャリパー全体が右方向にスライドしてパッドBをディスクに押しつけ、その結果、ディスクが両方のパッドで挟み込まれることになります。

この片側だけにピストンを備えているタイプは、ディスクブレーキの中でもっともオーソドックスなもので、省スペースと低コストのメリットにより、小排気量車やロードバイクなど幅広く利用されています。

これに対して中図は**対向ピストン型**のもので、向かい合った1組のキャリパーピストンに油圧を加えて、両側からパッドでディスクを挟み込むようになっています。このタイプは、即効性にすぐれ、安定して強い制動力を発揮できるのが特徴で、一般的に大排気量車やスポーツバイクに採用されています。

ディスクブレーキの制動力を高めるには、パッドとディスクの接触面積を大きくする必要があり、キャリパーピストンの数を増やすことで、パッドをディスクに押しつける力を大きくしています。

ブレーキキャリパーに取り付けられるピストンの数は、フローティング型の1ピストンから対向ピストン型の8ピストンまであり、下図はフローティング型の2ピストンと、対向ピストン型の4ピストン・2パッドの例を示したものです。このほか対向ピストン型には、4つのピストンでパッドをおさえたり、6つのピストンでパッドをおさえるなど、いろいろなタイプがあります。

第6章 バイクの走りを支える【フレームと足回り編】

フローティング型の作動原理

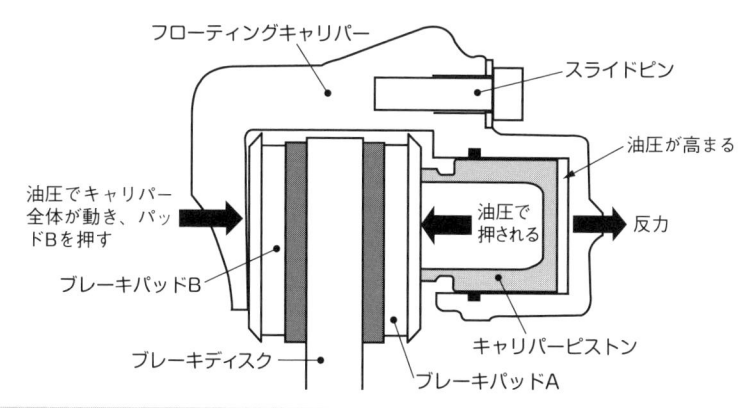

- フローティングキャリパー
- スライドピン
- 油圧が高まる
- 油圧でキャリパー全体が動き、パッドBを押す
- 油圧で押される
- 反力
- ブレーキパッドB
- キャリパーピストン
- ブレーキディスク
- ブレーキパッドA

対向ピストン型の作動原理

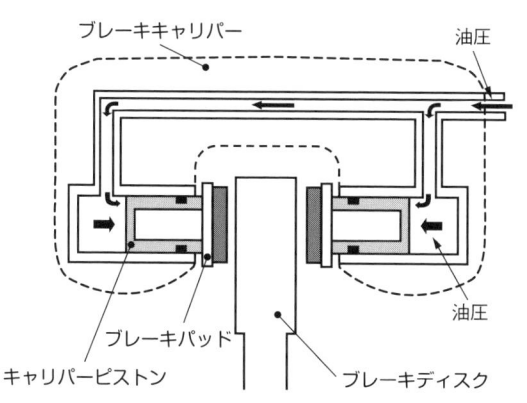

- ブレーキキャリパー
- 油圧
- ブレーキパッド
- 油圧
- キャリパーピストン
- ブレーキディスク

キャリパーピストンとブレーキパッドの数

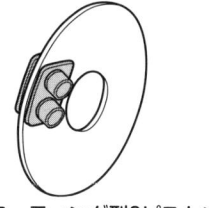

①フローティング型2ピストン 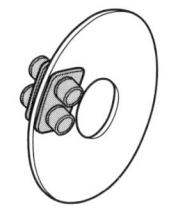　　②対向ピストン型4ピストン・2パッド

POINT
◎ディスクブレーキには、ブレーキキャリパーがスライドするフローティング型と、向き合ったピストンでディスクを挟み込む対向ピストン型がある
◎パッドとディスクの接触面積を大きくすると制動力が高まる

4-3 ドラムブレーキの構造と特徴

ドラムブレーキは、ブレーキシューがドラムを押しつけることで制動力を引き出していますが、どんな構造になっていて、どのように動作するのですか?

ドラムブレーキは、ホイールとともに回転するドラム内に備えられた、2個1組のブレーキシュー(**ライニング**という摩擦材を貼り付けている)、ブレーキシューを固定するアンカーピン、ブレーキシューをドラムに押しつける**カム**で構成されています。

三日月型の形状をした一対のブレーキシューは、ドラム内に背中合わせに円を描くように配置され、それぞれの一端はアンカーピンで留められています。その反対側の端にはカムが取り付けられていて、カムが回転すると、2つのブレーキシューはアンカーピンを支点に押し広げられます。

両側に開いた2つのブレーキシューがドラムの内周面に押しつけられることで摩擦が生じ、制動力が働くようになりますが、ドラムが回転する進行方向前側にあるのが**リーディングシュー**、後側にあるのが**トレーリングシュー**です(上図)。

■より高い制動力を生むセルフサーボ効果

リーディングシューは、ドラムの回転方向にブレーキシューが開くので、ドラムの内周面に押しつけられた際、ブレーキシュー自体がドラムの回転に引き込まれてさらに外側に広げられようとする力を受けることになります。

このため、ドラムとの摩擦力が反対方向に働くトレーリングシューより強い摩擦力を得ることができ、より高い制動力を生み出します。このドラムとの摩擦力でブレーキシューを広げようとする力を、**セルフサーボ(自己倍力)効果**といいます。この効果があることで、ディスクブレーキには必須の油圧装置を必要としないという利点をもっています(中図)。

上図のように1つのカムで2つのブレーキシューを作動させるのが**リーディングトレーリング型**、カムが2つあって1つのカムで1つのブレーキシューを作動させるのが**ツーリーディング型**です(下図)。ツーリーディング型は両方のシューがセルフサーボ効果の働くリーディングシューとなるため、前進時にはリーディングトレーリング型の約1.5倍の制動力を得ることができます。そのため、より高い制動力が求められるフロントブレーキに使用されます。ただ、坂道などでバイクが後退する場合、逆向きに作用するトレーリング側がないため制動力が低くなります。

第6章 バイクの走りを支える【フレームと足回り編】

リーディングトレーリング型の通常時と制動時

- リーディングシュー
- カム
- ライニング
- トレーリングシュー
- ドラム
- アンカーピン
- リターンスプリング
- ブレーキシュー(ライニング)をドラムに押しつける

①通常時　②制動時

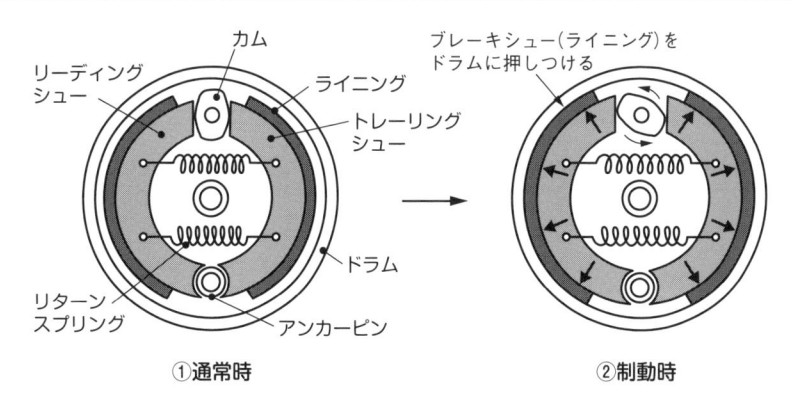

セルフサーボ(自己倍力)効果

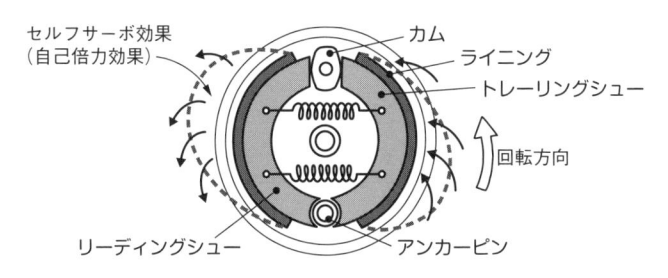

- セルフサーボ効果(自己倍力効果)
- カム
- ライニング
- トレーリングシュー
- 回転方向
- リーディングシュー
- アンカーピン

ツーリーディング型の通常時と制動時

- 回転方向
- カム
- アンカーピン
- アンカーピン
- カム

①通常時　②制動時

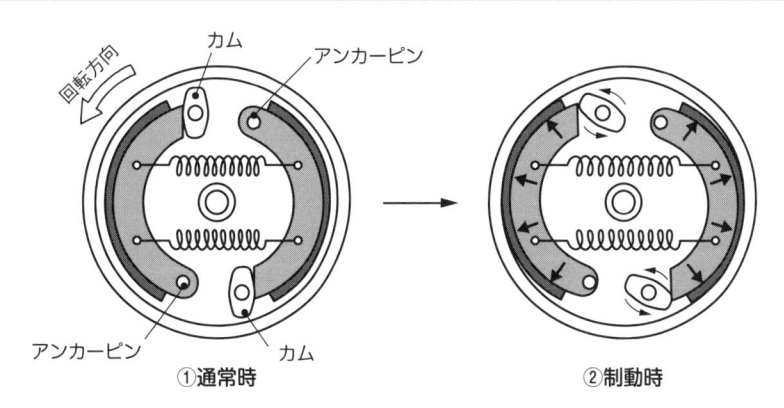

POINT
◎ドラムブレーキは、ホイールとともに回転するブレーキドラムを、内側からブレーキシューを押しつけることによって摩擦し、制動力を発生させる
◎ドラムブレーキにはセルフサーボ効果があり、自ら制動力を高めている

4-4 最新のブレーキシステム

ディスクブレーキやドラムブレーキのしくみについてはわかりましたが、最新のブレーキシステムにはどのようものがあるのですか？　また、その長所はどんな点にあるのでしょうか？

　二輪で走行するバイクでは、ブレーキの制動力やコントロール性が非常に重要になります。そのため、次項以降で解説するABSや前後ブレーキの連動などの機能追加によって安全性を高めていますが、ブレーキシステム自体も改良されています。

（1）ラジアルポンプマスターシリンダー

　通常の**マスターシリンダー**は、ブレーキレバーを握ると縦方向のレバーの動きを、取り付けボルトを回転軸にして横方向に変換しているため、構造上レバーの握り量に対してピストンの移動量が小さくなり細かな調整が難しくなります。またレバーの握り量に対してピストンの移動量の変化が大きくなります。**ラジアルポンプ**式はマスターシリンダーを縦方向に取り付けることで、レバーの握り量に対するピストンの移動量を比較的大きく取れます。また構造上レバーを長くできるため、より小さい力でブレーキレバーを握ることができます（上図）。

（2）ラジアルマウントキャリパー

　一般的なブレーキキャリパーは、フロントフォークに横方向からボルトで締結する**アキシャルマウント**ですが、**ラジアルマウント**は前後（縦）方向から締結しています。前後方向からボルトで締結することで結合部分の剛性が高くなり、制動時の操作性が向上して安定した制動力を発揮することができます（中図）。

（3）モノブロックブレーキキャリパー

　対向ピストン型のブレーキキャリパーは左右分割されたものをボルトで結合していますが（セパレートタイプ）、制動時にキャリパー内のピストンに強い油圧がかかると、その反力でキャリパー本体が外側に広がり制動力が低下します。**モノブロックキャリパー**はキャリパー本体を一体で製造することで剛性を高め、ピストンに加わる力を有効に制動力に変換します（下図）。

（4）ペダル（ウェーブ）ディスク

　円形をしたディスクプレートの外周を波目状にするとともに、表面の孔の形状を長円形にしたもので、ブレーキパッド表面の清掃効果や表面積の増加による放熱性の向上、軽量化などのメリットがあります（中図①）。一方、ブレーキパッドとの接触面積や蓄熱容量の減少による操作性の低下などのデメリットもあります。

第6章 バイクの走りを支える【フレームと足回り編】

ラジアルポンプマスターシリンダー

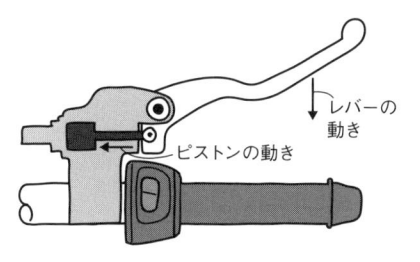

①通常のマスターシリンダー 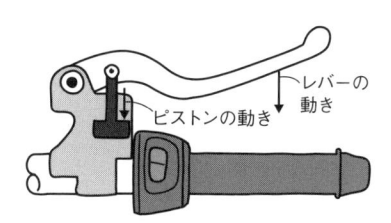　②ラジアルポンプマスターシリンダー

（レバーの動き／ピストンの動き）

ラジアルマウントキャリパーとペダル（ウェーブ）ディスク

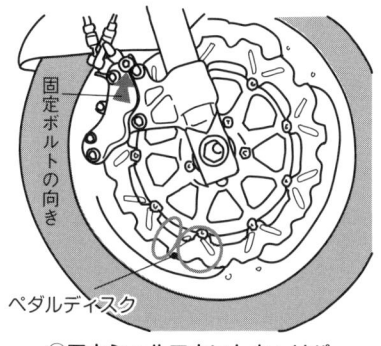

①アキシャルマウントキャリパー 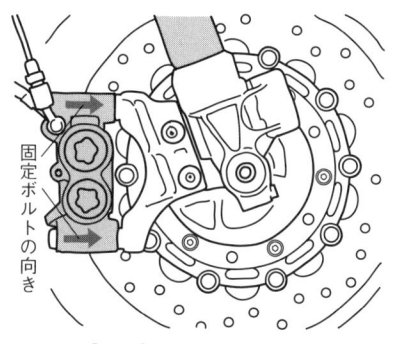　②ラジアルマウントキャリパー

固定ボルトの向き／ペダルディスク

モノブロックブレーキキャリパー

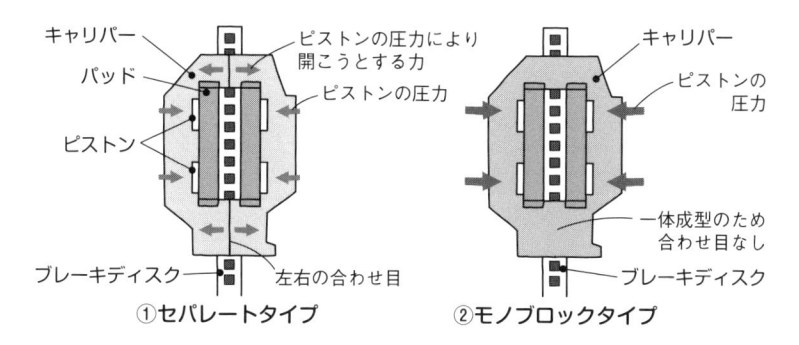

①セパレートタイプ
- キャリパー
- パッド
- ピストン
- ブレーキディスク
- ピストンの圧力により開こうとする力
- ピストンの圧力
- 左右の合わせ目

②モノブロックタイプ
- キャリパー
- ピストンの圧力
- 一体成型のため合わせ目なし
- ブレーキディスク

POINT
◎ABSや前後輪連動ブレーキシステムなどの電子制御化による安全性の向上と併せて、ブレーキシステムのそれぞれの機能を見直すことで制動力や操作性を向上させている

4-5 ABS（アンチロックブレーキシステム）

自動車では標準装備されることの多いABSですが、安全性を高めるためにバイクでも導入されるモデルが増えています。バイク用のABSのしくみはどうなっているのですか？

走行中路面が変化したり、急にブレーキをかけたりすると、タイヤが**ロック**してコントロールを失うことがあります。バイクの場合、クルマと違って転倒してしまうこともあり、たいへん危険です。

ブレーキにかかる**油圧**は、ライダーがブレーキレバーやブレーキペダルをどのくらい強く操作するかによってコントロールされていますが、タイヤがロックしそうな状況になっても冷静で的確なブレーキングができる人はそう多くないでしょう。

ABS（アンチロックブレーキシステム）は、このようなブレーキングによるタイヤのロックを一定の範囲内で防ぎ、安全に走行するためのシステムです（上図）。

ABSを構成する要素

ABSは、①前輪・後輪に取り付けられた**ホイールスピードセンサー**、②センサーから送られてくるホイールの回転数をもとにバイクのスピードや減速度を計算して、ホイールがロック状態かどうかを判断する**ECU**（エンジンコントロールユニット）、③ECUからの信号によってブレーキの効き具合を調整する**油圧制御ユニット**などで構成されています（下図）。

ECUでブレーキにかかる油圧をコントロール

ABSユニットは、ホイールとともに回転するホイールスピードセンサーからの信号を受けて、**ポンプ駆動モーター**と**ソレノイドバルブ**（IN側・OUT側）の作動をコントロールすることでブレーキ圧力を調整します。

例えば、ホイールスピードセンサーからの信号によってECUが「車輪がロック状態に近い（車体速度に対して車輪速度が落ちた状態）」と判断すると、ABSユニットからの指令に従ってソレノイドバルブの開閉とポンプの動作によりブレーキ圧の「保持」と「減圧」を自動的に繰り返して、車輪のロックを回避します。そして、ロック状態がなくなる（車輪速度が車体速度に近づく）と、ブレーキ圧を「増圧」します。

このように、ABSは自動的に**ポンピングブレーキ**（レバーやペダルを徐々に操作して、滑り始めたら緩め、また強めるという作業を繰り返してロックを防ぐブレーキング法）の状態をつくり出しています。

第6章 バイクの走りを支える【フレームと足回り編】

ABSの作動イメージ

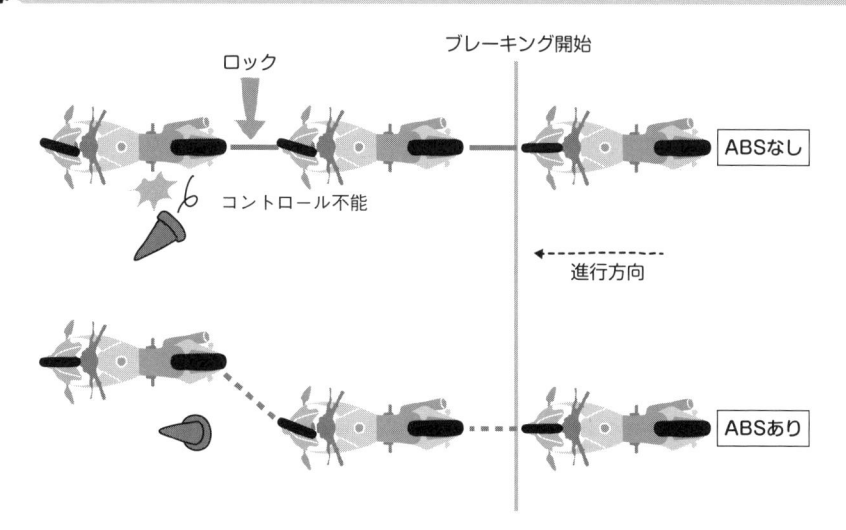

ロック
ブレーキング開始
コントロール不能
ABSなし
進行方向
ABSあり

ABSのシステムイメージ

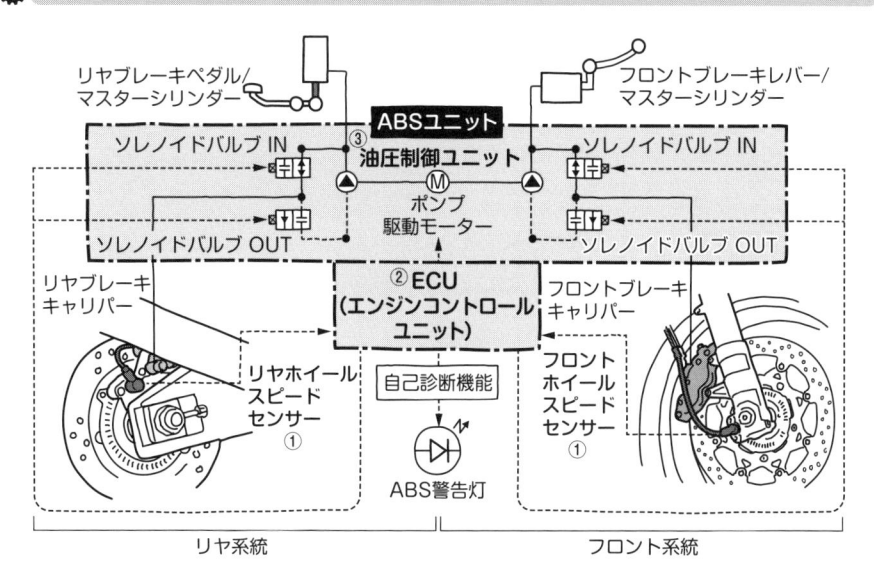

リヤブレーキペダル/マスターシリンダー
フロントブレーキレバー/マスターシリンダー
ABSユニット
ソレノイドバルブ IN
③油圧制御ユニット
ソレノイドバルブ IN
ポンプ駆動モーター
ソレノイドバルブ OUT
ソレノイドバルブ OUT
リヤブレーキキャリパー
②ECU（エンジンコントロールユニット）
フロントブレーキキャリパー
リヤホイールスピードセンサー①
自己診断機能
フロントホイールスピードセンサー①
ABS警告灯
リヤ系統
フロント系統

POINT
◎ABSはブレーキングによるタイヤのロックを防ぐためのシステム
◎ABSはホイールスピードセンサーからの信号をECUで判断して、自動的にポンピングブレーキの状態をつくり出している

4-6 前後輪連動ブレーキシステム

バイクのブレーキは、ライダーがフロントとリヤを別々に操作しなければなりませんが、安全でスムーズなブレーキングのためのシステムとしてABS以外にどのようなものがあるのですか？

バイクは、通常前後で独立したブレーキシステムが備えられていて、ブレーキレバーやブレーキペダルを操作することでそれぞれのブレーキが個別に機能します。

また、制動時の前後タイヤに加わる荷重の変化（フルブレーキング時にはフロントタイヤはほぼ100％、リヤタイヤは0％になる）に伴い、ライダーはそのときの状況に合わせてレバーやペダルを適切に操作する必要があります。つまり、安全に走行するためには、ブレーキ操作は高度なテクニックを要するものなのです。

■制動時の操縦性・安定性が向上

前後輪連動ブレーキシステム（デュアルコンバインドブレーキシステム）は、いずれか一方のブレーキが作動したときに、もう一方のブレーキにも自動的に制動力を発生させるシステムで、フロントブレーキのみ使用したときに起こる制動力の低下や、逆にリヤタイヤのブレーキを効かせすぎたときに起こりやすいリヤタイヤのロックや横滑りを防止するなど、ブレーキング時のバイクの姿勢を安定させる効果があります。

また、ABS（前項参照）とセットで使用することで、タイヤのロックを防止しながら最大の制動力を得ることができます。前後輪連動ブレーキシステムは、スクーターや大型ツアラーなどで採用が進んでいます。

■前後輪連動ブレーキシステム+ABSを電子制御化

前後輪連動ブレーキシステムは、通常「一方のブレーキが作動→もう一方のブレーキにも制動力が発生」という順序で作動しますが、そのスクーターでの使用例が上図です。

右ブレーキレバーを操作すると、フロントブレーキが作動し（図中A）、左ブレーキレバーを操作すると、リヤブレーキと連動してフロントブレーキも作動するようになっています（図中B）。

最近は前後輪連動ブレーキシステムとABSの両者を電子制御化してより細かくコントロールすることでスムーズな液圧制御が可能となり（下図）、センサーから得た情報をもとにECUが前後ブレーキのオイルポンプを作動させて、走行状況に応じた前後ブレーキの制動力配分になるようにコントロールするものもあります。

第6章 バイクの走りを支える【フレームと足回り編】

前後輪連動ブレーキシステムの作動例

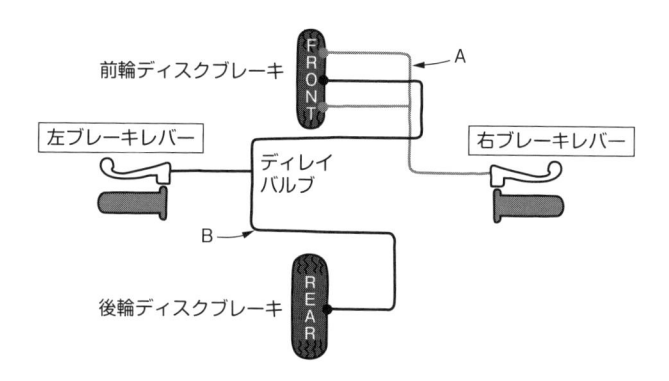

前輪ディスクブレーキ
FRONT
A
左ブレーキレバー
右ブレーキレバー
ディレイバルブ
B
後輪ディスクブレーキ
REAR

電子制御式コンバインドABSの例

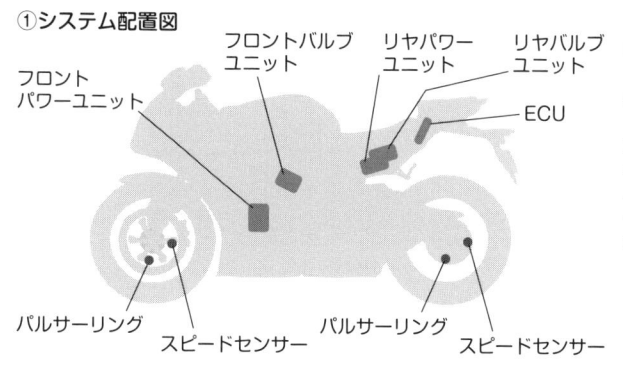

①システム配置図

フロントパワーユニット
フロントバルブユニット
リヤパワーユニット
リヤバルブユニット
ECU
パルサーリング
スピードセンサー
パルサーリング
スピードセンサー

ブレーキの入力状況をECU(エンジンコントロールユニット)が検知、演算し、フロント、リヤそれぞれに配置されたパワーユニット内のモーターを作動させることで液圧を発生させ、最適な制動力を生み出している。

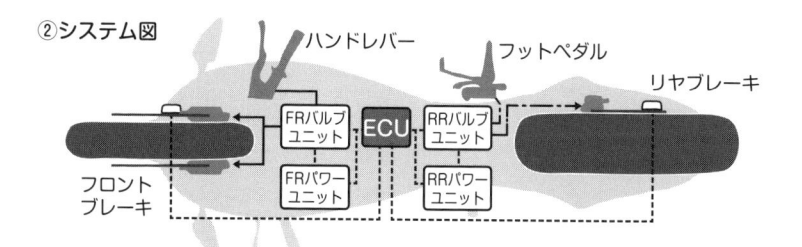

②システム図

ハンドレバー
フットペダル
リヤブレーキ
FRバルブユニット
ECU
RRバルブユニット
フロントブレーキ
FRパワーユニット
RRパワーユニット

POINT
◎前後輪連動ブレーキシステムは前後輪のブレーキを連動させて制動力を発生させるシステムで、効率的なブレーキングと、制動時の操縦性・安定性の向上を実現している

COLUMN 6

安全なライディングのために《その6》
悪天候時の注意点②

「コラム5」に続いて、悪天候時のライディングに関する注意点です。

(1) 周囲に自分の存在を気づかせる

歩行者にとって、雨の日は雨音によって排気音が消されるうえ、カサのために視界が狭くなったり、雨や水たまりなどに気を取られることも多く、バイクに気づきにくい状況になります。これは、クルマにとっても同じです。

まずはこのことを認識したうえで、雨の日に歩行者やクルマの近くを通過する場合は、相手がバイク（＝自分）の存在に気づいていないという前提で走行するようにします。

また、雨の日にバイクに乗るときは、いつもよりスピードを落として余裕のあるライディングを心がけるのはもちろん、①早めにヘッドランプを点灯する、②ウエア類はできるだけ明るいものを着用する、③反射テープを貼りつけるなどして後方からのクルマの視認性を高めるなど、周囲にバイクの存在を気づかせるようにします。

(2) ハイドロプレーニングに注意する

ハイドロプレーニングとは、水たまりの上を高速で走行したときに、タイヤと路面の間の水によってタイヤが浮き上がる現象をいいます。

ハイドロプレーニングが発生すると、ブレーキやハンドル操作がまったく効かなくなるばかりか、バイクを傾けるなどの挙動を与えると、簡単に転倒してしまいます。

この現象は、高速道路のわだちや橋の上など、雨水が溜まりやすいところで起こるため、雨天時にこれらの場所を走行する場合は、できるだけスピードを落とすようにします。

万が一ハイドロプレーニングが発生したときは、①あわてずにバイクを直立させ、②上体を起こしながらリヤブレーキをかけるようにして、速度が落ちてタイヤのグリップ力が回復するのを待ちます。

索　引 (五十音順)

あ 行

- アーマチャコイル …………………… 100
- アウターチューブ …………… 164, 166
- アキシャルマウントキャリパー …… 184
- アシストカム …………………… 130
- 圧縮 ………………………… 20, 28
- 圧縮比 …………………………… 26
- 圧送式 …………………………… 80
- 圧送はねかけ式 ………………… 80
- アッパーブラケット ………… 154, 156
- アメリカン ………………………… 12
- アンカーピン …………………… 182
- アンダーブラケット ………… 156, 165
- イグナイター …………………… 108
- イグニッションコイル ……… 104, 108
- 一酸化炭素(CO) ………………… 78
- イニシャル調整 ………………… 162
- インジェクター ………… 56, 62, 64, 66
- インテークマニホールド ………… 68
- インナーチューブ …………… 164, 166
- インナーライナー ……………… 176
- インナーロッド式 ……………… 168
- ウェーブディスク ……………… 184
- ウェットサンプ式 ………………… 82
- ウェットライナー式 ……………… 30
- ウォータージャケット …………… 30, 88
- ウォーターチューブ ……………… 90
- ウォーターポンプ ………………… 90
- エアインテーク …………………… 70
- エアクリーナー ………… 54, 70, 78
- エアクリーナーエレメント ……… 54
- エアクリーナーボックス …… 54, 70
- エアファンネル …………………… 68
- エアフィルター ………………… 54
- 永久磁石 ………………………… 96
- エキスパンションチャンバー …… 48
- エキゾーストパイプ ………… 72, 74
- エンジンオイル ………… 80, 82, 84
- エンジン回転数 ………………… 26
- 遠心式クラッチ ………………… 128
- 遠心式・湿式シュークラッチ …… 128
- 遠心式・湿式多板クラッチ …… 128
- 遠心式(Vベルト式)無段変速機 … 132, 136
- 遠心式(Vベルト式)無段変速車 … 128
- エンジン電装系 ………………… 94
- エンジン部 ……………………… 10
- エンジンブレーキ ……………… 130
- オイルクーラー ……………… 82, 88
- オイル室 …………… 160, 164, 166, 170
- オイルタンク …………………… 82
- オイルパン ……………………… 82
- オイルフィルター ……………… 82
- オイルポンプ ………… 82, 84, 142
- オイルモーター ………………… 142
- オイルリング …………………… 22
- 往復運動 ……………………… 20, 22
- オフロードタイプ …………… 12, 14
- オリフィス …………… 158, 160, 164

か 行

- カーカス ……………………… 176
- カートリッジ式 ………………… 168
- カーボン ……………………… 110
- 界磁回転型 ……………………… 96
- 回転運動 ……………………… 20, 22
- 開放型バッテリー ……………… 98
- カウル ……………………… 12, 70
- カウンターシャフト …………… 132
- 火炎伝播速度 ………………… 106
- 下死点 ………………………… 28, 34
- ガス室 …………………… 160, 170

191

片持ち式	148, 172
可変吸気システム	68
可変バルブタイミング機構	38
可変ベンチュリ型	58
カム	32, 34, 36, 102, 182
カムアングル変更式	38
カム切替式	38
カムシャフト	28, 34, 36
カムプロフィール	34, 38
カムリフト量	34, 38
緩衝作用	80
気筒数	24
キャスター角	152
キャストホイール	176
キャタライザー	50, 78
キャブレター	56, 58, 60
キャリパーピストン	180
キャンバー角	150, 152
吸気管	68
吸気管長	68
吸気系統（システム）	54
吸気バルブ	28, 32
吸気ポート	40, 42, 44, 46, 56, 62
吸気用ダクト	68
吸入	20, 28
吸入空気	70
吸入空気量	66
吸入通路	54
吸排気バルブ	20, 28, 30, 32, 34, 36, 38, 40
吸排気ポート	30, 32
強制空冷式	88
空燃費	50, 60
空冷エンジン	88
空冷式	30
組立構造ホイール	176
クラッチ	118, 124
クラッチアウター	128
クラッチオフ	100
クラッチオン	100
クラッチシュー	128

クラッチスプリング	124, 126
クラッチハウジング	124, 126
クラッチプレート	124, 126, 128
クラッチボス	124, 126
クラッチレバー	126
クランクアーム	27
クランク室	40, 42
クランクジャーナル	22
クランクシャフト	10, 22, 26, 28, 36, 40, 96, 100, 124
クランクピン	22
グリップ力	114
クルーザー	12
クレードルフレーム	146
クロスフロータイプ	90
警察用車両	16
ケースリードバルブ方式	42
減衰装置	158
減衰力	158, 160
減衰力特性	162
減速ギヤ	100
減速作用	118, 120, 122
減速比	120, 122, 134
行程容積	26, 27
交流発電機	96
混合気	20, 28, 48, 54, 60, 62, 106
混合給油方式	84
コンタクトブレーカー	102
コンバージェットコーン	48
コンプレッション（圧縮）リング	22
コンロッド	10, 22, 26

さ 行

サーモスタット	90
最終減速機構	118, 138
サイドウォール部	176
サイリスタ	104
サイレンサー	48, 72, 74
サクションチャンバー	58
サクションピストン	58

192

サスペンション ………………… 10, 158, 160	シリンダーブロック ………………………… 30
サスペンションストローク量 ………… 162	シリンダーヘッド ………………… 26, 32, 36
サスペンションユニット ………………… 164	進角装置 ……………………………………… 106
サブチャンバー …………………………… 76	シングルグレード ………………………… 86
三元触媒コンバーター …………………… 78	水平対向エンジン ………………………… 24
三相式 ………………………………………… 96	水冷エンジン ………………………… 88, 90
シートレール ……………………………… 146	水冷式 ………………………………………… 30
自衛隊車両 ………………………………… 16	スイングアーム ………… 10, 148, 172, 174
ジェット …………………………………… 60	スーパースポーツ ………………………… 12
ジェットニードル ………………………… 60	スキッシュエリア ………………………… 44
自己倍力効果 ……………………………… 182	スクーター ………………………………… 16
自己誘導作用 ……………………………… 108	スクエア型 ………………………………… 24
自然空冷式 ………………………………… 88	スクエア4エンジン ……………………… 24
湿式多板クラッチ ………………………… 124	スタビリティコントロール …………… 114
始動システム ……………………………… 100	ステアリング機構 ………… 10, 154, 170
シフトダウン ……………………………… 130	ステアリング機能 ………………………… 164
シフトドラム ……………………………… 134	ステアリングダンパー ………………… 156
シフトフォーク …………………………… 134	ステーターコイル ………………………… 96
シフトペダル ……………………………… 134	ステムシャフト ………… 152, 155, 156, 157
ジャイロ作用 ……………………………… 150	ストリートファイター …………………… 12
車高調整機能 ……………………………… 162	ストローク ………………………… 25, 28
車体部 ………………………………………… 10	ストローク量 ……………………… 24, 26
シャフトドライブ式 …………………… 138	スパークプラグ ………………………… 110
集合マフラー ……………………………… 74	スピン ……………………………………… 114
充電システム ……………………………… 98	スプライン ………………………………… 134
出力 …………………………………………… 26	スプリング ………………………… 10, 158
潤滑作用 …………………………………… 80	スポークホイール ……………………… 176
潤滑装置 …………………………………… 80	スリーブ …………………………………… 30
昇圧 ………………………………………… 108	スリッパーカム ………………………… 130
消音効果 …………………………………… 74	スリッパークラッチ …………………… 130
浄化装置 …………………………………… 10	スリップ率 ……………………………… 114
常時かみ合い式 ………………………… 132	スロットルスピード式 ………………… 64
上死点 ……………………………… 26, 28	スロットルバルブ ……………… 58, 64, 66
ショートストローク ……………… 24, 26	制動 ………………………………………… 178
触媒 ………………………………………… 50	制動装置 ………………………………… 178
触媒装置 …………………………………… 78	正立型 ……………………………………… 160
ショックアブソーバー ………………… 158	接地電極 ………………………………… 110
シリンダー …… 10, 20, 22, 28, 30, 40, 44, 160	接点点火方式 …………………………… 102
シリンダー数 ……………………………… 24	セパレートハンドル …………………… 156
シリンダー配列 …………………………… 24	セパレートファンクションフロントフォー

ク（SFF）	168
セミダブルクレードルフレーム	146
セミトランジスタ式	102
セルスターター式	100
セルフサーボ効果	182
セルフステアリング	150
セルモーター	94, 100
前後輪連動ブレーキシステム	188
センサー	56, 64, 66, 94, 112, 114
洗浄作用	80
センターコア	108
掃気ポート	40, 44, 46, 48
相互誘導作用	108
総排気量	24

た 行

ダート（フラット）トラッカー	14
ターミナルナット	110
対向ピストン型	180
ダイバージェットコーン	48
タイヤ	10, 176
ダイヤフラム	58
ダイヤモンドフレーム	146, 148
ダイレクトイグニッション	108
ダウンチューブ	146
ダウンドラフトタイプ	54
ダウンフロータイプ	90
多球型	30
多段膨張型	72
ダブルクレードルフレーム	146
炭化水素（HC）	78
単相式	96
タンデムツイン	24
ダンパー	10, 158, 160, 164, 170
チェーンドライブ式	138
チェックバルブ	166
チェリアーニ式	166, 168
窒素ガス	160, 170
窒素酸化物（Nox）	78
中心電極	110

チューブタイヤ	176
チューブレスタイヤ	176
直列エンジン	24
ツアラー	12
ツインインジェクター	66
ツインスパーフレーム	148
ツインチューブ（複筒正立）型	170
ツーリーディング型	182
ディスクバルブ	42
ディスクバルブ方式	42
ディスクブレーキ	178, 180
テールパイプ	48
デスモドロミック機構	32
デトネーション	26
デュアルキャブレター	58
デュアルクラッチトランスミッション	140
デュアルコンバインドブレーキシステム	188
デュアルスプリング	32
デュオレバー式	154
テレスコピック式	154
テレスコピック式フロントサスペンション	164, 166
テレレバー式	154
電解液	98
点火時期（タイミング）	106
点火システム	102, 108
点火タイミング	102
点火プラグ	28, 30, 94, 102, 106, 108, 110
点火マップ（点火時期コントロールマップ）	106
電子制御システム	112
電子制御スロットル	66
電子制御燃料噴射装置	56, 62
電装系	10
動作バルブ切替式	38
動弁機構	10, 36
倒立型	160
動力伝達機構	118

194

索 引

ド・カルボン（ガス室分離単筒）型 ……… 170
ドッグ …………………………………… 134
トップリンク式 ………………………… 174
トライアルバイク ……………………… 14
トライク ………………………………… 16
ドライサンプ式 ………………………… 82
ドライブシャフト …………………… 132, 134
ドライブプーリー …………………… 128, 136
ドライブベルト（Vベルト） ………… 136
ドライライナー式 ……………………… 30
トラクションコントロール ………… 66, 114
トラスフレーム ………………………… 148
ドラムブレーキ ……………………… 178, 182
トランジスタ …………………………… 102
トランスミッション
 ……………………… 10, 118, 124, 126, 132
ドリブンプーリー …………………… 128, 136
トルク ………………………… 26, 120, 132
トレーリングシュー …………………… 182
トレール ………………………………… 152
トレールバイク ………………………… 14
トレッキングバイク …………………… 14
トレッドパターン ……………………… 176
トレッド部 ……………………………… 176

な 行

内径 ……………………………………… 24
ニードルジェット ……………………… 60
二次空気供給装置 ……………………… 78
ニューマチックバルブ ………………… 32
ネイキッド ……………………………… 12
熱価 ……………………………………… 110
燃焼 …………………………………… 20, 28
燃焼エネルギー ………………………… 26
燃焼ガス ………………… 28, 34, 40, 48, 72, 74, 78
燃焼室 ………………………… 26, 30, 32, 44
燃焼室容積 ……………………………… 26
燃焼力（エネルギー） ………………… 26
燃料供給装置 ………………………… 10, 54, 56
燃料噴射装置 …………………………… 56

ノッキング …………………………… 26, 88

は 行

バイアスタイヤ ………………………… 176
ハイオクタン（ハイオク）燃料 ……… 26
排気 …………………………………… 20, 28
排気音 …………………………………… 72
排気ガス ………………………………… 28
排気ガス浄化システム ………………… 78
排気装置 ………………………………… 72
排気タイミング可変タイプ …………… 76
排気デバイス …………………………… 76
排気バルブ …………………………… 28, 32, 34
排気ポート ………………… 44, 46, 48, 72, 78
排気脈動 …………………………… 48, 72, 76
排気容量可変タイプ …………………… 76
排気量 …………………………………… 24
排出ガス ………………………………… 50
排出ガス規制 …………………………… 50
ハイテンションコード ………………… 108
パイプハンドル ………………………… 156
パイロットジェット …………………… 60
バックトルク …………………………… 130
バックトルクリミッター ……………… 130
バックボーンフレーム ………………… 146
バッテリー …………………………… 94, 98
バッテリー液 …………………………… 98
バッテリー点火 ………………………… 104
発電コイル ……………………………… 96
発電システム …………………………… 96
はねかけ式 ……………………………… 80
バランスウエイト ……………………… 22
バルブ ………………… 28, 34, 36, 160, 170
バルブオーバーラップ ………………… 34
バルブガイド …………………………… 32
バルブ機構 ……………………………… 20
バルブサージング ……………………… 32
バルブシート …………………………… 32
バルブシステム ………………………… 36
バルブステム …………………………… 32

195

バルブスプリング	32	フルトランジスタ式	104
バルブタイミング	38, 46	プレイグニッション	88, 110
バルブタイミングダイヤグラム	34	ブレーキ	178
半球型	30	ブレーキキャリパー	178, 180
バンク角	114	ブレーキシュー	178, 182
半クラッチ	124, 130	ブレーキ装置	10
反転型	72	ブレーキディスク	178, 180
ビード部	176	ブレーキパッド	178, 180
ビジネスバイク	16	ブレーキレバー	184
ピストン	10, 20, 22, 26, 28, 30, 34, 40, 160	フレーム	10, 146, 148
ピストンエンジン	20	フレームレス構造	148
ピストンスライドタイプ	166	プレッシャープレート	124, 126
ピストンバルブ	58	プレッシャーレギュレーター	62, 64
ピストンバルブ式	40	フローティング型	180
ピストンピン	22	フローティングバルブ	166
ピストンメタル式	166	ブローバイガス還元装置	78
ピストンリードバルブ方式	42	プログレッシブ効果	174
ピストンリング	30	ブロックパターン	14
ピストンロッド	160	フロントサスペンション	164
ビッグピストンフロントフォーク（BPF）	168	フロントフォーク	152
ピニオンギヤ	100	フロントフォーク式ステアリング機構	154, 156
ピボット	148	噴射タイミング	64
フォークオフセット	152, 156	噴射量	64
吹き抜け	48	分離給油方式	84
不整燃焼	50	並列エンジン	24
プッシュロッド	36, 126	ペダルディスク	184
不等ピッチスプリング	32	ヘッドパイプ	154, 156
フューエルインジェクション	62, 64, 66	ベルトドライブ式	138
フューエルポンプ	62, 64	変圧器	108
フライホイール	96, 102	変速機	132
フライホイールマス	96	変速比	134
プライマリードライブギヤ	122	ベンチュリ	56
プライマリードリブンギヤ	122	ベンチュリ開度	60
プラグコード	108	ベンチュリ径	58
ブラダ	170	ペントルーフ型	30
フラマグ点火	104	ボア	24
フリーピストン	160, 170	ホイール	10, 176
フリクションプレート	124, 126, 128	ホイールアライメント	152
プリロード調整	162	ホイールスピードセンサー	186

索 引

ホイールベース ················· 152
ポイント ·························· 102
防錆作用 ··························· 80
膨張室 ······························ 72
ポート ···················· 30, 40, 44
ポートタイミング ················· 46
ボトムリンク式 ············ 154, 174
ポンピングブレーキ ············ 186
ポンピングロス ···················· 70
ポンプ斜板 ······················· 142
ポンプピストン ·················· 142

■■■■■■ ま 行 ■■■■■■

マグネット式 ······················ 96
摩擦抵抗 ··························· 80
マスターシリンダー ······ 178, 184
マニュアルトランスミッション ···· 132, 134
マフラー ··························· 72
マルチグレード ···················· 86
マルチバルブ(複数)化 ············ 32
ミッションオイル ············ 80, 84
密閉型バッテリー ················· 98
密閉作用 ··························· 80
脈動 ································ 48
脈動効果 ················· 48, 72, 74
無接点点火方式 ·················· 102
メインジェット ···················· 60
メインシャフト ············ 132, 134
メインフレーム ·················· 146
モーター斜板 ···················· 142
モーターピストン ··············· 142
モタード ··························· 12
モノコックフレーム ············ 148
モノサス ···················· 170, 172
モノチューブ(単筒倒立)型 ····· 170
モノブロックブレーキキャリパー ······· 184

■■■■■■ や 行 ■■■■■■

焼き付き ··························· 80
油圧 ······························· 178

油圧機械式無段変速機(HFT) ············ 142
油圧制御ユニット ················ 186
有害成分 ··························· 50
有害物質 ··························· 78
ユニットスイング式 ············· 172
ユニットプロリンク ············· 174
油冷エンジン ······················ 88
ヨーク ····························· 100

■■■■■■ ら 行 ■■■■■■

ライニング ······················· 182
ラジアルタイヤ ·················· 176
ラジアルポンプマスターシリンダー ···· 184
ラジアルマウントキャリパー ···· 184
ラジエター ························ 90
ラジエターキャップ ··············· 90
ラム圧システム ···················· 70
ラムエアシステム ················· 70
リーディングシュー ············· 182
リーディングトレーリング型 ···· 182
リードバルブ ······················ 42
リーフバルブ ···················· 168
リヤサスペンション ···· 148, 170, 172
リヤサスペンションユニット ···· 174
両持ち式 ···················· 148, 172
理論空燃比 ························ 78
リンク機構 ················· 172, 174
リンク式ステアリング機構 ······ 154
リンク式モノサス ·········· 172, 174
リンクレスモノサス ············· 174
冷却作用 ··························· 80
冷却ファン ························ 90
冷却フィン ···················· 30, 88
レギュレーター ···················· 98
レギュレートレクチュファイヤー ······· 98
レクチュファイヤー(整流器) ···· 94, 96
レシプロエンジン ······· 10, 20, 24, 26
レリーズ機構 ··············· 124, 126
ロードタイプ ······················ 12
ロッカーアーム ···················· 36

197

ロック	186
ロングストローク	24, 26
ロングライフクーラント(LLC)	90

わ行

ワンウェイクラッチ	100

数字・欧字

1次減速機構	118, 122
1次コイル	108
2サイクルエンジン	20, 40, 42, 44, 50
2次減速機構	118, 138
2次コイル	108
2本サス	170, 172
4サイクルエンジン	20, 28, 32, 40
4ストロークエンジン	28
4in1(4-1)方式	74
4in2in1(4-2-1)方式	74
ABS(アンチロックブレーキシステム)	114, 186, 188
ACジェネレーター	94, 96, 98
APIサービス分類	86
CDI式	104
CV(コンスタント・バキューム)型キャブレター	58
DOHC(ダブルオーバーヘッドカムシャフト)	36
ECU(エンジンコントロールユニット)	56, 62, 66, 78, 94, 112, 186
HFT(ヒューマン・フレンドリー・トランスミッション)	142
JASO M345	86
JASO T903規格	86
OHC(オーバーヘッドカムシャフト)	36
OHV(オーバーヘッドバルブ)	36
SAE粘度表示番号	86
SOHC(シングルオーバーヘッドカムシャフト)	36
V型エンジン	24
VM(ヴァリアブル・マニフォールド)型キャブレター	58

参考文献

◎オートバイのサスペンション　カヤバ工業株式会社編　山海堂　1994年
◎図解雑学 バイクのしくみ　神谷忠監修　ナツメ社　2005年
◎バイクのメカ知識222　米山則一著　山海堂　2005年
◎カラー図解でわかる バイクのしくみ　市川克彦著　ソフトバンク クリエイティブ　2009年
◎図解入門 よくわかる最新バイクの基本と仕組み　青木タカオ著　秀和システム　2010年
◎とことんやるバイクメンテナンス　小川直紀著　山海堂　2000年
◎バイク知りたいこと事典　小川直紀著　山海堂　2004年
◎新・図解でわかるバイクのメカニズム　小川直紀著　発行：新建新聞社／発売：アース工房　2008年

------- 著者紹介 -------

小川　直紀（おがわ　なおき）

1965年大阪生まれ。1985年、岡山職業訓練短期大学校自動車課卒（2級自動車整備士免許取得）。自動車ディーラー勤務を経て、1989年、自動車整備関連の出版社に入社。各種出版物の編集作業のほか、各種講習会、安全衛生特別教育での講師も担当する。自動車整備職業訓練指導員・自動車車体整備職業訓練指導員。

◎著書：『図解でわかるバイクのメカニズム』『とことんやるバイクメンテナンス』『バイク知りたいこと事典』『図解でわかるバイクのチューニング』（以上山海堂）ほか。

きちんと知りたい！
バイクメカニズムの基礎知識　　　　　　　　　　NDC 537

2014年10月23日　初版 1 刷発行　　　定価は、カバーに
2025年 6 月23日　初版12刷発行　　　表示してあります

　　　　　Ⓒ著　　者　小　川　直　紀
　　　　　　発行者　井　水　治　博
　　　　　　発行所　日刊工業新聞社
　　　　　　　　　　東京都中央区日本橋小網町 14-1
　　　　　　　　　　　（郵便番号　103-8548）
　　　　　電　　話　書籍編集部　03-5644-7490
　　　　　　　　　　販売・管理部　03-5644-7403
　　　　　　　　　　Ｆ Ａ Ｘ　　03-5644-7400
　　　　　振替口座　00190-2-186076
　　　　　URL　　　https://pub.nikkan.co.jp/
　　　　　e-mail　　info_shuppan@nikkan.tech
　　　　　印刷・製本　美研プリンティング

落丁・乱丁本はお取り替えいたします。　　2014 Printed in Japan
ISBN978-4-526-07305-2　C 3053
本書の無断複写は、著作権法上での例外を除き、禁じられています。